新型混凝土材料

韩方晖　张增起 ◎ 主　编

中国建材工业出版社
北　京

图书在版编目（CIP）数据

新型混凝土材料/韩方晖，张增起主编．--北京：
中国建材工业出版社，2024.5
ISBN 978-7-5160-4015-7

Ⅰ．①新… Ⅱ．①韩… ②张… Ⅲ．①混凝土－建筑
材料 Ⅳ．①TU528

中国国家版本馆 CIP 数据核字（2024）第 020974 号

新型混凝土材料
XINXING HUNNINGTU CAILIAO
主　编　韩方晖　张增起
出版发行：中国建材工业出版社
地　　址：北京市西城区白纸坊东街 2 号院 6 号楼
邮　　编：100032
经　　销：全国各地新华书店
印　　刷：北京印刷集团有限责任公司
开　　本：787mm×1092mm　1/16
印　　张：15.75
字　　数：380 千字
版　　次：2024 年 5 月第 1 版
印　　次：2024 年 5 月第 1 次
定　　价：**59.00 元**

本社网址：www.jccbs.com，微信公众号：zgjcgycbs
请选用正版图书，采购、销售盗版图书属违法行为
版权专有，盗版必究。本社法律顾问：北京天驰君泰律师事务所，张杰律师
举报信箱：zhangjie@tiantailaw.com　举报电话：（010）63567684
本书如有印装质量问题，由我社事业发展中心负责调换，联系电话：（010）63567692

前　言

随着建筑技术的迅速发展，建筑领域涌现出很多新型土木工程材料，特别是新型混凝土材料，如 3D 打印混凝土、碱激发混凝土、镁质胶凝材料混凝土等，相应的规范和标准也制定了出来。

新型产业和国际化新经济需要实践和创新能力强、具备国际竞争力的高素质复合型人才，因此我国高等教育本科培养目标也发生了巨大变化，对提高教学质量，满足新的人才培养提出了更高的要求。然而，现有新型建筑材料教材讲授的知识欠缺先进性，容易导致学生缺乏对新型混凝土材料的认识，知识面狭窄，所学的知识滞后于实际工程的发展。此外，土木工程学科建设对绿色建造、智能建造等内容有明确要求，这对学科建设和教学提出了新的挑战。目前阶段的新型建筑材料教材有很多，但由于教材出版的时间都较早，且介绍新型混凝土材料方面的知识较少，使之与现代混凝土技术发展不同步，因此，编写一本专门针对高等学校土木工程专业的新型混凝土材料教材成为当务之急。本教材正是考虑了目前相关教材的局限性，专门针对土木工程专业编写的。本教材根据现代工程中使用的新型混凝土技术分章节编制，并在教材中融入新的科研成果，以使学生深入了解目前国内外的新型混凝土材料组成、制备、结构与性能，满足新工科对学生知识素养的要求。

本教材内容主要包括绪论、高强与高性能混凝土、新型水泥基复合材料、超高性能混凝土、聚合物混凝土、3D 打印混凝土、碱激发混凝土、其他新型混凝土材料。本教材由北京科技大学韩方晖和张增起主编，韩方晖编写第 1 章、第 2 章、第 3 章、第 4 章和第 8 章，张增起编写第 5 章、第 6 章和第 7 章。韩方晖负责内容取舍及章节编排。

本教材编写的特色及创新在于充分考虑了高校学生的学习与研究需要，同时注重目前建筑工程中应用的先进混凝土技术。在编写过程中，我们力求简明扼要，同时突出本书便于学生自学和工程实用的特点，使读者通过本教材的学习能够掌握新型混凝土材料的品种、性能、配制技术原理及应用技术，掌握当前适应不同需求的新型混凝土技术的设计方法、性能及配套施工技术。本教材内容全面，涵盖国内外新型混凝土材料技术，突出重点，分化和讲解难点，并配有大量插图和表格，便于读者学习理解。此外，每章后还安排了一定量的课后习题供读者使用，以巩固所学知识，掌握重点内容。本教材内容简练而系统，着重向读者介绍新型混凝土材料的组成、结构与性能，帮助读者了解新型混凝土材料的最新进展和发展趋势，掌握当前新型混凝土材料的理论与技术。同时，本书中引用的文献资料都是最近几年的研究成果，也包含编者在新型混凝土材料方面的最新研究成果。

由于本教材内容丰富，编者水平有限，不妥与疏漏之处在所难免，恳请使用本教材的师生能够批评指正，将存在的问题及时反馈给我们，以便再版时修订。

编者

2023 年 8 月于北京

目　　录

1 >>>>>>

绪 论

进入 21 世纪，随着科学技术的进步，我国建筑水平不断提高，建筑造型、结构、功能、装饰装修水平明显提高，要求发展多功能和高效的新型建筑材料及制品以适应社会进步的要求。新型建筑材料是在传统建筑材料的基础上发展起来的，经过 30 多年的发展，我国新型建材产业完成了从无到有、从小到大的发展过程，成为建材行业的重要产品类别和新的经济增长点。

传统建材工业的发展是以资源、能源的大量消耗和对环境的严重破坏为代价的。开发并使用性能优良、节省能耗的新型建筑材料，是人类解决生存与发展、实现"与自然协调，与环境共生"的一个重要方面。我国新型建材工业是伴随着改革开放的不断深入而发展起来的，党和国家一直大力提倡绿色发展，加快发展方式的绿色转型，就需要构建科技含量高、资源消耗低、环境污染少的产业结构，有效降低发展的资源环境代价，从而形成资源高效、环境清洁、生态安全的高质量发展格局。

绿色发展是生态文明建设的必然要求。建材工业是我国重要的材料工业，由于产业规模大、窑炉工艺特点等原因，建材行业是工业能源消耗和碳排放的重点领域，是我国碳减排任务最重的行业之一。为切实做好建材行业碳达峰工作，响应党的二十大号召，2022 年 11 月工业和信息化部、国家发展改革委、生态环境部、住房和城乡建设部四部门联合印发《建材行业碳达峰实施方案》，明确了具体目标，划定了重点任务，给出了保障措施；提出的主要目标是在"十四五"期间，建材产业结构调整取得明显进展，行业节能低碳技术持续推广，水泥、玻璃、陶瓷等重点产品单位能耗、碳排放强度不断下降，水泥熟料单位产品综合能耗水平降低 3% 以上。"十五五"期间，建材行业绿色低碳关键技术产业化实现重大突破，原燃料替代水平大幅提高，基本建立绿色低碳循环发展的产业体系，确保 2030 年前建材行业实现碳达峰。总体来看，随着发展方式转变，需求结构升级，面向建筑业的水泥等传统建材产品需求量将进入平台调整期，呈现稳中有降的态势；面向节能环保、电子电器等新兴产业的矿物功能材料、高性能纤维及复合材料等产品的需求量仍将保持持续快速增长。

目前，我国土木工程中，使用的新型建筑材料越来越多，新型建筑材料的性能随着科学技术的不断发展也在不断提高。

1.1 新型建筑材料

1.1.1 新型建筑材料的定义

新型建筑材料是在传统建筑材料的基础上产生的新一代建筑材料。传统建筑材料一般是指水泥、玻璃、木材、砂石、沥青、石灰等建房用的材料；新型建筑材料主要包括新型建筑结构材料、新型墙体材料、保温隔热材料、防水密封材料和装饰装修材料。

这个名词出现于 20 世纪 80 年代，在我国属于一个专业名词，界定"新型建筑材料"所包含的内容是一个比较复杂的问题。经专家多方讨论拟定为：除传统的砖、瓦、灰、砂、石外，其品种和功能处于增加、更新、完善状态的建筑材料。存在以下几种定义：

新型建筑材料实际上就是新品种的房建材料，既包括新出现的原料和制品，也包括原有材料的新制品。

新型建筑材料一般指在建筑工程实践中已有成功应用并且代表建筑材料发展方向的建筑材料。

凡具有轻质高强的特点和多功能的建筑材料，均属于新型建筑材料。即使是传统建筑材料，为满足某种建筑功能需要而再复合或组合所制成的材料，也属于新型建筑材料。

新型建筑材料是指最近发展或正在发展中的有特殊功能和效用的一类建筑材料，它具有传统建筑材料从来没有或无法比拟的功能，具有比已使用的传统建筑材料更优异的性能。

1.1.2 新型建筑材料的分类

新型建材种类繁多，且处于不断更新发展的阶段，因此，它有多种分类方式，通常以用途、建筑物使用部位、化学组成、主要原材料种类等为依据分门别类。

1. 按用途分类

中国新型建材（集团）公司和中国建材工业技术经济研究会新型建材专业委员会编著的《新型建筑材料实用手册》（第二版）是采用"用途分类"的原则，把建材分为 16 类：墙体材料，屋面和楼板构件，混凝土外加剂，建筑防水材料，建筑密封材料，绝热、吸声材料，墙面装饰材料，顶棚装饰材料，地面装饰材料，洁具，门窗、玻璃及配件，给排水管道、工业管道及其配件，胶结剂，灯饰和灯具，其他。

2. 建筑各部位使用建筑材料的状况

（1）外墙材料：承重或非承重的单一外墙材料和复合外墙材料。

（2）屋面材料：坡屋面材料和平屋面材料。

（3）保温隔热材料：无机类保温材料、有机类保温材料和无机有机复合类保温材料。

（4）防水密封材料：沥青防水卷材、高分子防水卷材、防水涂料、建筑密封材料和防水止漏材料。

（5）外门窗：分户门、阳台门、外窗、坡屋面窗等。

（6）外墙装饰材料：外墙涂料、装饰面材（如石材、陶瓷、玻璃、塑料、金属等装饰材料）。

（7）内墙隔断与壁柜：分户隔墙、固定隔断与壁柜等。

（8）内门：卧室门、居室门、储藏室门、厨卫房门等。

（9）室内装饰材料：内墙涂料、壁纸、壁布、地面装饰材料、吊顶装饰材料、装饰线材等。

（10）卫生设备：洁具、卫生间附件、水暖五金配件等，门锁及其他建筑五金。

（11）其他：管道、室外铺地材料等。

3. 按建筑材料化学组合分类

（1）无机材料分类：非金属、烧土制品、胶凝材料及制品、玻璃、无机纤维材料。

（2）金属材料分类：黑色金属、有色金属。

（3）有机材料分类：植物材料、沥青类材料、有机合成高分子材料。

（4）复合材料分类：有机与无机非金属材料复合、金属与无机非金属材料复合、金属与有机材料复合。

4. 按主要原材料种类分类

《新型建材跨世纪发展与应用》一书中将新型建筑材料按原材料来源分为4类：

（1）以基本建设的主要材料水泥、玻璃、钢材、木材为原料的新产品，如各种新型水泥制品、新型玻璃制品等。

（2）以传统的砖瓦灰砂石为原料推出的新品种，如各种加气混凝土制品、各种砌块等。

（3）以无机非金属新材料为原料生产的各种制品，如各种玻璃钢制品、玻璃纤维制品等。

（4）采用各种新的原材料制作的各种建筑制品，如铝合金门窗、各种化学建材产品、各种保温隔声材料制品、各种防水材料制品等均属新型建筑材料。

此外，还有其他分类方式。例如，新型建筑材料可分为环保型、节能型。环保型建筑材料是无污染、无毒无害的建筑材料，这种环保材料不会威胁人体健康。节能型建筑材料能够降低能源消耗，发挥材料的节能效果，避免发生材料浪费的现象。

根据应用特点，新型建筑材料又可分为结构材料、专用材料及装饰材料等。

1.2 新型混凝土材料

1.2.1 新型混凝土材料的特点

混凝土是全球范围内使用量最大的建筑材料。伴随着科技的持续发展进步，混凝土材料的各项指标与成品的品质获得了显著的提升，型号和种类不断增多，适用的范围也明显拓宽。新型混凝土是指在传统混凝土的制作过程中加入矿物质、化学纤维等成分，按照合理比例混合而成，加强了传统混凝土的材料性能，包括高性能混凝土、自密实混凝土、聚合物混凝土、3D打印混凝土等，具有不同的性能和优点，在各工程建设项目中得到了广泛的应用。

1. 提升抗拉强度，降低施工成本

普通混凝土材料由于性能一般，通常在土木工程施工中需要搭配钢筋使用才能抵抗混凝土结构巨大的抗压应力。但由于钢筋的造价较高，有些施工企业为了节约材料成本，往往会减少钢筋的用量或者使用质量较低的钢筋，这必然会对工程质量造成很大的影响，埋下安全隐患。随着近年来新型混凝土材料的研发，玻璃纤维可以达到钢筋的性能要求，使得纤维混凝土的抗拉强度提高，而且玻璃纤维的生产成本相比钢筋要低很多，因此纤维混凝土被普遍用于工程建设中。

2. 提高抗压强度，提升混凝土整体强度

活性微粉类型的混凝土是强度指标较高的材料，具有较强的抗压能力，根据其组成和热处理方式的不同，每 $1m^3$ 新型混凝土的抗压强度可达到 $200\sim800MPa$；弹性模量为 $40\sim60GPa$；断裂韧性高达 $40000J/m^2$，是普通混凝土的 250 倍，可与金属铝媲美。活性微粉混凝土的制作方法大致分为 3 步：首先，要把颗粒的范围尽可能地缩小；其次，在使用微粉或者极微粉材料期间，要坚持堆积密度最优性的原则；再次，可以适当加入钢纤维，保证材料的延展性，与此同时，合理降低混凝土的用水量，最大限度使用非水化类型的水泥颗粒，有效地增加堆积密度指标；最后，在材料硬化的过程中，应当提高压强和温度来实现混凝土整体强度的提升。

3. 密度较小，降低结构自重

钢筋混凝土结构一般自重较大，这对大跨度结构、高层建筑结构以及抗震不利，运输和施工吊装也比较困难。现在世界上很多国家对高性能混凝土进行研究，并将其作为主建筑混凝土。它的主要优势在于高性能混凝土的密度较小、强度高、结构自重低，材料使用量减少，整体工程造价必然也会有所降低。

4. 耐久性好，具有很强的适应性

随着严酷环境下混凝土工程不断增多，这就要求混凝土具有优异的耐久性。材料的耐久性与结构物的使用年限直接相关，耐久性好，就可以延长结构物的使用寿命，新型混凝土具有卓越的耐久性，即使在恶劣环境下也具有很强的适用性，可以有效地降低后期的维修投入，减小对环境的影响，提高经济效益。

5. 变废为宝，实现绿色可持续发展

我国在大力推进建设"无废城市"，推进固体废物源头减量化和资源化利用。新型混凝土强调绿色生产方式和资源的合理利用，如掺入一定比例的粉煤灰、矿渣粉、尾矿等，最大限度地减少水泥熟料的用量，从而实现节能减排和绿色环保的可持续发展。

1.2.2 发展新型混凝土材料的必要性

混凝土材料是重要的基础工程材料，它是建筑工程质量的前提保障，会直接影响工程主体的整体稳定性和可靠性。

1. 环保节能，促进经济发展

在建设美丽中国的过程中，不可避免地要用到大量混凝土，新型混凝土材料可以提高环保节能等社会效益，在降低建设成本、提高经济和社会效益上实现巨大飞跃。我国倡导绿色经济，要求建筑领域必须遵循资源节约型、绿色环保型的要求，这对于材料的要求也将越来越高，新型混凝土的应用是必然的。

2. 改善性能，提高工程质量

新型混凝土就是在普通混凝土的发展中加强的升级版材料。人们不断研发推出新型混凝土，并且向着更高强度、更久耐性等方向发展，这对于延长工程寿命、降低工程成本以及绿色发展具有重要意义。根据不同类别土木工程项目，合理选择所需要的新型混凝土材料，有效地提高土木工程的整体质量，对于建设优秀品质土木工程，保证建筑产业可持续发展具有深远的影响。

3. 减少劳动力，适应经济发展

我国建筑产业属于劳动密集型产业，需要大量从事体力劳动的熟练工人，包括混凝土施工的振捣和浇筑工人。最近几年劳动力紧张局面已经凸显，从事现场施工的熟练工人日益减少，劳动力成本会逐步提高，不能满足建筑业产业化的发展，因此，从施工技术及材料技术上的革新来适应社会经济发展，满足建筑产业化发展是必然的趋势。例如，自密实混凝土（SCC）的应用减轻了工人的劳动强度，提高了文明施工和现代化施工管理水平。

1.3 国内外新型混凝土材料发展现状

随着城市化进程加快，城市人口密度日趋加大，城市功能日益集中和强化，对建筑提出了更高的要求。因此，要求结构材料向轻质高强方向发展，目前的主要目标仍然是开发高强钢材和高强混凝土，同时探索将碳纤维及其他纤维材料与混凝土混合形成新的轻质高强结构材料。下文简单介绍几种新型混凝土的发展现状。

1.3.1 超高性能混凝土（UHPC）

1994 年，Larrard 与 Sedran 首次提出了超高性能混凝土 UHPC（Ultra-High Performance Concrete）的概念。同年，法国的 Richard 报道了最具代表性的超高性能混凝土——活性粉末混凝土 RPC（Reactive Powder Concrete），宣告混凝土进入超高性能时代。超高性能混凝土一经问世，就得到了土木工程界的广泛关注，随着我国经济建设的不断发展，大跨度结构和高层建筑大量涌现，超高性能混凝土因其超高强度、高耐久性、高韧性等良好的性能得到了广泛的应用，在中国工程院战略咨询中心等单位发布的《全球工程前沿 2018》报告中，超高性能混凝土与智能水泥基复合材料位列土木、水利与建筑工程领域前沿发展第 2 位。

尽管 UHPC 材料的研究日臻完善，但是 UHPC 应用仍然处于初级阶段，在实际工程建设中距离取代传统土木工程材料仍有相当大的距离。制约其大规模应用的关键之一是，当前 UHPC 应用仍沿用传统混凝土结构形式与设计理论，难以充分发挥 UHPC 性能优势，难以获取性价比优异的优势。

1. 超高性能混凝土材料与结构研究现状

经过 30 年左右的发展，随着对 UHPC 材料性能的认识不断加深，对 UHPC 的研究范围不断拓宽。早期研究主要侧重 UHPC 自身材料层面，包括组分和配合比、掺入纤维性能与影响、拌和物性能、力学性能、变形性能、养护方法等。近期研究中主要侧重 UHPC 结构研发与应用，包括 UHPC 基本构件性能、组合构件与结构性能、连接构件性能、基于 UHPC 的既有结构加固以及基于 UHPC 的新结构与新体系的研发。由于 UHPC 具有面向需求的可调配性与可设计性，面向结构性能需求设计功能化的 UHPC 也是近期研究中的热点问题之一。就 UHPC 研究而言，总体上呈现出由 UHPC 材料研究向结构与应用研究过渡的特征。

2. 超高性能混凝土应用现状与分析

伴随着超高性能混凝土的规模化应用，对其认识水平和研发水平都更加成熟，工程造价逐步降低，应用前景日趋广阔。目前，UHPC 已经应用至大型桥梁、高层建筑、国防设施、海上风力发电机基座、地下综合管廊等领域。

（1）桥梁工程

在桥梁工程中，UHPC 已被应用于主梁结构、拱桥主拱、桥面结构、桥梁接缝及旧桥加固等多方面。在 UHPC 桥梁结构的应用和推广方面，2019 年年底，仅马来西亚一国就已经建成 150 座 UHPC 桥梁，绝大多数主梁结构采用 UHPC 材料。加拿大和美国主要将 UHPC 材料应用于桥梁接缝。而我国目前约有 80 座桥梁采用 UHPC 材料，其中约有 20 座桥梁主体结构（主梁、拱券等）采用 UHPC 材料，其余主要用于钢-UHPC 轻型组合桥面结构、现浇接缝、维修加固等方面。由湖南大学土木工程学院方志教授团队主持结构研发和设计的长沙北辰三角洲横四路跨街天桥，在建成并经过 8 个月的通车试运营后，于 2016 年 9 月 5 日在长沙通过湖南省住建厅的验收。该桥梁是国际上首座采用全预制拼装工艺建成的超高性能混凝土车型箱梁桥，是超高性能混凝土在桥梁结构中的首次全面应用。包括聂建国院士、任辉启院士、郑健龙院士 3 位中国工程院院士在内的专家组认为，该桥梁达到同类桥梁建造的国际先进水平，其积累的设计理论和施工技术具有极强的探索示范价值，为该新型混凝土材料在我国的工程应用奠定了基础。在"十四五"上海轨道交通建设崇明线崇启大桥的改建工程中，5 号线南延伸的闵浦二桥的桥面系目前已应用超高性能混凝土，用该 UHPC 材料代替原来的沥青混合料作为铺装层下层可以提高沥青铺装基层的刚度，改善沥青铺装基层的刚度和黏结性，有效地解决了钢桥面层的疲劳开裂问题。

（2）建筑工程

UHPC 在建筑结构领域也得到了较为广泛的应用。与其他国家相比，UHPC 在法国建筑行业认可度更高，1998 年，就在卡特农核发电厂中采用了预制预应力 UHPC 梁。UHPC 用于建筑外墙装饰是最为广泛的应用领域之一，包括镂空幕墙、遮阳板、三明治保温墙板、干挂或湿贴装饰面板等。UHPC 可以在满足结构承载力的要求下，减少结构横截面的尺寸，做到质轻壁薄，让建筑设计师可以突破材料的束缚，设计出轻盈优美的结构外形。法国马塞的欧洲和地中海文明博物馆的镂空围护幕墙由 UHPC 建造而成，制作精美，突出展现了超高性能材料在建筑装饰领域优越的综合性能和巨大的应用潜力。在我国，深圳的超高层建筑"京基 100"（京基金融中心）、杭州的余杭大剧院、宁波的未来城科普中心、南京雨花中学等结构中部分运用了 UHPC 材料。

与桥梁结构相比，UHPC 在建筑结构中应用相对较少，目前主要侧重非承重装饰性构件上。这一现状的主要原因是：建筑结构比桥梁结构跨越要求低，普通混凝土就能够较好地胜任，由于普通混凝土比 UHPC 价格低，也限制了 UHPC 在建筑结构上的应用。

（3）防护工程

据中国军网报道，一种能抗精确制导武器打击的新型材料由空军某勘察设计所研制成功，其抗精确打击能力是普通材料的十倍，科研人员通过弹体攻击试验和对弹体侵蚀过程的计算机模拟和材料抗侵袭机理的深入研究，最终确定了钢纤维和活性粉末的最佳试验配制方案。这次试验表明这一新型材料的强度超过钢材的强度，极大地提高了抗打击能力。目前已有大量的文献广泛地研究了 UHPC 梁、板和柱等构件在不同冲击荷载（如低速撞击、爆炸荷载等）作用下的性能。试验结果表明：与普通混凝土相比，UHPC 具有优异的抗冲击性能，能够显著地减小防护结构在冲击荷载作用下的损伤，在军事防护结构中具有广泛的应用前景。除了在军事防护结构中，UHPC 近年在民用低速冲击防护中也逐步得到关注。例如，考虑寒冷地区等恶劣环境因素，有学者利用 UHPC 超高的耐久性和抗撞性能提出了 UHPC 与普通混凝土组合的新型防撞护栏。

（4）其他领域

除了上述 3 个主要领域，UHPC 还在市政、电力、轨道交通工程方面有所应用，例如：井盖结构，电缆沟槽、支架、盖板，轻型电杆、重载电杆，装配式变电房，地铁疏散平台，隔声板和构件，预制轻型排水沟等。这些应用也表明 UHPC 的高性能使其具有强健的适应能力，具有广阔的应用空间与前景。

1.3.2 自密实混凝土（SCC）

1. 自密实混凝土在国外的研究及应用现状

最早提出并研制自密实混凝土的国家是日本，在 20 世纪 70 年代便开始了 SCC 的研究，Kochi（高知）大学 Okamura 教授在 1986 研制成功并开始在日本推广。这之后自密实混凝土的研究与应用在世界范围内均得到了广泛的重视，经过近年的研究与应用实践，SCC 的配制理论、评估方法及实际工程应用方面均取得了较好的成果。

目前，国外使用自密实混凝土的典型工程案例如下：日本的明石海峡大桥的锚碇工程，自密实混凝土的使用使整个施工工期由 2.5 年缩短为 2 年；美国的西雅图双联广场工程采用的自密实混凝土的设计强度为 79MPa，但实测的 28d 强度达到 119MPa，且该工程的总成本降低了 10%；洛杉矶的圣马力诺世贸中心工程采用的自密实混凝土拌和物的实测坍落扩展度经过 5min～1h 为 600～730mm，28d 抗压实测强度达到 95MPa 等。荷兰也是目前应用该技术较为普及的国家之一，大约有 75% 的预制混凝土结构采用自密实混凝土。自密实混凝土的使用不仅使工期大幅缩短，提高了项目的经济效益，也改善了结构的整体性能，使结构的安全性得到了更高的保证。

2. 自密实混凝土在国内的研究及工程应用现状

我国对自密实混凝土的研究及应用相对较晚，于 20 世纪 90 年代初开始研制和使用自密实混凝土，清华大学冯乃谦教授在 1987 年首次提出了流态混凝土的概念，这是自密实混凝土的概念在我国的首次出现。而自密实混凝土在我国的首次研发是在 1993 年，一种高流动性的混凝土由北京城建集团下属机构成功实现拌和，以此为基础，自密实混凝土的研究在我国逐步开展起来。但是最近几年随着城市化进程加快，大型复杂的基础建设及市政工程对于建筑施工技术和混凝土施工性能的要求越来越高，自密实混凝土在我国发展的应用速度逐步加快，应用领域也进一步拓展。

到目前为止，自密实混凝土被广泛应用于各种外观复杂多样的大型建筑物、桥梁结构以及地下暗挖、密筋、形状复杂等无法人工振捣浇筑或浇筑困难的部位，同时也解决了施工扰民等问题，缩短了建设工期，延长了构筑物的使用寿命。其中具有代表性的工程有北京首都机场新航站楼的筒体墙、澳门观光塔、国家体育馆结构中的钢筋混凝土梁柱、大亚湾核电站的核废料容器建设工程、厦门集美历史风貌建筑的保护工程、长江三峡等多个水电站的导流洞、润扬长江大桥的建设工程以及福建万松关的隧道工程等，均取得了较好的技术、经济和社会效益。

3. 自密实混凝土的研究难点

大量室内试验和工程实践表明，自密实混凝土的生产难点并非实验室配制，而在于如何能够在大型工程施工中保证其性能的稳定性。大型工程施工的时间与空间跨度较大，导致施工条件、原材料难以保持一致。自密实混凝土的工作性能对原材料具有高敏感性，原材料性能的波动可能对自密实混凝土的生产质量造成影响。面对当下自密实混凝土生产所遇到的瓶颈，智能与智慧技术也逐渐应用于自密实混凝土生产，主要以信息的数字化与可视化辅助人工决策，已在搅拌站、预制构件厂等生产场景进行应用。原材料智能检测技术可应对原材料质量的波动，实现原材料质量的精细化管理；以配合比智慧设计替代原有经验试配方法，根据原材料的变化快速、准确地进行配合比设计；基于搅拌状态的实时监测，实现搅拌阶段的配合比最优化调整；以非接触式的流变性能智能检测方法，对不同尺度的自密实拌和物进行流变性能的检测或复核。推进智能与智慧技术在自密实混凝土原材料管理、配合比设计、搅拌、检测等全过程生产中的应用，可降低人为因素对生产质量的影响，形成全过程生产质量的闭环管理。

1.3.3 聚合物混凝土

1. 聚合物混凝土的发展历程

聚合物混凝土是用有机高分子材料来代替或改善水泥胶凝材料所得到的高强、高质混凝土。聚合物混凝土作为一种性能优良的复合材料，得到了世界各国的重视，并得以快速发展。最初应用于混凝土的聚合物是天然的聚合物，如岩石中的地沥青，主要用来胶结砖、防水坝体等。在硅酸盐水泥混凝土中最早使用聚合物乳液是 1909 年美国的专利（L. H. Backland）。1923 年，英国人 Cresson 获得的专利中，天然胶乳被用作改性道路材料，其中水泥作为填料使用。20 世纪 60 年代以后，除将合成胶乳用于对水泥混凝土进行改性外，人们开始研究把多种聚合物如聚苯乙烯、聚丙烯酸酯、聚氯乙烯等用于水泥砂浆及混凝土改性。1971 年美国混凝土学会（ACI）成立了 548 聚合物混凝土委员会。20 世纪 80 年代至今，世界范围内对这一领域研究开发的兴趣与日俱增。到 20 世纪 90 年代，聚合物混凝土已经成为一种重要的建筑材料。建筑装饰、混凝土防护、混凝土修复、混凝土构件预制等领域均已大面积采用聚合物改性混凝土。

聚合物改性混凝土比普通混凝土发展时间短，但其发展速度快。在日本，聚合物改性材料于 20 世纪 70 年代已成为主要的结构材料，聚合物砂浆被广泛应用于装饰、修理或耐化学处理，而聚合物混凝土一般用于预制品，日本在聚合物改性材料方面的研究比其他国家发展快。在韩国，聚合物水泥被广泛应用于几十年前的旧水泥混凝土的修复。在聚合物树脂混凝土方面，主要通过试验研究环氧树脂的基本性质及不同配合比下不饱和聚酯树脂的物理性质、力学性质和固化度，用聚合物混凝土预制夹心板、地下结构、污水管道、电气绝缘等。韩国将聚合物混凝土作为新型施工建设材料。在德国，聚合物水泥混凝土已广泛应用于工业、修补材料、装饰材料等方面。德国采用不饱和聚酯混凝土制作卫生制品、变压器底座等多种产品。

1980 年之前化工行业一直比较薄弱，我国从 1980 年后才对聚合物混凝土的力学性能、耐久性进行大规模的试验研究，但是对聚合物混凝土的改性机理的研究不多。目前聚合物混凝土在我国主要应用于防渗工程、防腐工程、混凝土结构修补、道路路面工程等方面。

2. 聚合物混凝土的工程应用

（1）聚合物浸渍混凝土（PIC）的应用

聚合物浸渍混凝土具有良好的力学性能、耐久性及抗侵蚀能力，但是造价较高，实际应用尚不普遍。主要是利用 PIC 制品的耐腐蚀、高强、耐久性好的特性制作一些构件，用于受力的混凝土及钢筋混凝土结构构件，以及对耐久性及抗侵蚀有较高要求的地方，如混凝土船体、近海钻井混凝土平台等；用于制作聚合物浸渍钢纤维混凝土、聚合物浸渍轻质混凝土；用聚合物浸渍的方法改善混凝土板的抗磨性能，用真空浸渍来处理混凝土表面裂缝等。随着制作工艺的简化和成本的降低，还可以作为防腐蚀材料、耐压材料以及在水下或海洋等方面应用的材料。部分浸渍混凝土早期主要用于处理高速公路、桥面的抗冻融及防止氯离子的浸入等。这类制品造价较高，而且制品的设备投资较大，制约了其商品化和大量生产。

聚合物浸渍混凝土普遍应用在水工建筑物。美国的德沃夏克坝泄水孔均发生了不同程度的气蚀破坏，较大规模地使用了抗冲蚀和抗气蚀性能较好的浸渍混凝土方法来修补，这是第 1 次大规模使用浸渍混凝土进行水工建筑物的修补。我国葛洲坝二江泄水闸闸室底板浇筑的混凝土，施工后表面部分干缩裂缝，要求对重点部位进行补强处理，同时提高抗气蚀、抗冲刷能力。据此，葛洲坝工程局学习和总结国内外的成功经验，对底板混凝土进行大面积表面浸渍处理，是目前世界上浸渍面积最大的工程。虽然聚合物浸渍混凝土具有良好的力学性能，但由于聚合物浸渍工艺复杂，成本较高，混凝土构件需预制并且尺寸受到限制，因而主要在特殊情况下使用。

（2）聚合物改性砂浆和混凝土（PMC）的应用

聚合物改性水泥混凝土与树脂混凝土和聚合物浸渍混凝土相比，研究历史较长，商品化的时间也较长。改性用聚合物中乳液应用得最多的为氯丁胶乳、丁苯胶乳（SBR）、丙烯酸酯类及丙烯酸酯类共聚乳液、乙烯-醋酸乙烯酯类（EVA）、环氧乳液、氯乙烯-偏氯乙烯乳液（PVDC）和呋喃类等。其主要应用：①可作为修补材料。修补工程修补时聚合物会渗透到旧混凝土的孔隙中，新混凝土硬化及聚合物成膜后，在新旧混凝土之间形成穿插于新旧混凝土之间的聚合联结，大大增加了黏结强度；②可作为黏结剂用于桥梁铺面材料，与梁的黏结很好，同时具有较好的防水性；③用于制作纤维聚合物水泥，混凝土纤维使用玻璃纤维、钢纤维等，可以提高抗拉强度、减小收缩；④用于防腐蚀涂层，对构件进行表面装饰和保护、预应力聚合物改性水泥混凝土、水下不分散聚合物改性混凝土等。

（3）树脂混凝土的应用

由于树脂成本高，目前仅用于特殊工程，如耐腐蚀性工程，修补混凝土构件及堵漏材料等。此外，树脂混凝土因其美观的外表，又被称为人造大理石，可以制成桌面、地面砖、浴缸等。

由于制备树脂混凝土所用原料不同，其性能也不同，应用领域也有差异。其中环氧树脂混凝土由于其抗压、抗劈裂、抗弯曲和抗拉性能优异，因此利用环氧树脂混凝土作为桥面薄层铺装材料，其水稳定性、高温稳定性以及弯曲性能可以满足实际路用需求，但是环氧树脂混凝土对施工条件以及温度等要求较高，而且造价较高，常将其用作桥面的铺装材料，路面、桥梁局部构件（如伸缩缝、路面裂缝）的修补材料。此外，与传统建筑材料相比而言，不饱和聚酯树脂混凝土具有强度高、可塑性好、耐腐蚀性强以及固化成型快等优点，目前在建筑、冶金等行业获得了较多的关注以及应用。在道路方面，直接将不饱和聚酯树脂混凝土作为路面铺装材料的研究较少，目前多集中于不饱和聚酯改性沥青以及降温涂层方面的研究。已有研究表明，不饱和聚酯可以对沥青进行改性，获得高温稳定性，低温抗裂性以及水稳定性能优异的不饱和聚酯改性沥青混合料。

1.3.4 3D 打印混凝土

3D 打印是通过逐层增加材料来制造所设计的三维产品的制造技术，被誉为"第三次工业革命的核心"。3D 打印产业自问世以来发展迅猛，产品不断更新，增材制造产业不断扩大，已经被应用于 3D 打印食品、3D 打印木材、3D 打印服装、3D 打印医药等多种行业。混凝土技术是增材制造技术针对建筑工程领域混凝土材料的一种扩展应用，可以实现模型的可控制性和可复制性。目前，3D 打印建造已形成轮廓工艺、D 型工艺（D-Shape）、混凝土打印、金属打印（MX3D）熔融沉积、喷射打印等适用于公共领域尤其是建筑领域的建造方式，使用混凝土或者砂浆材料进行打印的方式为轮廓工艺和混凝土打印。

1998 年，美国南加州大学的 B. Khoshnevis 教授发明了一种水泥基材料增材制造的方法，被称作"轮廓打印"，借助由喷头连续地挤出混凝土材料，逐层堆积成型，不需要外部模板支撑。D-shape 是由意大利工程师 Enrico Dini 发明的一种大型 3D 打印机。

该打印机利用含有镁元素的黏合剂将分散的砂土颗粒黏结起来，形成具有类岩石物理力学性质的材料。D-shape 公司受美国航天局 NASA 资助，正在开展一项利用 D-shape 打印技术在火星建造适合人类居住的项目。该项目利用太阳能来提供动力，利用火星表面的土壤作为打印原材料，使用一种无机黏合剂将粉末材料聚合成型。2015 年，美国田纳西州的 Branch 科技公司建造了名为蜂窝制造（Cellular Fabrication，C-Fab）的自由式 3D 打印机。该打印机底端敷设有相应的导轨，可以极大地提高打印的空间范围。C-Fab 使用的打印材料为碳纤维增强塑料材料。

我国在施工中使用先进的水泥材料，并利用建筑垃圾如玻璃纤维和工业尾料等废弃物，配合有机黏结剂，作为 3D 打印混凝土的原料。目前，无机胶凝材料是 3D 打印混凝土的主要选择，如硅酸盐水泥、干砂浆、黏土、特种石膏材料等，而有机材料以环氧树脂为代表。3D 打印混凝土建筑要求胶凝材料应满足强度、可建造性和耐久性等性能要求。因此为了满足 3D 打印建筑的相关要求，必须使混凝土达到特定的要求。然而实际工程中，普通硅酸盐水泥并不能满足 3D 打印要求的强度和凝结时间，在此基础上还需要进一步研究，如改变水泥矿物组成、熟料细度等。3D 打印混凝土材料是促进 3D 打印施工技术发展的重要基础，同时是影响该技术发展的关键瓶颈。根据国内外的研究进展和应用现状，3D 打印混凝土材料将朝着绿色、轻质、高强等方向发展。

经过多年的探索，3D 打印混凝土技术在打印材料、设备和施工工艺方面已经实现了从 0 到 1 的突破。目前 3D 建造打印材料丰富多彩，打印设备形式各异，打印方式多种多样，预制与现场打印并行。以轮廓工艺及其类似工艺为代表的混凝土定量布设的打印方式，是目前探索 3D 打印建造的主要方式之一，免模板的工艺是其主要特征。3D 打印建造技术的推广应用，有待于建材、机械、计算机信息开发与建筑行业协同合作，才能取得重大的突破。

2014 年，我国上海青浦园采用内外装一体化 3D 打印技术打印了 10 栋工程项目部办公用房。该 3D 打印建筑群采用现场打印施工方式，打印材料来自建筑垃圾、工业垃圾和矿山尾矿等建筑废弃物，实测抗压强度为 23.7MPa，抗折强度为 5.3MPa，与 C20 混凝土强度相当，且弹性模量比普通混凝土低。同年在苏州，一栋建筑面积为 1100m² 的二层建筑在 1d 内打印完成。该建筑采用装配式施工工艺，整个过程由 3 名工人在现场拼装，2d 完成。建筑墙体保持着原有的 3D 打印纹理，未做装饰和处理，节约装饰成本的同时保证了造型美观。2016 年，3D 打印混凝土办公楼在迪拜落成，作为迪拜未来博物馆的办公指挥总部，通过 3D 打印建筑技术实现复杂结构的设计，打破了建筑和结构之间的界限。该 3D 打印办公楼抗压强度达 38MPa，主体结构现场加载试验没有裂缝出现，并且比传统建造形式少用混凝土 1/3。2019 年，3D 打印的 7.2m 高双层办公楼在中建二局广东建设基地现场完成。墙体为中空形式，便于进一步填充和预埋，以实现结构功能一体化。与传统施工工艺 60d 工期相比，该技术工期为 5d，节省约 20% 的建筑材料费和 80% 的人工费，降低 30%～50% 的建造成本。2019 年，3D 打印步行桥在上海建成。该步行桥全长 26.3m，宽 3.6m，采用单拱结构承受荷载，拱脚间距 14.4m，耗时 450h 完成全部混凝土构件的打印，造价仅为普通混凝土桥梁的 2/3。通过在打印材料中添加聚乙烯纤维和多种外加剂来调节流变性和力学性能，其抗压和抗折强度分别可达 65MPa 和 15MPa。3D 打印还可以用来打印声屏障，3D 打印声屏障采用煤化工固体废弃物等可再生资源，降噪和隔声效果出众，每天可打印 40～50m，大幅缩短了施工周期，表1.1 对比了 3D 打印声屏障与传统声屏障的性能参数。

表1.1　3D打印声屏障与传统声屏障的对比情况

对比项	3D 打印声屏障	木丝声屏障	亚克力声屏障
降噪参数	8.3～9.5dB	3.6～4.9dB	2.9～4.5dB
隔声参数	28～32dB	12～18dB	10～15dB
耐久性	50 年	5～10 年	8～12 年
防火等级	A1	B1	B1
安装效率	40～50m/d	18～30m/d	25～35m/d

1.3.5　碱激发混凝土

碱激发胶凝材料是以具有火山灰性或潜在水硬性的非晶态硅铝酸盐材料为主要原料，与碱性激发剂发生化学反应得到的一种水硬性胶凝材料。与硅酸盐水泥相比，碱激发胶凝材料具有凝结硬化快、强度高和耐高温等特点，被认为是一种绿色低碳的胶凝材料。这种胶凝材料已有数十年历史，最早用于碱激发胶凝材料的是矿渣和粉煤灰，随后各国学者开始研究各种废渣废料作为碱激发胶凝材料的可能性，最近几年进展最为迅速。最早是由苏联的 Glukhovsky 在 20 世纪 50 年代研发出可实际使用的碱激发胶凝材料，称为"土壤水泥"。之后，法国的 Davidovits 教授在对古建筑的研究过程中发现，耐久性好的古建筑物中有网格状的硅铝氧化合物存在。这类化合物与一些构成地壳的物质结构相似，被称为土壤聚合物。20 世纪 70 年代末，Davidovits 教授开发了一种新型的碱激发胶凝材料——地质聚合物水泥（Geopolymeric cement）。目前地质聚合物水泥已成为碱激发胶凝材料的另一个名称而被广泛使用。碱激发胶凝材料与地质聚合物的原材料、反应机理和反应产物都是相同的，两者所用的原料也从最初的亚高岭土扩展到所有的非晶态铝硅酸盐材料。

在 20 世纪后半叶，碱激发胶凝材料的研究成果不多。但自 20 世纪末以来，由于减小温室效应的需求，碱激发胶凝材料的研究在世界各地急剧增加，成为水泥混凝土领域的研究热点。碱激发胶凝材料发明以后，因其一系列独特的物理化学性能，在苏联得到过实际应用，制备了约 300 万 m³ 的混凝土，生产了铁路轨枕和建筑砌块等；建设了住宅楼以及仓库、水池、道路等。但碱激发胶凝材料的生产和应用并没有持续下去，很快就停止了，这些建筑物的设计方法也没有传承下来。进入 21 世纪，中国和澳大利亚再次开展了碱激发胶凝材料商业化生产的尝试，碱激发胶凝材料是目前胶凝材料中快硬、早强性能最为突出的一类材料，可以缩短脱模时间，加快模板周转，提高施工速度，可以用于钢筋混凝土结构、制备建筑砌块和加固不良土体等，也用于道路基层材料；因其耐高温性能优良，且不会在燃烧或高温下释放有毒气体及烟雾，因此可以被用于汽车发动机或航空飞行器驾驶舱等关键部位，此外还可以应用于非铁铸造及冶金、有毒废料及核废料处理、艺术及装饰材料、塑料工业及储藏设施等。虽然这种材料被认为是一种绿色环保材料，却一直得不到推广并大规模应用，迄今只有少量示范性工程案例，未见工业化的生产与规模化的工程应用。有关碱激发胶凝材料的应用研究还在发展中，随着对地聚合物水泥复合材料的开发，其理化性能必将大大丰富，应用领域将得到进一步扩展。

20 世纪 80 年代我国开始对碱激发水泥和混凝土材料进行研究，虽然起步较晚，但也取得了许多成果。蒲心诚对碱矿渣混凝土结构、强度和耐久性做了较为系统的研究，并指出碱矿渣混凝土具有快硬、高强、高耐久等优异性能，其性能是普通混凝土难以比拟的。杨南如对碱激发水泥和混凝土材料的水化机理做了细致的研究，并认为碱激发胶凝材料水化过程受到原料中铝硅酸盐玻璃体的影响，其中高聚合度的 Si—O—Si、Al—O—Al、Al—O—Si 等共价键受到 OH^- 的催化作用断裂而又重新聚合，聚合成的新结构产物具有固化性和胶凝性。目前，碱激发胶凝材料的研究热点主要集中在力学性能与微观结构等方面的研究，对碱激发过程中水化产物的形成机理仍存在争议，仍然存在很多碱激发胶凝材料的相关问题，值得深入研究，如果想被真正意义上的大规模投入使用，还需要完善理论基础并进行大量的实际工况实践。

苏联对碱激发水泥和碱激发混凝土的研究起步早，应用规模较大，既有现场施工又有预制件的生产，实现了碱激发材料的工业化，这得益于碱激发材料的标准化程度高，苏联先后颁布了 60 多个有关碱激发矿渣水泥、碱激发混凝土的规范和标准。近年来国内掀起了碱激发材料研究与应用的新高潮，我国的碱激发混凝土相关标准从无到有，已有多部国家标准、行业标准、地方标准、团体标准等发布和正在制定，涉及产品、施工技术等标准类别，尽管标准体系还未建立，但碱激发材料标准正在逐步制定，碱激发材料的应用量也将日益扩大。

1.4 习题

1. 什么是新型混凝土材料？如何对其进行分类？
2. 新型混凝土材料的特点包括哪些？
3. 超高性能混凝土的工程应用包括哪些领域？
4. 简述自密实混凝土相比于普通混凝土的优势。
5. 聚合物混凝土主要包括哪几类？分别适用于哪些工程？
6. 目前 3D 打印建筑面向的主体材料主要包括哪些？

参考文献

[1] 王继娜，徐开东. 特种混凝土和新型混凝土 [M]. 北京：中国建材工业出版社，2022.

[2] 邵旭东，樊伟，黄政宇. 超高性能混凝土在结构中的应用 [J]. 土木工程学报，2021，54（1）：1-13.

[3] 李海卿. 自密实混凝土（SCC）应用与发展前景 [C] //中国腐蚀与防护学会. 2018 第五届海洋材料与腐蚀防护大会暨海洋新材料及防护新技术展览会论文集. [出版者不详]，2018：6.

［4］肖建庄，柏美岩，唐宇翔，等．中国3D打印混凝土技术应用历程与趋势［J］．建筑科学与工程学报，2021，38（5）：1-14.

［5］阎培渝．碱激发胶凝材料发展瓶颈在哪里［J］．硅酸盐学报，2022，50（8）：2067-2069.

［6］蒲心诚，甘昌成．碱矿渣混凝土的耐久性研究［J］．混凝土，1991（5）：13-20.

［7］杨南如．充分利用资源．开发新型胶凝材料［J］．建筑材料学报，1998，1（1）：19-25.

2 >>>>>>

高强与高性能混凝土

2.1 高强混凝土

2.1.1 高强混凝土历史发展背景

高强混凝土最早在欧美等发达国家被发明和应用，20 世纪 50 年代，28d 抗压强度高于 30MPa 的混凝土被称为高强混凝土；20 世纪 60 年代，抗压强度达到 41MPa 的混凝土被称为高强混凝土；20 世纪 70 年代，高效减水剂问世，抗压强度达到 62MPa 的混凝土被称为高强混凝土，又经过数十年的发展，目前，抗压强度达到 138MPa 的混凝土被称为高强混凝土，并且在实验室的条件下，混凝土的抗压强度能达到 800MPa。发达国家基本上实现了高强混凝土的普遍生产和施工应用，如道路、房建、港口、桥梁等工程建设之中。我国高强混凝土的技术发展较晚，虽然落后于发达国家，但近些年来我国的高强混凝土技术研究也取得了长足进展，如对高强混凝土的力学性能等的研究比较充分，并且在一些工程中已经使用了高强混凝土。然而，对于我国的高强混凝土的研究和应用依然需要不断进行，以实现高强混凝土技术的改进和创新，不断扩大应用范围，同时保证高强混凝土的施工质量。

2.1.2 高强混凝土的定义

传统混凝土是通过水泥、砂、石子经水按照一定比例拌和而成，具有良好的浇筑和使用性能。而高强混凝土是在传统混凝土的基础上，添加高强减水剂或者其他具有活性的掺和料进行拌和，形成的高强、超高强混凝土，具有强度高、耐久性好、变形小等特点，能适应现代工程结构向大跨度、重载、高耸发展和满足承受恶劣环境条件的需要。目前国际上配制高强、超高强混凝土实用的技术路线是高品质通用水泥＋高性能外加剂＋

特殊掺和料。配制高强、超高强混凝土时，应选用质量稳定、强度等级不低于 42.5 级的硅酸盐水泥或普通硅酸盐水泥，再掺用活性较高的矿物掺和料，且宜复合使用矿物掺和料，并掺用高效减水剂或缓凝高效减水剂。现在许多国家的工程技术人员习惯上把 C10～C50 强度等级的混凝土称为普通强度混凝土，C60～C90 的混凝土称为高强混凝土，C100 以上的混凝土称为超高强混凝土。

2.1.3　高强混凝土的配合比设计

1. 基本原则

提高混凝土配制强度的基本原则：由于高性能混凝土的强度受众多因素的影响，任何一个因素产生偏差对混凝土的最终强度都会发生很大的改变。适用于普通混凝土的水胶比与强度的关系同样适用于高强混凝土，普通混凝土的配合比设计公式见式（2-1）。

$$f_{cu,p} = f_{cu,o} + 1.645\sigma \tag{2-1}$$

式中　$f_{cu,p}$——高性能混凝土的配制强度；

$f_{cu,o}$——高性能混凝土的强度设计值；

σ——高性能混凝土强度标准差。

2. 水胶比

混凝土用水量和胶凝材料的比值称为水胶比，值得注意的是，液体外加剂中的水也必须包括在总用水量之中。高强混凝土的水胶比（W/b）范围为 0.25～0.40，当混凝土的配制强度为 55～69MPa 时，取 $W/b=0.35～0.40$，当混凝土的配制强度大于 70MPa 时，$W/b<0.35$，同时要根据工程所使用的材料，通过试验确定。

3. 胶凝材料总量（水泥与矿物掺和料）

典型的胶凝材料用量一般在 380～593kg/m³，其中矿物掺和料占总胶凝材料质量的 5%～15%。混凝土中矿物掺和料可包括粉煤灰、偏高岭土、硅灰等材料。配制高强混凝土用粉煤灰、偏高岭土等量替代部分水泥可以改善性能，降低水化热，减少高效减水剂用量，减少坍落度随时间的损失，并增加混凝土的强度。硅灰在混凝土中兼起活性黏结料和填料的作用，以实现减少水泥用量，提高混凝土强度的目的；工程实践上，高强混凝土的掺和料大多采用双掺的形式，即硅灰或高活性偏高岭土和粉煤灰或矿渣搭配，硅灰和高活性偏高岭土的需水量较大，需仔细配以高效减水剂，由此可见，胶凝材料的最大掺量受减水剂影响。如果胶凝材料的用量超过优化值，混凝土的强度可能下降，同时新拌混凝土的工作性、浇筑性能、抹面性能也是胶凝材料用量的限制因素，混凝土的最高温度要求也限制胶凝材料的类型和用量，高胶凝材料含量会导致拌和物黏稠，使新拌混凝土的工作性变差，所以，需要减少胶凝材料用量，并调整骨料的用量和骨料的类型、颗粒级配等。因此，外掺料的选择应视工程自身特点和要求及经济性而定。

4. 骨料的选择

高强混凝土所采用的低水灰比使基体和界面过渡区变得更加密实，而且温度收缩较大的骨料易使过渡区域出现微裂缝，从而阻碍强度的提高，根据 Aitcin 等的研究，建议采用弹性模量高、热膨胀系数低的高强骨料品种，在给定水胶比的情况下，降低粗骨料的最大粒径可以大幅度提高混凝土强度。对于给定的胶凝材料用量和工作性要求，尽可能少用粗骨料以获得更高的强度或限制粗骨料的粒径来满足强度的要求。现代高强混凝土粗骨料粒径范围为9～13mm，但是，细骨料的含量也要满足相关要求，细骨料含量大，要求浆体的量也大，不经济；细骨料含量太低，新拌混凝土的工作性变差，抹面性能差，除非加强振捣密实措施。

5. 引气剂

在混凝土拌和物的拌和过程中掺加会产生大量均匀分布的、闭合而稳定的微小气泡的外加剂被称为引气剂。其能改善混凝土拌和物的和易性、保水性和黏聚性，提高混凝土流动性。引气剂会增强混凝土的抗冻融性，当毛细孔水结冰时，会导致大约9%的体积增加，从而产生拉应力，导致开裂，而引气剂产生的微小且均匀的气泡刚好可以避免这种负面影响。除非特别需求，不宜加引气剂，因为引气剂对强度的影响都是负面的（图2.1），掺加引气剂会导致强度降低。因此，掺加引气剂的混凝土，为了达到相同的设计强度，必须增加胶凝材料的用量。例如：30MPa的混凝土，胶凝材料用量需增加约30kg/m³；40MPa的混凝土，胶凝材料用量需增加约90kg/m³；设计强度高于40MPa的混凝土，强度降低非常大，需要硅灰或高岭土做掺和料以保持强度。

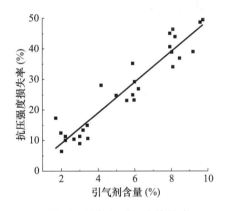

图2.1 引气剂对强度的影响

2.1.4 高强混凝土的性能

通过研究超细粉煤灰、超细矿粉单掺和复掺均会对高强混凝土坍落度、扩展度以及7d和28d抗压强度的影响，发现2种矿物掺和料单掺和复掺均能有效地提高混凝土坍落度和扩展度，降低塑性黏度。超细粉煤灰单掺掺量越高，混凝土7d、28d抗压强度越低。复掺混凝土拌和物塑性黏度明显低于单掺，复掺较单掺对混凝土7d抗压强度无明显改善作用，但复掺可显著提高混凝土28d抗压强度。

掺加矿物掺和料能在一定程度上提高轻质高强混凝土的性能，单一掺加不如复合掺加效果好。要想配制出强度高且流动性好的轻质高强混凝土，最好的复合掺加方法为矿渣与粉煤灰复合掺入。此外，将粉煤灰、微硅粉以及矿渣三者进行复合掺入效果也比较好。

不同细度粉煤灰复掺对高强混凝土力学性能有着明显的改善作用，但是这种复掺效果对不同类型高强混凝土的影响存在差异，对偏高岭土基高强混凝土早期力学性能的改善并不明显，主要提升其后期力学性能，但是对普通高强混凝土整个龄期都有提升效果。不同细度的粉煤灰复掺可以优化单掺超细粉煤灰浆体在高温 400℃下存在的结构缺陷，显著地提升高强混凝土的高温力学性能，对偏高岭土基高强混凝土高温力学性能的提升达到了 12.36%。

2.2 高性能混凝土的发展状况

1990 年 5 月，美国国家标准与技术研究院（NST）与美国混凝土协会（ACI）首次提出高性能混凝土（HPC）这个名词，随后欧美发达国家投入了大量的财力和人力进行高性能混凝土的研发。世界上不同国家对高性能混凝土的性能要求可能有所不同，日本科学家重视新拌混凝土的工作性和自密实性，而美国科学家主要研究高性能混凝土的硬化性能。就目前来看，国际上对高性能混凝土的研究已达成共识：耐久性是高性能混凝土设计的主要指标。根据不同的用途和要求，应保证耐久性、施工性、适用性、强度和经济性等性能。

与国外相比，我国高性能混凝土的发展起步较晚，但发展迅速。自高性能混凝土这一概念被提出后，国内学者对其定义一直没有统一。为规范高性能混凝土的评价，达到推广高性能混凝土及保证工程质量的目的，《高性能混凝土评价标准》（JGJ/T 385—2015）将其定义为"以建设工程设计、施工和使用对混凝土性能特定要求为总体目标，选用优质常规原材料，合理掺加外加剂、矿物掺和料，采用较低水胶比并优化配合比，通过预拌和绿色生产方式以及严格的施工措施，制成具有优异的拌和物性能、力学性能、耐久性能和长期性能的混凝土"。阎培渝教授曾说，高性能混凝土在我国的工程应用始于一些长期施工的、安全要求高、使用寿命长或环境恶劣的重点工程。例如：辽宁物产大厦在 1996 年竣工，混凝土强度等级为 C80；北京静安中心大厦采用的混凝土强度等级为 C80；上海东方明珠电视塔采用 C60 等级的混凝土；北京财税大楼首层柱采用的混凝土强度等级高达 C110。高性能混凝土的实际应用主要分布在经济发达的地区，其在全国范围内广泛推广还有很长一段路要走。

2.3 高性能混凝土的配制

2.3.1 制备技术材料特征

1. 骨料

粗细级配的骨料在水泥混凝土中形成骨架、承担着混凝土受到的大部分应力，是强度的重要来源。这类砂石材料占总体积的 70%～80%，粗细骨料自身的品质、最大粒径及体积比例是构成高性能混凝土的重要因素，对流动性、强度和耐久性均产生重要影响。通常细骨料应选择坚硬圆滑的碎石砂或洁净的河砂，为有利于拌和，要求低吸水性，细度模数范围为 $2.8\sim3.2$，表观密度不小于 $2.2\mathrm{g/cm^3}$。粗骨料是强度形成的关键，应尽量选择表面粗糙的碎石，岩石性质最好是玄武岩、石灰岩或硬质砂岩等质地坚硬的岩石，要求压碎值不超过 10%，吸水率不超过 1%，粒径范围为 $15\sim20\mathrm{mm}$，表观密度大于 $2.65\mathrm{g/cm^3}$。高性能水泥混凝土的粗骨料碎石含量可根据砂率等参数计算，具体计算公式如下：

$$G = V_{S+G}(1-S_P)\rho_G \tag{2-2}$$

式中 G——高性能水泥混凝土的粗骨料碎石含量；

V_{S+G}——砂石骨料所占混凝土的体积；

S_P——砂率，根据试验统计一般取值为 $24\%\sim33\%$；

ρ_G——碎石的表观密度。

2. 掺和料

掺和料与水泥混凝土强度和密实度密切相关，配制高性能水泥混凝土可采用硅灰、粒化高炉矿渣粉、粉煤灰、复合掺和料等。其中应用最早、施工经验最多的掺和料是生产硅铁时所产生的一种烟灰，俗称硅灰。硅灰的掺量为水泥用量的 5% 以上，但不应超过 10%。相关研究表明，当硅灰掺量在 8% 左右时，水泥混凝土的强度可增长 25% 左右，与此同时，混凝土的密实度、抗渗、耐磨及耐久性均有提升。这主要是因为硅灰内部富含 SiO_2，含量甚至可达到 90% 以上，比表面积大，分散性好，可以填充水泥水化过程中形成三维网络的空隙，并且其火山灰活性高，能促进强度的形成。磨细的矿粉也可以起到类似硅灰的作用，其掺量约为 30%，通常细度越大，活性越高，效果越明显。对于高强高性能混凝土或有其他特殊要求的混凝土，不应采用低于二级的粉煤灰。

3. 减水剂

高强度是配制高性能水泥混凝土的一项重要目标，仅提高水泥强度等级不能得到满意的效果，甚至会引起严重的干缩裂缝，而通过掺入减水剂，在保证拌和流动性不变的情况下降低水灰比，可以起到直接提升水泥混凝土强度的作用，是必不可少的成分。当骨料采用碎石时，高性能水泥混凝土的 28d 设计强度计算公式如下：

$$f_{cu,28d} = 0.304f_{ce}\tan^2\left(\frac{C}{W}+0.62\right) \tag{2-3}$$

式中 $f_{cu,28d}$——高性能水泥混凝土的 28d 设计强度；

f_{ce}——水泥强度等级；

$\frac{C}{W}$——水灰比，用水量的取值一般为 $130\sim150\mathrm{kg/m^3}$。

常用高性能减水剂除传统的萘系（掺量范围为 $0.3\%\sim1.5\%$）、木质素磺酸（掺量范围为 $0.1\%\sim0.3\%$），还有聚羧酸高性能减水剂，减水效果可达到 $25\%\sim40\%$，同时具有高强的分散性，增加强度、密实度的同时也可保证水泥混凝土的和易性和耐久性。其他外加剂如缓凝剂、引气剂、膨胀剂等可根据需要添加，以满足高性能水泥混凝土多样的需求。

2.3.2 制备技术结构特点

高性能混凝土的孔结构以孔径<10nm 的凝胶孔为主，基本不存在>100nm 的大孔，高性能混凝土的孔结构细化，孔径体积小，表明其密实度很高。此外，高性能混凝土中易受腐蚀的 C_3AH_6 的数量相对较少，火山灰反应显著降低了 $Ca(OH)_2$ 含量并减小其晶体尺寸。在水化反应过程中生成 $Ca(OH)_2$ 再一次发生反应，形成了低 Ca/Si 比的 C-S-H 凝胶，使高性能混凝土结构致密，同时减少了水泥石骨料界面过渡区的厚度以及过渡区 $Ca(OH)_2$ 富集和排列的程度。因此，高性能混凝土拥有较好的性能，并且高性能混凝土中未水化颗粒较多，未水化颗粒和矿物细掺料等各级中心质增多，各中心质间距离缩短，中心质效应增强，中心质网络骨架得到加强。

2.3.3 制备技术性能特点

1. 高工作性

混凝土的工作性又称和易性，是指混凝土拌和物在一定的施工条件下，便于各种施工工序的操作，以保证获得均匀密实的混凝土的性能。工作性是一项综合技术指标，包括流动性（稠度）、黏聚性和保水性 3 个主要方面。坍落度主要是指混凝土的塑化性能和可泵性能，是评价混凝土工作性的主要指标。高性能混凝土具有良好的坍落度控制能力，通过掺加高效减水剂和保坍剂等能抑制混凝土坍落度损失。同时，由于高性能混凝土水灰比低，游离水少，加入超细粉末，水泥浆黏度高，离析现象很少产生。

2. 高强度

高性能混凝土的抗压强度，是已经应用于工程中的混凝土强度的 2 倍左右。这说明其抗拉及抗压强度都高于高强混凝土。高性能混凝土在早期时，强度快速发展，使强度增长率低于普通强度混凝土。由于在原材料配合比上的特点，高性能混凝土强度的发展及影响其规律的条件与相同强度的传统混凝土不尽相同。影响普通混凝土强度测试值的试验方法和条件同样也影响高强和高性能混凝土。但是有些普通混凝土不敏感的因素，对于高强和高性能混凝土来说却很敏感。采用现场混凝土内部的实际温度对预留试件进行养护，可以发现，掺有粉煤灰的高性能混凝土各龄期强度始终高于标准养护的试件强度；对于未掺任何矿物细掺料的纯硅酸盐混凝土，只有 3d 以前的强度高于标准养护的试件，而 3d 以后随龄期的发展越来越低于标准养护试件的强度，强度越高，龄期越长，这种差距越大。我国现行规范规定，采用边长为 100mm 立方体试件时，强度值换算系数为 0.95，而对于高强混凝土，有试验表明，换算系数比普通混凝土的低。实际上，混凝土的强度等级和组成都会影响该换算系数，而建立所有类型高强混凝土强度的通用换算系数则需要进行大量严格系统的试验研究。另外，试验机的刚度、承压板球铰的尺寸、试验机容量等对混凝土强度值以及不同尺寸试件强度值的换算系数都有影响。

3. 高体积稳定性

高性能混凝土，一般有着较高的体积稳定性，主要表现为：弹性模量较高，收缩性、变形能力与温度都较低。高性能混凝土是普通混凝土的弹性模量数值的2倍。在高性能混凝土制造中，一般使用的粗骨料都是弹性模量较高并且强度较大，这大大降低了水泥浆体在混凝土的含量，按照相应的配合比标准来进行高性能混凝土配制，使干缩值得到降低。

4. 长期耐久性

高性能混凝土的耐久性主要由抗冻性和抗渗性所表现。由于其具有超高的自密性，抗渗性得到提升，进而抗腐蚀性能也在普通强度混凝土之上。

2.3.4　配合比设计原则

高性能混凝土设计是在高强度混凝土施工过程中反复试验，不断总结和探索，添加优质掺和料等方法，才能掌握的混凝土配合比试验方法，需要按照以下原则进行。

1. 最小水泥用量原则

混凝土配合比设计，既要满足最大水泥用量不宜超过 $500kg/m^3$，又要满足混凝土强度要求，在选择满足试配强度符合要求的情况下，选取最小水泥用量，控制混凝土凝结升温效果。

2. 水胶比原则

结合混凝土强度等级和现场材料，选择合理的水胶比。水胶比过小不利于泵送，水胶比过大会影响混凝土强度。

3. 密实体积原则

在混凝土配制过程中，是以粗骨料为骨架结构，以细骨料作为填充空间，水泥比表面积较大，用来包裹骨料表面形成胶结体，再以优质掺和料、高性能减水剂提高混凝土的工作性能。

4. 最小用水量原则

在使用了高效减水剂的情况下，配合比计算时，在满足泵送混凝土坍落度技术要求的同时，要减掉因高效减水剂作用而替代的部分用水量，扣除骨料天然含水量，在满足工作性能上控制最小用水量。

5. 最佳工作性原则

高性能混凝土需要有良好的泵送性和工作性，通过添加掺和料，在混凝土完成拌和后，混凝土料质地均匀，不得有离析、泌水现象，在混凝土运输、泵送、浇筑过程中，坍落度损失较小，混凝土浇筑开始到结束时间的终凝时间确定。泵送性能良好，不易产生堵管现象。

2.4　高强与高性能混凝土矿物掺和料

混凝土矿物掺和料的定义：以铝、硅、钙等一种或几种氧化物为主要成分，掺入混凝土中能改善新拌混凝土或硬化混凝土性能的粉体材料。混凝土矿物掺和料又被称为辅助胶凝材料，通常具有火山灰活性或潜在水硬性，同时也有规定的细度要求，其掺量一般不小于 5%，如粉煤灰、钢渣粉、粒化高炉矿渣粉、硅灰、磷渣粉等。一般情况下，矿物掺和料的比表面积大于 $355m^2/kg$，比表面积大于 $600m^2/kg$ 的被称为超细矿物掺和料，其增强效果非常明显，但有可能加剧混凝土早期塑性开裂。

2.4.1 粉煤灰

1. 概述

粉煤灰主要收集于电厂高温燃烧煤炭排放的烟气中，其性质与火山灰相似，又称飞灰、粉煤灰的主要化学成分为 SiO_2（质量分数为 45%～60%）、Al_2O_3（质量分数为 20%～30%、Fe_2O_3（质量分数为 5%～10%），此外尚有一部分 CaO、MgO 和未燃炭。在碱性条件下，粉煤灰中的 SiO_2 和 Al_2O_3 会与水泥水化生成的 $Ca(OH)_2$ 发生反应，生成不溶性的水化硅酸钙和水化铝酸钙。粉煤灰的主要组成是为大部分直径以微米计的实心微珠和空心微珠以及少量的多孔玻璃体、玻璃体碎块、结晶体和未燃尽炭粒等。粉煤灰的扫描电子显微镜照片如图 2.2 所示。

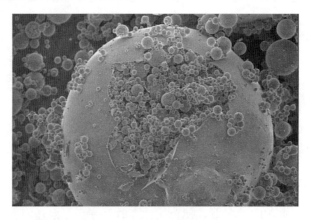

图 2.2　粉煤灰的显微形貌

粉煤灰用作水泥混凝土的矿物掺和料，大多数国家都有相应的技术标准。在《用于水泥和混凝土中的粉煤灰》（GB/T 1596—2017）中，2020 年我国粉煤灰的产量达到 7.81 亿 t，2024 年将达到 9.25 亿 t，主要用于建材、筑路、建工和农业种植等方面。与世界各国相比，我国粉煤灰利用率排在世界前列。

粉煤灰中含有有毒金属，如砷（As）、铬（Cr）、硒（Se）、钛（Ti）、钒（Va）等。粉煤灰中还可能含有氡（Rn），是一种放射性元素，在早期也被称为放射性气体。当含有这些有害金属的粉煤灰长期堆放在陆地上或填埋时，这些有毒的金属离子就会溶解在水中，使水中的有害阳离子增加。而当粉煤灰作为混凝土的掺和料时，水泥的水化作用可与粉煤灰中的有毒金属反应生成稳定的产物，从而固定有毒金属。粉煤灰产品释放的氡（Rn）量也很低，美国地质调查局报告说，粉煤灰产品的放射性与混凝土或红砖等传统建筑材料没有明显区别。换句话说，粉煤灰释放的氡量对人体健康无害，可以用于建筑，如积木或其他建筑材料。

2. 粉煤灰的分类

按照煤炭燃烧方式的不同，粉煤灰大致分为 2 种：一种是煤经粉煤炉 1300℃ 以上高温燃烧产生的飞灰，主要由结构紧密且化学性质稳定的莫来石和刚玉等矿物质组成；另一种是煤经 1000℃ 以下温度燃烧产生的飞灰，主要由未燃炭和无定形的偏高岭石和石英等晶态物质组成。按照含钙量的不同，可分为 2 类：即低钙粉煤灰和高钙粉煤灰。按照收集和排放方式的不同，可分为 5 类，即干灰、湿灰、脱水灰、调湿灰和细粉灰。按照粉煤灰颗粒组成可分为 4 类：Ⅰ类即含球形颗粒粉煤灰，因其颗粒堆积比较紧密、流动性好，故可作为良好的建筑材料；Ⅱ类即除含球形颗粒外还有少量熔融玻璃体，其与Ⅰ类相比，减水作用较差；Ⅲ类即主要为熔融玻璃体和多孔疏松熔融玻璃体，经研磨处理后可作为建筑凝胶材料；Ⅳ类即疏松熔融玻璃体和炭粒，其结构疏松、密实度很小，故不能配混凝土。

根据现行规范，通常以 CaO 的含量作为标准，将粉煤灰分为 C 类和 F 类，CaO 含量高于 10% 的为 C 类，低于 10% 的为 F 类。粉煤灰颜色呈灰白至黑色，如高钙粉煤灰颜色偏黄，低钙粉煤灰颜色偏灰，其颗粒较细、粒径不均，为 $0.5\sim400\mu m$。小颗粒粉煤灰表面光滑、多呈球形，统称为"微珠"；大颗粒粉煤灰则多为不规则形状。

3. 粉煤灰的化学组成及其特点

粉煤灰多由石英、莫来石等矿物晶体和玻璃体以及少量未燃烧炭组成。粉煤灰化学成分因煤源、煤种、燃烧方式不同而有所差异，一般来说，除少量未燃尽的炭（常用烧失量 LOI 表示）外，粉煤灰主要由 SiO_2、Al_2O_3、Fe_2O_3 及少量 CaO、MgO 和 SO_3 等氧化物所组成。其中 SiO_2、Al_2O_3、Fe_2O_3 三者含量之和可占总量的 70% 以上。我国粉煤灰的氧化物含量变化范围大致见表 2.1。我国粉煤灰的化学组成波动相当大，种类也特别多。由于粉煤灰的化学组分对其使用性能有一定的影响，有时甚至是关键性的影响，在使用时应予以特别注意。

表 2.1　粉煤灰的化学组成

化学成分	SiO_2	Al_2O_3	Fe_2O_3	CaO	MgO	SO_3	Na_2O_{eq}	f-CaO	LOI
粉煤灰	57.60	21.90	7.70	3.87	1.68	0.41	4.05	—	0.43

SiO_2：粉煤灰的主要活性成分。一般认为，其含量越高，粉煤灰的活性越好。粉煤灰中 S 的含量一般在 50% 左右。烟煤和次烟煤粉煤灰的 SiO_2 含量通常在 50% 以上，褐煤粉煤灰的 SiO_2 一般不超过 40%。粉煤灰中的 SiO_2 含量随煤种变化的顺序为：无烟煤＞烟煤＞次烟煤＞褐煤。

Al_2O_3：粉煤灰的另一个主要活性成分。一般认为，其含量越高，粉煤灰的活性越好。粉煤灰中 Al_2O_3 的含量与煤种有关。褐煤粉煤灰中 Al_2O_3 含量通常在 16% 以下，而次烟煤粉煤灰为 16%～24%，烟煤粉煤灰通常大于 24%。

CaO：在低钙粉煤灰中，CaO 绝大部分被结合在玻璃相中，这些与 CaO 结合的富钙玻璃微珠的活性较高；在高钙粉煤灰中，CaO 除大部分被结合外，还有一部分是游离的。这部分游离 CaO 具有利于活性激发和不利于体积安定性的双重作用。

MgO：粉煤灰中 MgO 含量也同氧化钙含量一样，低级别煤的粉煤灰中的 MgO 含量较高。限制 MgO 含量的原因是 MgO 可能以方镁石（指游离状态的 MgO 晶体）的形态出现。它的水化速度很慢，要在半年至 1 年后才明显开始水化，而且水化生成氢氧化镁，体积膨胀 148%，因此会导致水泥体积安定性不良。也有学者指出，粉煤灰中的 MgO 不会是方镁石。由于不能完全排除在 MgO 含量较高的情况下出现方镁石的可能性，许多国家规定粉煤灰中 MgO 的含量不得超过 4%~5%；有些国家将其列于非强制性化学成分指标，并注明按压蒸法安定性膨胀试验结果，如果膨胀率不超过 0.8%，MgO 含量允许超过 5%。目前，我国有关规范对于 MgO 含量并未作出规定。

有效碱金属氧化物（Na_2O、K_2O）：在粉煤灰-水泥体系中，碱金属氧化物（Na_2O 和 K_2O）具有双重性。①有利作用：碱可以激发粉煤灰的化学活性，促进粉煤灰与 $Ca(OH)_2$ 的火山灰反应。②不利作用：Na_2O 和 K_2O 含量增加，会增加单方混凝土中的碱含量（$R_2O=Na_2O+0.658K_2O$），从而对混凝土某些性能产生不利影响。碱是碱-骨料反应的重要反应物，其含量越高，越有利于这一反应的进行。许多研究表明，粉煤灰可以抑制碱-硅酸反应，这一作用主要取决于粉煤灰对碱的控制能力。高碱粉煤灰对碱的控制能力较低，因而抑制碱-骨料反应的作用减弱；同时，较高的碱含量使得硬化水泥石的干缩变形较大，对于混凝土的抗裂性能不利。对于水泥而言，当水化产物中碱含量较高时硬化水泥石的干缩较大。粉煤灰亦是如此。如果粉煤灰的火山灰反应产物中碱含量较高，也会导致硬化水泥石产生较大的干缩变形。考虑到单方混凝土总碱含量是由水泥、矿物掺和料、化学外加剂等多种组分的碱含量之和确定的，可以通过多种途径来控制混凝土的总碱含量。在其他组分的碱含量得到控制的条件下，可以使用碱含量稍高的粉煤灰。所以，我国有关标准没有对粉煤灰的碱含量提出具体要求。

4. 理化特性及技术指标

根据《用于水泥和混凝土中的粉煤灰》（GB/T 1596—2017）和《高强高性能混凝土用矿物外加剂》（GB/T 18736—2017）要求，粉煤灰的主要理化性质包括外观、细度、需水量比、烧失量、活性指数等。

1）外观：粉煤灰的外观和颜色类似于水泥，通常为灰色粉末状物质。粉煤灰的颜色与它的组成、细度、含水量和燃烧条件等因素有关。由于颜色可以直接反应粉煤灰的含碳量和细度，因此对于粉煤灰的生产控制和质量控制，颜色已成为一项重要指标。通常原状粉煤灰的颜色越浅，表明粉煤灰的含碳量越低，并且同级别煤的粉煤灰颜色越浅，还表明粉煤灰的颗粒越细，因为一般情况下细颗粒的煤粉燃烧比较充分。随着含碳量的变化，粉煤灰的颜色可以从乳白色变到黑色；高钙粉煤灰往往呈浅黄色；含铁量较高的粉煤灰也可能呈现较深的颜色这与粉煤灰燃烧时的气氛有关。由于煤粉颗粒的表面燃烧得比较充分，未燃烧的炭通常在颗粒内部，因此原状粉煤灰的颜色通常较浅。机械粉磨将原状粉煤灰的颗粒打破，使得一些未燃烧的炭露出来，所以磨细粉煤灰常常呈现较黑的颜色。

2）细度：粉煤灰颗粒整体的粗细程度用细度指标表示，它是粉煤灰非常重要的性能指标。粉煤灰的利用价值，很大程度上是因为粉煤灰具有很细的颗粒组成，较大的比表面积。通常粉煤灰越细，它的利用价值越高。大量研究表明，粉煤灰的细度对粉煤灰的质量和所制备的混凝土性能有着重要影响。这些影响主要体现在以下 3 个方面。

（1）影响粉煤灰的活性。粉煤灰越细，其活性成分参与火山灰反应的表面积越大，则反应能力越强，反应速度越快，反应程度也越充分。在粉煤灰的颗粒组成中，粒径在 $45\mu m$ 以下的颗粒对粉煤灰的活性起积极作用，粉煤灰的火山灰活性通常与小于 $10\mu m$ 的颗粒含量成正比，粒径在 $10\sim20\mu m$ 的颗粒对活性的发挥有利，而大于 $45\mu m$ 的粉煤灰颗粒很小或不具备火山灰活性。因此，粉煤灰中小于 $45\mu m$ 的颗粒越多，其火山灰活性越高。

（2）影响粉煤灰的需水量比及混凝土的用水量。粉煤灰越细，其需水量比越大，导致在相同流动性条件下混凝土用水量相应增加，从而对混凝土结构和性能带来显著的负面影响。在相同胶凝材料用量条件下，用水量增加将导致混凝土结构孔隙率变大，密实度下降，使得混凝土强度下降、抗渗性能和抗冻性能等耐久性变差；在相同强度等级条件下，用水量增加将意味着胶凝材料用量增加，这将引起混凝土的塑性收缩，自收缩，干燥收缩和徐变等变形增大，同时导致混凝土水化热增大，从而最终影响混凝土的抗裂性能。

（3）影响混凝土拌和物的和易性。粉煤灰颗粒越细，微细颗粒越多，越能均匀有效地填充到水泥颗粒空隙之中，堵截混凝土内的泌水通道，减少泌水，越能大幅度地减少浆体内的液体流动，增强拌和物的黏聚性。伴随着保水性和黏聚性的改善。在相同用水量条件下，混凝土拌和物的流动性下降。

3）需水量比：在一定流动度条件下，掺入 30% 粉煤灰的水泥胶砂的需水量与基准水泥胶砂（不掺粉煤灰）的需水量之比，称为需水量比。需水量比是粉煤灰物理性质十分重要的一项，同时又是难以控制的性能指标或品质指标，通常用来表征粉煤灰的需水性。影响粉煤灰需水量比的主要因素包括粉煤灰的细度、颗粒形貌、颗粒级配以及密度、烧失量等。如前所述，粉煤灰的颗粒越细，烧失量越大，则需水量比越大，在相同流动性条件下混凝土用水量相应增加，从而对混凝土结构和性能带来负面影响。用于混凝土中的粉煤灰，应保证在相同坍落度条件下，掺入后不应使混凝土拌和水量显著增加，甚至希望它具有部分减水效果，这就要求粉煤灰的需水量比尽可能小。

混凝土对粉煤灰的品质要求，除限制其有害组分含量和一定细度外，主要着重于其强度活性。在《用于水泥和混凝土中的粉煤灰》（GB/T 1596—2017）中，将粉煤灰成品按细度、烧失量和需水量比（掺入质量分数为 30% 粉煤灰的水泥浆标准稠度用水量和纯水泥浆标准稠度用水量之比）分为 3 个等级。粉煤灰的技术要求见表 2.2。

表 2.2　粉煤灰的技术要求

项目			技术要求		
			I	II	III
细度（0.045mm方孔筛筛余）（%）	≤	F类粉煤灰	12	25	45
		C类粉煤灰			
需水量比（%）	≤	F类粉煤灰	95	105	115
		C类粉煤灰			
烧失量（%）	≤	F类粉煤灰	5	8	15
		C类粉煤灰			
含水量（质量分数），（%）	≤	F类粉煤灰		1.0	
		C类粉煤灰			

续表

项目		技术要求		
		I	II	III
三氧化硫（质量分数），（%） ≤	F类粉煤灰		3.0	
	C类粉煤灰			
游离氧化钙（质量分数），（%） ≤	F类粉煤灰		1.0	
	C类粉煤灰		4.0	
安定性（雷氏夹沸煮后增加距离），（mm） ≤	C类粉煤灰		5.0	

5. 粉煤灰的作用机理

根据粉煤灰的几何、化学和物理特征，研究者普遍认为粉煤灰在水泥混凝土中的作用机理可归结为 3 个基本效应，这就是形态效应、活性效应和微骨料效应。

（1）形态效应。粉煤灰在各种矿物掺和料中具有独特的颗粒特性，所以在混凝土中产生了一些独特的形态效应，例如，填充作用、润滑作用以及一定的匀质化作用等。粉煤灰颗粒是煤粉煅烧形成的，是不同微粒的集合体，这些微粒具有不同的组成、结构和形态。粉煤灰中不规则粒子所占的比例较少，主要是多孔和球形粒子，它们的含量在 90% 以上，这对粉煤灰的性能起着决定性影响。所以，粉煤灰的形态效应反映在粉煤灰的矿物组成上主要是多孔海绵状玻璃体和铝硅酸盐玻璃微珠，主要是这些颗粒的外观形状、内部结构、表面性质、颗粒级配等各种物理性状所叠加产生的效应。粉煤灰中占绝大多数的玻璃微珠光滑、致密、粒细，使其具有滚珠轴承作用，减少颗粒间的内摩阻力，促使水泥的需水量降低，从而提高新拌混凝土在施工中的可泵性和可注性。同时，粉煤灰与水泥共同使用时具有理想的颗粒级配，增强浆体的保水性和均质性，改善浆体的初始结构，减小混凝土的早期收缩。

（2）活性效应。粉煤灰的活性效应体现在两个方面：一是粉煤灰自身的火山灰反应能力，粉煤灰本身不具有或只有很弱的胶凝性质，但在水存在的情况下与 CaO 化合将会形成水硬性固体，这种性质称为火山灰性质。二是对水泥熟料矿物水化过程的促进作用。活性效应的高低取决于反应的能力、速度及其反应产物的数量、结构和性质等因素。低钙粉煤灰的活性效应主要是火山灰物质的硅酸盐化；高钙粉煤灰的活性效应除了火山灰反应之外，还包括一些水硬性晶体矿物的水化反应，其活性介于矿粉和低钙粉煤灰之间。最初先是水泥的水化反应，其次是粉煤灰中的活性氧化硅（SiO_2）和活性氧化铝（Al_2O_3）的二次水化反应，生成水化硅酸钙（C-S-H）、水化铝酸钙（C-A-H）等具有水硬性特点的物质，并填充于毛细孔隙内，从而作为胶凝材料的一部分对混凝土起到增强作用。由于活性的影响因素很多，而且活性的发挥也受到很多因素的影响，要准确建立活性与混凝土性能之间的关系是比较困难的。一般认为，玻璃体含量越高，活性越大，硬化浆体的强度也越高。这也造成了粉煤灰等质量取代水泥时混凝土早期强度低、后期强度高的特点。

（3）微骨料效应。粉煤灰作为微骨料具有显著的优点：①粉煤灰玻璃微珠本身的强度很高，这有助于提高混凝土的强度；②粉煤灰与水泥熟料水化产生的 $Ca(OH)_2$ 发生火山灰反应，减少了混凝土中 $Ca(OH)_2$ 的含量，从而改善界面过渡区的结构，使粉煤灰与水泥浆体之间黏结较强，有较好的界面效应，而且随着水化产物的进行，粉煤灰和水泥界面的接触越来越紧密，这也有助于提高混凝土的强度；③粉煤灰微粒由于其形态效应，所以在水泥浆体中分散状态良好，这有助于新拌混凝土和硬化混凝土均匀性的改善。同时，由于粉煤灰的平均粒径小于水泥的平均粒径，磨细粉煤灰微粒在水泥浆体中分散状态良好，有助于混凝土中孔隙和毛细孔的充填和"细化"，减少了水泥浆体中的含气量。粉煤灰微粒水化反应非常缓慢，但反应层中水化产物的网络随水化反应进行却越来越细密，降低了拌和物的泌水性，有利于细化孔隙，所以，粉煤灰对致密性的贡献越大，硬化体越致密，混凝土强度后期也就越大。

粉煤灰的3大效应是同时存在、共同发挥的，不能简单地将3种效应孤立开来。通常认为，对于新拌混凝土，形态效应和微骨料效应起主要作用；随着水化的发展，对于硬化中混凝土和硬化混凝土性能起主要作用的是活性效应和微骨料效应。

6. 粉煤灰对混凝土性能的影响

1) 粉煤灰对混凝土工作性能的影响：粉煤灰的密度比水泥小，在配制混凝土时，用粉煤灰替代水泥可在一定程度上增加混凝土的浆体体积。在配合比相同的情况下，用粉煤灰替代水泥可增加混凝土的浆体体积和浆体塑性，具有降低混凝土浆体黏度的作用。同时，可增加混凝土浆体中氧化钙和二氧化硅的浓度，在一定程度上降低水泥和粉煤灰处于高碱环境中颗粒分散度的稳定性，有效地改变混凝土的流变特性。粉煤灰原有颗粒形貌多为球形，若采用分选的粉煤灰，粉煤灰的原有颗粒形貌不受破坏。当拌和混凝土时，球形粉煤灰在混凝土中充当滚珠，可有效降低混凝土的黏稠度，增加混凝土的流动性。粉煤灰的用水量相较于水泥更低。在用水量相同的情况下，用粉煤灰替代水泥配制混凝土，其工作性能、坍落度更优。但粉煤灰的替代量不宜过高，若替代量过高，将导致新拌混凝土保水性较差、混凝土的黏度变差，还会影响混凝土浇筑成型，延长混凝土初凝和终凝的时间，过长的终凝时间不利于混凝土养护成型。

2) 粉煤灰对混凝土力学性能的影响：粉煤灰的活化特性相对较低，当用粉煤灰替代水泥配制混凝土时，随着粉煤灰用量的增加，混凝土浆体中的水泥占比会下降，水泥含量降低将直接影响混凝土水化反应的速度。水化反应的成分主要由水泥提供，水泥遇水就会很快发生水化反应，释放大量热量。掺入粉煤灰可降低混凝土搅拌和成型养护过程中释放的热量，使混凝土不易在搅拌过程中因温度过高而缩短混凝土的初凝时间，在一定程度上可延长初凝时间，有利于混凝土远距离运输，降低长时间运输导致混凝土有较大坍落度的损失。大体积混凝土中掺入粉煤灰，减少水泥用量，可有效地降低因水泥水化反应释放的热量，从而避免混凝土产生温度裂缝而降低混凝土的力学性能、抗渗性能、抗离子侵蚀性能等。由于混凝土的早期强度较低，在混凝土中掺入粉煤灰会减少水泥含量，在一些建筑工程中会影响混凝土模板的周转速度，影响施工进度。因此，在一定程度上限制了粉煤灰的掺入量。粉煤灰的主要作用是在水泥水化产物的基础上进一步发生水化反应，经大量试验研究发现，粉煤灰对混凝土的抗折和抗压强度不会引起特殊影响。与普通混凝土相比，掺入粉煤灰的混凝土3d和7d抗压强度更低（在相应需求下，可通过掺入早强剂或调整混合料来提升混凝土的早期强度）粉煤灰会持续发生火山灰反应，掺入粉煤灰的混凝土早期强度等于或低于普通混凝土，后期强度则等于或高于普通混凝土。对长龄期粉煤灰强度的贡献率进行试验研究，以28d强度作为基准强度，掺入粉煤灰的混凝土 360d 强度与 28d 强度相比，提升了 60%。而普通混凝土 360d 强度与 28d 强度相比，仅仅提升了 30%。可见，28d 强度并不能真实反映掺入粉煤灰对混凝土性能的提升效果。还有一些学者和专家对更长龄期的粉煤灰混凝土进行试验研究，发现粉煤灰能显著提升混凝土的终期强度，其耐久性能可持续 10 年以上，这一特点使粉煤灰成为生产高强混凝土的有效成分。

3）粉煤灰对混凝土耐久性能的影响：粉煤灰提高混凝土抗冻性能的主要机理是随着水泥水化反应的不断进行，自由水的含量逐渐减少，水泥的水化不可能完全，因而混凝土内部一定存在未水化凝胶材料。掺加一定量粉煤灰部分替换水泥后，由于减少了水泥用量，水化产物中 $Ca(OH)_2$ 量也随之下降，但粉煤灰的二次水化产物 C-S-H 和 AFt 的量有所增加，使混凝土与骨料界面过渡层的孔隙率下降；此外，粉煤灰的细颗粒在水泥颗粒中均匀分散，成为水化产物积聚的中心。随着混凝土龄期的延长，这些细颗粒和水化产物使水泥石孔隙率下降，改善了混凝土的耐久性。掺粉煤灰使混凝土内的微细颗粒增加，和易性改善，游离水减少，粉煤灰的微小颗粒改善了混凝土的孔结构，小孔增加，大孔减少，不连通孔增加，连通孔减少，降低了游离水的冻结产生的膨胀力和渗透压力，从而提高了混凝土的抗冻性。

粉煤灰由于具有微骨料效应，掺入粉煤灰后的混凝土大孔数量较少，其渗透系数也较小，具有良好的抗渗能力。粉煤灰可以改善混凝土的孔结构，从而在抗渗混凝土中得到了应用。粉煤灰的掺加可以改善混凝土的界面结构与和易性，提高致密性和耐久性。其还具有火山灰效应，能与水泥的水化产物生成 C-S-H 凝胶，填塞混凝土结构中存在的孔隙和渗透通道，使密实度和渗透阻力增大。

混凝土中掺入一定比例的粉煤灰，可以有效地降低混凝土的碱骨料反应。由于粉煤灰的火山灰反应，直接降低了混凝土中水溶性碱和孔隙溶液中的 pH 值，生成非膨胀的钙-碱-硅胶以及混凝土的孔结构改善，降低混凝土的透水性。但是粉煤灰对混凝土的碱-骨料反应抑制作用，受到粉煤灰自身特性和粉煤灰掺入比例的影响。根据试验结果显示，当混凝土中粉煤灰的掺入比例高于 25% 时，碱含量较低和低钙性能的粉煤灰，可以有限降低混凝土的碱-骨料反应。

4）粉煤灰对混凝土微观性能的影响：粉煤灰在硬化浆体中起到的填充作用和持续的火山灰反应在很大程度上增大硬化浆体的密实性，从而提高了混凝土的抗渗透性、抗碳化能力。粉煤灰在水化后期发生火山灰反应需要消耗大量的 $Ca(OH)_2$，通常 $Ca(OH)_2$ 为六角形片状晶体，在混凝土中是薄弱环节，其大量消耗使得混凝土密实程度得到提高。

2.4.2 磨细矿渣粉

1. 概述

用矿渣作为主要原料，掺加少量石膏磨成一定细度的粉体，称作粒化高炉矿渣粉，简称矿渣粉（图 2.3）。矿渣是炼铁过程中排出的工业废渣，经水粹急冷后的矿渣其玻璃体结构内含有较高的能量，将矿渣磨细后具有很高的活性和极大的表面能，可以用来配制高强、高性能混凝土，是混凝土的优质掺和料。粒化高炉矿渣是黑色冶金工业的主要固体废弃物，绝大多数的粒化高炉矿渣被水泥和混凝土工业所利用。2000 年，我国颁布并开始实施国家标准《用于水泥和混凝土的粒化高炉矿渣粉》（GB/T 18046—2000），随后于 2017 年进行了第三次修订（即 GB/T 18046—2017）。2002 年，国家标准《高强高性能混凝土用矿物外加剂》（GB/T 18736—2002）颁布，在该标准中正式将矿渣微粉命名为"矿物外加剂"，纳入混凝土第 6 组分。目前，我国有关磨细矿渣粉的研究、生产和工程应用已经进入新的发展阶段，粒化高炉矿渣这一大宗工业废渣已经开始转变为高附加值的磨细矿渣产品独立出现在建筑市场，其加工技术和应用技术日趋成熟。作为常用的混凝土矿物掺和料或辅助胶凝材料，磨细矿渣粉被用于制备各种预拌混凝土，在土木工程中得到广泛应用，获得了显著的技术效益、经济效益和环保效益。

图 2.3　矿渣粉的显微形貌

2. 磨细矿渣粉的化学组成

磨细矿渣粉的化学组成主要取决于粒化高炉矿渣的化学组成。粒化高炉矿渣的化学成分主要包括 CaO、SiO_2、Al_2O_3、MgO 和 Fe_2O_3 等氧化物，还常含有一些硫化物，如 CaS、MnS 和 FeS 等，有时还含有 TiO_2、P_2O_5 等杂质氧化物。其中，CaO、SiO_2、Al_2O_3 和 MgO 四种氧化物含量占总量的 90％以上。磨细矿渣粉中，CaO 含量为 35％～45％，SiO_2 含量为 30％～50％，Al_2O_3 含量为 10％～15％，MgO 含量为 6％～10％。磨细矿渣粉的化学组分与硅酸盐水泥较为接近，但 CaO 含量稍低些，而 SiO_2 含量则高于硅酸盐水泥。矿渣粉的化学成分见表 2.3。

表 2.3　矿渣粉的化学成分

化学成分	SiO_2	Al_2O_3	Fe_2O_3	CaO	MgO	SO_3	Na_2O_{eq}	f-CaO	LOI
矿渣	34.55	14.36	0.45	33.94	11.16	1.95	0.63	—	0.70

CaO 是矿粉的主要成分之一，含量 25％～50％，一般为 35％～45％。矿粉中 CaO 的含量越高，其活性越高。CaO 可以与酸性氧化物结合形成活性很高的矿物质，如硅酸三钙和硅铝酸二钙，存在于玻璃体的富钙相之中。但是如果 CaO 含量过高（超过 51％）时，会使熔融矿渣的黏度下降，析晶能力增强，容易析出晶体，使矿粉的活性反而降

低。在矿粉中，CaO 几乎全部化合成不同活性的化合物，一般不存在使胶凝物质的强度和体积安定性降低的游离氧化钙；Al_2O_3 也是决定矿粉活性的主要成分，含量的 $5\%\sim33\%$，一般为 $6\%\sim15\%$。Al_2O_3 可以与矿粉中的碱性组分生成水化铝酸盐和水化硅铝酸盐，其含量越高，对矿粉的活性越有利；SiO_2 在矿粉中的含量为 $30\%\sim40\%$，SiO_2 在矿渣冷却时形成玻璃体，在碱性矿渣中，所有 SiO_2 都能与 CaO 化合形成活性较高的矿物，特别是形成活性很高的 β 型硅酸二钙（$\beta\text{-}C_2S$）；但在酸性矿渣中，由于 CaO 含量不足，所形成的矿物则是一些活性较低的低碱性硅酸钙，还有部分 Si 以无定形 SiO_2 形态存在，对矿渣的活性不利。SiO_2 含量高的矿渣黏度大，易于成粒，容易形成玻璃体；矿粉中大多数 Mg 都是以稳定的化合状态存在，它在矿粉中的含量一般为 $5\%\sim12\%$，MgO 可以降低熔融渣的黏度，提高矿渣的粒化质量，增强矿渣的活性。在含量不超过 20% 的情况下，MgO 不会造成体积安定性不良。

除了上述主要氧化物之外，根据所用原材料及冶炼生铁的品种，矿粉中可能还含有少量的 Fe_2O_3、FeO、TiO_2、BaO、K_2O、Na_2O、Cr_2O_3、V_2O_5 等成分。它们对矿粉活性的作用与其存在的形式和含量有关，同时这些氧化物之间可能相互作用、相互影响。需要注意的是，磨细矿渣粉中一些有害物质含量不应超过有关国家标准要求。如对钢筋有锈蚀作用的氯离子含量、影响混凝土碱-骨料反应的碱含量、影响混凝土体积稳定性的 MgO 和 SO_3 含量等。

3. 磨细矿渣粉的化学组成与活性的关系

由于磨细矿渣粉的活性与化学组成有一定关系，因此，根据化学组成可以对磨细矿渣粉的活性作一个粗略的评定。用化学组成评定磨细矿渣粉的活性通常采用碱性系数、活性系数或质量系数指标。

（1）碱性系数 M：指磨细矿渣粉中碱性氧化物含量（%）与酸性氧化物含量（%）之比。根据碱性系数，将磨细矿渣粉分为 3 类：当 $M>1$ 时称为碱性矿粉（活性较高），当 $M=1$ 时称为中性矿粉，当 $M<1$ 时称为酸性矿粉。在硅酸盐玻璃体结构中，SiO_2 和 Al_2O_3 是网络形成体，以四面体或八面体的形式存在，它们互相联结，形成硅酸盐玻璃的网状结构。而 CaO 等一些碱性氧化物则是网络变性体，这些氧化物的进入，打破了硅酸盐玻璃中的一些 $Si\text{-}O$ 键和 $Al\text{-}O$ 键，使网状结构解体。正是由于碱性氧化物的这种破键作用，使得矿粉表现出较高的活性。这些碱性氧化物与破键后的 SiO_2 和 Al_2O_3 形成硅酸盐矿物（S、CS 等）、硅铝酸盐矿物（钙黄长石 C_2AS、钙长石 CAS 等），后者通过水化反应形成水化硅酸钙、水化铝酸钙等水化产物，使矿粉同时表现出胶凝性质（潜在水硬性）。因此，不能简单地将碱性系数看成是矿粉酸碱度的表征，实质上，它是网络结构形成与破坏行为的表征。碱性系数不仅是矿粉活性的表征，也是矿粉胶凝性的表征。

（2）活性系数：指磨细矿渣粉中 Al_2O_3 含量（%）与 SiO_2 含量（%）之比。活性系数反映了铝酸盐矿物与硅酸盐矿物的相对数量关系。一般而言，铝酸盐矿物的活性高于硅酸盐矿物的活性，特别是在碱性氧化物较少的情况下，矿粉中的 Al_2O_3 几乎都与碱性氧化物结合形成铝酸盐矿物，而 SiO_2 仅仅是部分地与碱性氧化物结合形成硅酸盐矿物，其余部分则以无定形 SiO_2 存在，这一部分的 SiO_2 活性相对来说是较低的，也不具有胶凝性。因此，活性系数反映了矿粉活性的高低。对于碱性系数较低的矿粉，活性系数对矿粉活性的反映较敏感；对于碱性系数较高的矿粉，SiO_2 基本上与 CaO 形成了活性较高的 β-C_2S，没有无定形的 SiO_2 存在，硅酸盐矿物的活性与铝酸盐矿物的活性相差不大，因而活性系数对矿粉活性的反映不太敏感。

（3）质量系数：指磨细矿渣粉中 CaO、Al_2O_3 的含量之和（%）与 SiO_2、MnO、TiO_2 的含量之和（%）的比值，质量系数实质上反映的也是碱性氧化物含量（%）与酸性氧化物含量（%）之比，其比值越大，矿粉的活性越高。通常采用碱性系数 $M>1$，质量系数 $K>1.2$ 的粒化高炉矿渣来磨制混凝土用矿渣粉。

4. 磨细矿渣粉的理化特性及技术指标

根据国家标准《用于水泥、砂浆和混凝土中的粒化高炉矿渣粉》（GB/T 18046—2017）和国家标准《高强高性能混凝土用矿物外加剂》（GB/T 18736—2017）的要求磨细矿渣粉的主要理化指标包括密度、比表面积、含水率、需水量比等，矿渣的技术指标见表 2.4。

表 2.4　矿渣的技术指标（GB/T 18046—2017）

项目		级别		
		S105	S95	S75
密度（g·cm^{-3}）			≥2.8	
比表面积（m^2·kg^{-1}）		≥500	≥400	≥300
活性指数（%）	7d	≥95	≥75	≥55
	28d	≥105	≥95	≥75
流动度比（%）			≥95	
含水量（质量分数，%）			≤1.0	
SO$_3$（质量分数，%）			≤4.0	
氯离子（质量分数，%）			≤0.06	
烧失量（质量分数，%）			≤3.0	
玻璃体（质量分数，%）			≥85	

矿粉的密度为 2.80～2.95g/cm^3。当用矿粉部分替代水泥时，在水胶比不变的前提下，实质上意味着固相体积相对增加，水的体积相对减少，这是矿物掺和料致密作用的一种方式。由于矿粉的密度通常大于粉煤灰等火山灰质材料，所以它的这种作用比火山灰质材料要弱。国家标准《用于水泥、砂浆和混凝土中的粒化高炉矿渣粉》（GB/T 18046—2017）规定用于水泥和混凝土的磨细矿渣粉的密度不得小于 2.8g/cm^3。

磨细矿渣粉的粉磨细度对其自身质量和所制备的混凝土性能有着重要影响。这些影响主要体现在 3 个方面：①影响磨细矿渣粉的活性。磨细矿渣粉颗粒越细，其活性成分发生一次水化反应和二次水化（火山灰反应）的表面积越大，则反应能力越强，反应速度越快，反应程度也越充分。在磨细矿渣粉的颗粒组成中，粒径在 45μm 以下的颗粒对其活性起积极作用，而粒径大于 45μm 的颗粒很难参与水化反应。因此，国家标准要求高强高性能混凝土用磨细矿渣粉的比表面积超过 400m^2/kg。但矿粉如果磨得过细，其早期水化热越大，掺入混凝土中不利于降低混凝土的温升，也不利于控制混凝土早期的自收缩变形；②影响磨细矿渣粉的需水量比和混凝土的用水量。磨细矿渣粉越细，其流动度比可能变小，需水量有可能增大，导致在相同流动性条件下混凝土用水量相应增加，从而对混凝土微观结构和性能带来负面影响；③影响混凝土拌和物的和易性。磨细矿渣粉颗粒越细，微细颗粒越多，越能均匀有效地填充到水泥颗粒空隙之中，堵截混凝土内的泌水通道，减少泌水，越能大幅度地减少浆体内的液体流动，增强拌和物的黏聚性。伴随着保水性和黏聚性的改善，在相同用水量条件下，混凝土拌和物的流动性下降。

我国常用比表面积来表征磨细矿渣粉的细度。比表面积不仅可以反映矿粉的细度，还可以整体上反映矿粉的颗粒形状，甚至还可以反映矿粉颗粒开口孔隙的量。磨细矿渣粉的比表面积通常是指用勃氏透气法测得的比表面积。《高强高性能混凝土用矿物外加剂》（GB/T 18736—2017）则要求Ⅰ级、Ⅱ级磨细矿渣粉的比表面积分别大于等于 $600m^2/kg$ 和 $400m^2/kg$。规范对磨细矿渣粉比表面积的要求比普通混凝土更高。近年来，由于矿渣粉磨技术的进步，我国生产出了比表面积为 $800m^2/kg$（平均粒径 $5\mu m$）的超细矿渣粉。通过不同比表面积和对水泥置换率组合，配制出高强度混凝土、高性能混凝土和高流态混凝土等有特色的新型混凝土。

磨细矿渣粉中的水分对磨细矿渣粉的加工过程和技术性能都有一定的影响。当磨细矿渣粉中的水分较大时，磨细后的粉料容易出现黏球现象，影响粉磨效率，因而难以达到所要求的细度。同时，由于磨细矿渣粉具有胶凝性，它能与水反应，当然也包括与它自身所含水分的反应，而且粉磨过程本身也将加速这一反应过程。磨得越细，水化反应程度越高。在正常情况下，磨细矿渣粉磨得越细，其活性越高。但在磨细矿渣粉含有一定量水分的情况下，可能出现相反的现象，即比表面积越大，活性越低。其原因就是由于磨细矿渣粉的一部分活性在粉磨过程中因水化反应而提前丧失。因此，应严格控制磨细矿渣粉的含水量，特别是细度要求越高，对矿粉水分的控制应该越严格。《高强高性能混凝土用矿物外加剂》（GB/T 18736—2017）要求磨细矿渣粉的含水量或含水率不得大于1%。

需水量对于磨细矿渣粉是一个非常重要的物理性能指标，其为掺入一定量矿粉的水泥胶砂达到一定流动度情况下的加水量。磨细矿渣粉的需水量主要取决于它的细度、颗粒形貌和颗粒级配。一般而言，磨细矿渣粉在混凝土中不具有减水功能，当比表面积较大或者颗粒级配不合理时，还有可能使需水量增加。此外，由于磨细矿渣粉是经过机械粉磨而成的，它不具有优质粉煤灰和硅灰那么好的颗粒形貌，因而没有润滑作用。所以，磨细矿渣粉对混凝土用水量的影响取决于它的填充作用与表面需水作用的平衡。《高强高性能混凝土用矿物外加剂》（GB/T 18736—2017）中采用需水量比来表征磨细矿渣粉的需水量。需水量比指的是掺入50%磨细矿渣粉的水泥胶砂达到与基准水泥胶砂（不掺磨细矿渣粉）相同流动度情况下的加水量之比，该标准要求Ⅰ、Ⅱ级磨细矿渣粉的需水量比分别小于或等于115%、105%。

5. 磨细矿渣粉对混凝土的作用机理

磨细矿渣粉用作混凝土矿物掺和料，能够改善或提高混凝土的综合性能，这已成为混凝土学术界和工程界的共识。关于磨细矿渣粉在混凝土中的作用机理，可以归结为火山灰活性效应、胶凝效应和微骨料效应。

1）火山灰效应：磨细矿渣粉中的玻璃体形态的活性 SiO_2 和 Al_2O_3，经过机械粉磨激活，在混凝土内部的碱性环境中能与水泥水产物 $Ca(OH)_2$ 发生二次反应，在表面生成具有胶凝性能的水化硅酸钙、水化铝酸钙等凝胶物质。二次反应促进了水泥熟料的进一步水化，生成更多的 C-S-H 凝胶，减少了 $Ca(OH)_2$ 晶体在界面过渡区的富集，打乱了 $Ca(OH)_2$ 晶体在界面过渡区的取向性，同时又可以降低 $Ca(OH)_2$ 晶体的尺寸，使混凝土中骨料与水泥石的黏结力增强，这样不仅有利于混凝土力学性能的提高，而且对混凝土某些方面的耐久性也起到了很好的改善作用。对于一些火山灰材料，其活性效应不仅表现在自身的火山灰反应能力方面，还表现在对水泥熟料水化反应的促进作用方面，而磨细矿渣粉在这一方面的作用相对较弱。火山灰材料对水泥熟料水化反应的促进作用来源于这些材料的火山灰反应吸收大量的水泥水化产物 $Ca(OH)_2$，由于磨细矿渣粉中 CaO 的含量比火山灰材料高得多，本身可以作为其火山灰反应的激发剂，所以它对水泥水化产物 $Ca(OH)_2$ 的吸收量有限。尽管如此，磨细矿渣粉可以为水泥水化体系产生微晶核效应，从而在一定程度上加速水泥的水化反应，给水化产物提供了充裕的空间，使水泥的水化产物分布更为均匀，水泥石结构更加致密。

2）胶凝效应：除了玻璃体，磨细矿渣粉中还存在一定数量低钙型的水泥熟料矿物 C_2S、CS，这些矿物可以直接与水发生水化反应，生成水硬性水化产物，凝结硬化而产生强度。这一反应是一次水化反应过程，不需要其他物质的存在。水泥熟料水化放出的 $Ca(OH)_2$ 是这一反应的激发因素，仅对这一反应起到促进作用。因此，磨细矿渣粉具有胶凝性。而粉煤灰、硅灰等一些火山灰质材料所发生的反应是火山灰反应（二次反应），它是以 $Ca(OH)_2$ 的存在为前提条件的，没有 $Ca(OH)_2$ 的存在，火山灰反应不能进行。所以，火山灰质材料不具有胶凝性能。由于同时具有火山灰活性效应和胶凝效应，磨细矿渣粉的活性相比粉煤灰等火山灰质材料要高，所以它在混凝土中的掺量通常要比粉煤灰等火山灰质材料大，甚至仅用磨细矿渣粉加以激发就可以作为胶凝材料。例如碱矿渣混凝土就是采用矿粉为胶凝材料、水玻璃为矿粉的活性激发剂，配以骨料和水混合而成。碱矿渣混凝土集高强、高抗渗、高抗冻、快硬、低热等优越性能于一体，是使用硅酸盐水泥的混凝土难以达到的，被称为高级混凝土。需要注意的是，尽管磨细矿渣粉在活性行为方面具有优越性，但是仍然不及水泥熟料。因此，采用磨细矿渣粉部分取代水泥时，对水泥混凝土的性能仍然会产生一些影响，随细度增大，混凝土早期强度发展加快，适用于蒸养制品，这一点在混凝土配制、施工等环节应予以考虑。

3）微骨料效应：由于磨细矿渣粉在颗粒组成和颗粒形态上没有明显的优势，因此，通常不表现出非常好的填充行为。在致密作用方面，磨细矿渣粉的作用方式也不同于火山灰材料。在水泥水化过程中，未参与水化的微细矿渣粉颗粒均匀分散于孔隙和凝胶体中，起着填充毛细孔及孔隙裂缝的作用，改善了孔结构，提高了水泥石的密实度；另外，微细矿粉颗粒起着微骨料的骨架作用，使胶凝材料具有更好的颗粒级配，形成了密实充填结构和细观层次的自紧密堆积体系，进一步优化了凝胶结构，改善与粗、细骨料之间的界面黏结性能和混凝土的微观结构，从而改善混凝土的宏观综合性能。

6. 磨细矿渣粉对混凝土性能的影响

1）对混凝土工作性的影响：一般情况下，磨细矿渣粉本身并不具有减水作用，所以对混凝土拌和物的需水量或者流动性影响不大。有关研究结果表明，尽管磨细矿渣粉和水泥一样都是碾磨材料，具有多棱角的形状，但其表面结构比水泥更光滑，能够减小新拌混凝土的屈服应力，因而能够降低胶凝材料系统的标准稠度用水量，提高混凝土拌和物的流动性，尤其当同时掺入减水剂时；同时，由于磨细矿渣粉的密度略低于普通硅酸盐水泥，等量取代水泥后将增加粉体材料的体积，这也有益于混凝土拌和物流动性的提高。但这种提高不是无限制的，而是与磨细矿渣粉的掺量有关，单掺矿渣粉的最佳掺量为30％～50％。

磨细矿渣粉还能够改善混凝土拌和物的黏聚性，减小坍落度损失，特别是在掺减水剂条件下，这对于远距离泵送施工或高层建筑施工十分有利。一方面，磨细矿渣粉可以显著降低新拌混凝土的初始屈服应力，大掺量矿粉使胶凝材料的水化进程推后，减少了水分的消耗；另一方面，矿粉的比表面积大，改善了混凝土的黏聚性，水分蒸发的速率下降，因此减缓了坍落度损失。研究表明，这一作用效应随着矿粉掺量的增加而增强。

表面粗糙、致密、吸附性较水泥差的磨细矿渣粉的保水性远不及一些优质粉煤灰和硅灰等矿物掺和料，混凝土中掺入级配不好的磨细矿渣粉常常会出现严重的泌水现象，这是磨细矿渣粉对混凝土拌和物工作性的一种负面影响。为了避免磨细矿渣粉所带来的泌水问题，在掺用磨细矿渣粉时应注意以下几点：

（1）选择保水性能较好的水泥，如普通硅酸盐水泥或火山灰水泥；

（2）注意磨细矿渣粉的颗粒级配。颗粒级配对磨细矿渣粉在新拌浆体中的稳定行为有比较显著的影响，一般来说，较粗的、且级配较窄的磨细矿渣粉的稳定行为较差。另外，磨细矿渣粉的颗粒级配与水泥的匹配也非常重要，磨细矿渣粉应该比水泥颗粒更细，这样有利于相互填充，减少泌水。磨细矿渣粉的比表面积越大，减少泌水的效果越好，反之，则泌水率增大；

（3）适当与保水性能好的火山灰材料复合使用。磨细矿渣粉的活性较高，但保水性能差，而一些火山灰材料活性较低，但保水性较强。如果将两种性能不同的材料复合使用，形成优势互补，常常可以取得比单掺磨细矿渣粉更好的效果。例如，实际工程中常常将磨细矿渣粉与粉煤灰、磨细矿渣粉与硅灰等复合使用。复合使用时应根据每一种材料的性能特点，结合工程实际对混凝土性能的要求选择合适的比例；

（4）注意使用的场合。混凝土拌和物的泌水程度与水胶比有密切的联系。一般情况下，水胶比较大时容易泌水，而水胶比较小时则不容易泌水。因此，在配制低强度等级混凝土时不宜掺入太多的磨细矿渣粉，而在配制较高强度等级混凝土时可适当地掺入磨细矿渣粉，这样可以更充分地利用磨细矿渣粉的活性，避开它在新拌浆体中稳定性较差的弱点。

2）对混凝土力学性能的影响：相关研究表明，温度较低时，磨细矿渣粉严重影响混凝土强度的发展，不仅影响早期强度，低品质磨细矿渣粉混凝土的后期强度也在下降。提高养护温度和湿度，采用湿热养护对于磨细矿渣粉活性的激发非常有利。特别是大体积混凝土，水化温升使混凝土内部温度升至60℃以上时，对掺磨细矿渣粉混凝土强度发展却十分有利。因此，对于大体积混凝土、高温高湿混凝土环境中施工或使用的混凝土而言，磨细矿渣粉的掺入，不仅可保证早期强度，而且可以增加后期强度，比粉煤灰混凝土的作用效果更佳。

磨细矿渣粉对混凝土耐久性的影响主要反映在抗渗性、抗冻性、抗腐蚀性、抑制碱-骨料反应、抗碳化和对钢筋的保护作用等方面。磨细矿渣粉对混凝土耐久性的改进，主要取决于磨细矿渣粉在混凝土中的两个基本效应，即火山灰活性效应和微骨料效应。从物理角度分析，掺磨细矿渣粉的混凝土可形成比较致密的结构，而且通过减少泌水改善了混凝土的孔结构和界面结构，连通毛细孔减少，孔隙率下降，孔半径减少，界面结构显著改善，所有这些均有利于提高混凝土的抗渗性能，进而提高混凝土的抗冻性、抗腐蚀性和抗碳化性能。从化学角度来看，由于混凝土中掺入大量磨细矿渣粉，减少了水泥的用量，加上二次水化作用，降低了容易引起腐蚀的或 C_3AH_6 的含量，抗硫酸盐腐蚀和抗氯离子渗透能力明显提高，尤其是长龄期掺磨细矿渣粉混凝土。大量研究和工程实践证明，磨细矿渣粉混凝土可以广泛应用于有防腐要求的海洋工程和地下工程。

2.4.3　硅灰

1. 概述

硅灰是硅铁合金厂或硅钢厂生产硅铁和硅钢时排出的烟尘，经过静电除尘而捕收的粉尘，其成分主要为非晶态 SiO_2，颗粒粒径一般小于 $0.1\mu m$，具有很高的火山灰活性，目前主要应用于高强高性能混凝土。在工作性能方面，硅灰的球状形貌可使其填充于水泥颗粒之间的部分空间，置换出水泥颗粒间的部分填充水，改善混凝土的流动性。但硅灰颗粒过细，导致需水量大，当超过一定掺量后会使混凝土拌和物变黏稠。硅灰的颗粒细度和化学成分导致其具有高火山灰活性。硅灰的高活性对混凝土早期和后期强度发展非常有利，极其细微的颗粒能够产生良好的毛细填充效应，使混凝土孔结构更加致密，提高混凝土的力学性能和耐久性能，还能抑制碱-骨料反应。粉煤灰是煤燃烧后的烟气中收捕下来的细灰，是目前使用量最大的矿物掺和料之一。

我国对硅灰的研究和捕收利用起步较晚，仅有 40 余年的历史。1985 年，当时的水电十局在四川渔子溪二级电站建设工程中首次试用了硅灰混凝土，达到了预期效果。1986 年，南京水利科学研究院在葛洲坝二江闸、映秀湾电站的闸底板修补以及 2000～3000m³ 蓄水池的防渗中应用了硅灰混凝土，效果良好。1987 年，由水利水电规划设计总院组织召开第一次全国性的硅灰混凝土会议，确定编写《硅灰品质标准》并颁布实施。基于硅灰的特性，我国对硅灰的研究和工程应用主要集中在硅灰与粉煤灰、磨细矿渣粉等其他廉价矿物掺和料的复合使用（双掺或三掺），以充分发挥硅灰的增强特性和抗腐蚀性能，同时利用粉煤灰或磨细矿渣粉消除硅灰对混凝土收缩和抗裂性带来的不利影响。大量研究和应用成果表明，硅灰与上述矿物掺和料的复合使用可以产生优势互补效应。近年来，由于国家对环境保护日趋重视，逐步加强了对污染企业的管理，许多铁合金生产企业配备了收尘设备，开发、引进了加密技术。硅灰多用于有特殊要求的混凝土工程中，如高强度、高抗渗、高耐久性、耐侵蚀性、耐磨性及对钢筋防侵蚀的混凝土工程中。同时，硅灰还被用于耐火材料和陶瓷制品的生产，以提高产品的强度和耐久性；用作油漆、涂料、树脂、橡胶及其他高分子材料的填充物，起到改善材料综合性能的目的。

2011 年 11 月 28 日，我国发布了专门针对混凝土和砂浆用硅灰的首个国家标准《砂浆和混凝土用硅灰》（GB/T 27690—2011），该标准于 2012 年 8 月 1 日开始实施。

这一新标准的制定，在保证硅灰质量、指导硅灰的生产、应用及验收中发挥了重要的作用，从而为硅灰在混凝土、砂浆中的推广应用提供了质量保障。

2. 硅灰的化学组成

硅灰的化学组成相对简单，主要成分是 SiO_2，一般占 85%～96%，而且绝大多数是无定形的 SiO_2，是很好的火山灰质材料。由于硅灰在高温、多相、多元素复杂条件下形成，因此，硅灰玻璃体中不可避免地固熔和黏附着其他元素，在回收过程中也混杂了烟气中的炭粒和其他成分。SiO_2 含量对硅灰的性质起着决定性的作用，少量的氧化铁、氧化铝、氧化钙、氧化硫及氧化钠（钾）等对混凝土并没有多少害处；碳的含量很少超过 2%，烧失量为 3%～5%。

硅灰的化学组成主要取决于合金厂所生产的合金产品种类，SiO_2 含量随着合金产品中的 SiO_2 含量而变化。表 2.5 给出了不同种类硅灰的化学组成。一般来说，由硅单质或工业硅、90 硅铁和 75 硅铁回收的硅灰，SiO_2 含量在 85% 以上，在混凝土中的使用效果较好。而由 50 硅铁、锰硅（Si-Mn）和硅钙（Ca-Si）合金回收的硅灰，SiO_2 含量较低，掺入混凝土中的效果不明显。因此，通常在混凝土中使用的硅灰是指生产工业硅和 90 硅铁、75 硅铁时的工业副产品。与粉煤灰等其他矿物掺和料不同，相同来源的硅灰具有独一无二的特点，或者说优点，即它的化学组成不随时间变化，或者变化很小。

表 2.5　不同种类硅灰的化学组成　　　　　　　　　　　　　（%）

化学组成	不同种类硅灰				
	Si	FeSi-90	FeSi-75	白色 SF FeSi-75	FeSi-50
SiO_2	94～98	90～96	86～90	90	84.1
Fe_2O_3	0.02～0.15	0.2～0.8	0.3～0.5	2.0	8.0
Al_2O_3	0.1～0.4	0.5～3.0	0.2～1.7	1.0	0.8
CaO	0.1～0.3	0.1～0.5	0.2～0.5	0.1	1.0
MgO	0.2～0.9	0.5～1.5	1.0～3.5	0.2	0.8
Na_2O	0.1～0.4	0.2～0.7	0.3～1.8	0.9	—
K_2O	0.2～0.7	0.4～1.0	0.5～3.5	1.3	—
C	0.2～1.3	0.5～1.4	0.8～2.3	0.6	1.8
S	0.1～0.3	0.1～0.4	0.2～0.4	0.1	—
MnO	0.1	0.1～0.2	0～0.2	—	—
LOI	0.8～1.5	0.7～2.5	2.0～4.0		3.9

3. 硅灰的理化特性及技术指标

硅灰外观为浅灰色粉末状（图 2.4），颜色视其含碳量的高低而有深浅变化，可由白色到黑色，一般为灰色。随着有、无热回收系统装置的不同，所收集的硅灰的含碳量及颜色也不一样。带有热回收系统装置回收的硅灰，由于回收系统温度高（700～800℃），能使其中所含的大部分炭粒都能燃烧掉，所以含碳量很少（一般小于 2%），产品呈白色或灰色；无热回收装置的系统，由于气体温度低（200～300℃），硅灰中含有一定的未完全燃烧的炭，产品呈暗灰色。硅灰颗粒物非常细，相对密度非常小，这造成了在具体应用的流程中产生2个问题：一个是相对密度小质量大，运送成本非常高；二是在应用流程中，鉴于硅灰具备特异性，非常容易洒落，容易产生二次环境污染。硅灰加密的流程非常好地解决了这两个问题，但与此同时也产生了新的问题。通过加密的硅灰，颗粒物变大，硅灰的特异性下降，渗透性也变弱，用途受到了限定。硅灰的技术指标如表2.6所示。

图2.4　硅灰的显微形貌

表2.6　硅灰的技术指标（GB/T 27690—2011）

项　目	指　标
总碱量（质量分数，%）	≤1.5
SiO_2（质量分数，%）	≥85.0
氯含量（质量分数，%）	≤0.1
含水率（粉料）（质量分数，%）	≤3.0
烧失量（质量分数，%）	≤4.0
需水量比（%）	≤125
比表面积（BET法）（$m^2 \cdot g^{-1}$）	≥15
活性指数（7d快速法）（%）	≥105
抑制碱-骨料反应特性（14d膨胀率降低值）（%）	≥35
抗氯离子渗透性（28d电通量之比）	≤40

硅灰中各种颗粒的密度差异很大，通常用密度瓶测定的只是这些颗粒混合后的平均密度。显然，密实的颗粒比例越高，硅灰的密度越大。硅灰的密度与粉煤灰相近，一般为2.1～2.3g/cm³。密度值对硅灰的质量控制具有一定的意义，如果密度发生变化，在一定程度上表明其质量的波动。硅灰用作混凝土矿物掺和料时，其密度值通常也是混凝土配合比设计时需要知道的参数。

硅灰的堆积密度很小，其大小与硅灰的加工方式（增密等级）、颗粒形貌和颗粒级配有关。未经压缩增密的原态硅灰的松堆密度为200～300kg/m³，约为水泥的1/3；经过压缩处理的增密硅灰的松堆密度为500～700kg/m³。硅灰的堆积密度与含水率也有关系。随着含水率增加，硅灰的堆积密度增加，但达到最大值以后随含水率增加而降低。硅灰的堆积密度对于硅灰的运输和储存常常是需要知道的参数。硅灰未经压缩增密的原态硅灰的体积密度为 $130 \sim 430 kg/m^3$；经过压缩处理的增密硅灰的体积密度为 $480 \sim 720 kg/m^3$。

硅灰的利用价值在很大程度上是由于硅灰的颗粒极细，具有远比粉煤灰、磨细矿渣粉，水泥等粉体材料大得多的比表面积。因此，细度是硅灰非常重要的性能指标。硅灰的细度可用 $0.045 \mu m$ 方孔筛的筛余量（%）和比表面积表示。但是，由于硅灰的颗粒尺寸非常细小，平均粒径仅为 $0.10 \sim 0.20 \mu m$，$0.045 \mu m$ 方孔筛的筛余量（%）接近于零，故一般采用比表面积来表示。测量比表面积通常采用勃氏透气法（Blaine）和氮气吸附法（BET）。硅灰同其他粉状材料一样，用不同方法测得的结果截然不同，而且差别很大。由于硅灰的比表面积特别大，用勃氏透气法测量较为困难，因此常用氮气吸附法测定。我国硅灰的比表面积通常在 $(1.3 \times 10^4 \sim 3.0 \times 10^4)$ m^2/kg 范围波动，为水泥的 $80 \sim 100$ 倍，粉煤灰的 $50 \sim 70$ 倍。《砂浆和混凝土用硅灰》（GB/T 27690—2023）规定，硅灰的比表面积（BET 法）应不小于 $1.5 \times 10^4 m^2/kg$。

在一定流动度条件下，掺入 10% 硅灰的水泥胶砂的需水量与基准胶砂的需水量之比，称为需水量比。需水量比对于硅灰的工程应用是非常重要的性能指标，它直接影响到硅灰混凝土的用水量、拌和物的和易性、混凝土外加剂的掺量等，进而对硅灰混凝土的强度和耐久性等都有很大影响。工程实践证明，硅灰的需水量比越小，其工程利用价值越高。国家标准《砂浆和混凝土用硅灰》（GB/T 27690—2023）规定，硅灰的需水量比应不大于 125%。细度是影响硅灰需水量的主要因素。显而易见，由于硅灰具有非常大的比表面积，导致其需水量比较大。因此，用一定数量的硅灰替代水泥时，会导致混凝土用水量的增加。

4. 硅灰在混凝土中的作用机理

与粉煤灰相似，硅灰在混凝土中的作用机理也可归结为三个基本效应，即形态效应、活性效应和微骨料效应，因而表现出与粉煤灰类似的行为和作用。但是，由于硅灰与粉煤灰在化学组成、矿物组成、颗粒组成等方面存在较大差异，所以导致两者的行为和作用产生较大的差异。

1）形态效应：如前所述，硅灰的颗粒尺寸非常细小，而且多为球形颗粒。这些球形颗粒细小、光滑、致密，使其具有滚珠轴承作用，能减少固体颗粒间的内摩阻力，从而提高新拌混凝土在施工中的可泵性和可浇筑性。另外，硅灰与水泥以及粉煤灰、磨细矿渣粉等共同使用时具有理想的颗粒级配，能够使新拌混凝土在泵送和浇筑过程中减少离析、分层、沉降和泌水，从而改善新拌混凝土的黏聚性和保水性。

2）活性效应：国内外研究已经公认硅灰是一种高火山灰活性材料。这种高活性主要来源于 2 个方面：①很高的形成温度；②巨大的比表面积。将二氧化硅还原成硅单质需要在 2000℃的高温下进行，在这一温度下，部分的硅转化为蒸汽，硅灰正是由这种蒸汽冷凝而成。显然，在蒸汽中不可能存在有序排列，在冷凝过程中，将这种高度无序的结构保留下来，形成无定形的二氧化硅。因此，硅灰的结构特征是高度无序性。由表面物理化学可知，由于表面力场的不均匀性，使得表面物质处于更高的能量状态，即具有表面能。硅灰的颗粒极细，具有很大的比表面积，意味着硅灰较其他矿物掺和料具有更高的表面能。由于水泥熟料矿物的水化反应与硅灰的二次水化反应（火山灰反应）之间的相互关联，硅灰较快的火山灰反应速度必将对水泥熟料的水化反应起到更大的促进作用，这是硅灰活性效应的另一个重要方面。因为硅灰表面的高自由能和大量超细颗粒的存在，在同水混合后，部分硅灰很快溶解，当大部分细颗粒或表面层耗尽，则出现集聚成团或沉淀，导致无定型高硅贫钙凝胶的生成，水泥熟料矿物水化释放的 $Ca(OH)_2$ 与溶液中的 SiO_2 反应生成低 Ca/Si 比的 C-S-H 凝胶。水泥浆体的 $Ca(OH)_2$ 被大量消耗，$Ca(OH)_2$ 含量随硅灰掺量、水化龄期的增长而下降。

从严格意义上来说，硅灰在高温下形成的无定形结构和表面高能量结构是真正意义上的活性，而极细颗粒所导致的快速火山灰反应及由此产生的对水泥水化的促进作用仅仅是一种表现形式。尽管如此，后者的作用甚至超过前者。正是由于上述方面的综合作用，使得硅灰表现出远比其他火山灰材料（如火山灰、粉煤灰和煅烧黏土等）更高的火山灰活性。

3）微骨料效应：硅灰的平均粒径仅为 $0.10\sim0.20\mu m$，远比水泥、粉煤灰、磨细矿渣粉等的颗粒小得多，约为水泥粒径的 $1/100\sim1/300$。有学者计算过，以 15% 的硅灰取代水泥时，则水泥颗粒数量与硅灰颗粒数量的比例为 1∶2000000，即 200 万个硅灰对一个水泥颗粒。这种极细的颗粒粒径和球形形貌，使得硅灰与水泥以及粉煤灰、磨细矿渣粉等粉体材料之间有着很强的填充密实效应。作为微骨料，硅灰可以填充于水泥以及粉煤灰、磨细矿渣粉等颗粒的空隙中，从物理层面上使混凝土结构更加致密，孔隙率降低，同时使孔结构细化，从而显著提高混凝土的强度和耐久性，如图 2.5 所示。因此，在配制混凝土时，通常将硅灰与粉煤灰、磨细矿渣粉等其他矿物掺和料进行复掺，例如"双掺"或者"三掺"，在提高混凝土强度和耐久性的同时，控制生产成本。

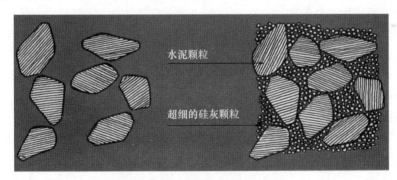

图 2.5　掺入硅灰的水泥浆体结构

5. 硅灰对混凝土性能的影响

硅灰对新拌混凝土工作性能的影响通常可视作"稳定行为"。在新拌混凝土中，由于重力的沉降作用，常常表现出不同程度的离析现象。当有外力作用时，离析现象将更加严重。从流变学角度考虑，造成离析的原因是液相的黏滞阻力不足以克服粒子相的重力。因此，减少新拌浆体的离析可以从减小粒子相的重力和提高液相的黏度 2 个方面考虑。对于水泥浆体而言，胶凝材料为粒子相，水为液相。硅灰颗粒非常细小，掺入后使得粒子相的平均粒径减小，同时硅灰的相对密度也小于水泥熟料。由于这 2 个方面的原因，使粒子相的重力减小，因此可以有效地减少泌水。也正是由于硅灰的相对密度较小，掺入硅灰后固相体积增加，水的体积相对减少，因而胶凝材料浆体变得黏稠，浆体数量增加。而对于新拌混凝土而言，骨料是粒子相，胶凝材料浆体是液相，液相黏度增加，有效地阻止了骨料颗粒的重力沉降，防止骨料的离析，避免泌浆，使得混凝土更适合于泵送、喷射和水下浇筑。所以，硅灰在新拌混凝土中表现出良好的稳定行为，无论是从防止浆体泌水的角度看，还是从防止骨料离析的角度看，它对提高新拌混凝土的稳定性都起到积极作用，对后续硬化混凝土的性能发展也起到一个益化作用。大量的研究结果都证实了这一点。

关于硅灰对新拌混凝土流动性的影响，大多数研究认为，由于硅灰的比表面积大，其需水量较大，掺入硅灰将导致混凝土用水量的显著增加；或者在用水量不变的情况下，随着硅灰的掺入和掺量的增加，新拌混凝土的坍落度（流动性）将明显降低。为了维持相同的用水量和预期的坍落度，往往需要同时使用合适的减水剂或高效减水剂。有些研究报道，少量的硅灰（掺量≤10%）一般不会导致混凝土用水量增加，也不需要加入减水剂来维持预期的坍落度。但是，如果掺量更大，则必然会增加新拌混凝土的用水量或需要外加减水剂，同时过多的硅灰（如掺量≥20%）会使混凝土拌和物变得很黏稠，给泵送施工带来不便。掺入10%～20%的硅灰后，只有通过使用减水剂使拌和物的水胶比维持在较低水平时，才能使混凝土获得更高的强度和耐久性。而且，减水剂的存在可以使水泥和硅灰颗粒充分分散，从而加速水化反应。

大量的研究成果表明，硅灰的掺入能够有效地提高混凝土的抗渗性、抗冻性、耐磨性、抑制碱-骨料反应和抗腐蚀性能，特别是显著改善混凝土的抗氯离子渗透性能，预防混凝土中的钢筋锈蚀，使混凝土的耐久性得到明显改善。因此，硅灰成为高性能混凝土的选用材料。

硅灰对混凝土抗渗性的影响：由于硅灰表现出很强的充填行为和高火山灰活性，细小的硅灰颗粒可以充填到水泥颗粒或其他粉体材料之间的空隙中，并使孔隙尺寸细化，从而使硬化浆体结构致密；同时，由于硅灰的二次水化作用，新的水化硅酸钙凝胶体堵塞在毛细孔中，使毛细孔变小且不连续，混凝土的密实性大幅度提高。所以，硅灰显著提高了混凝土的抗渗性。

硅灰对混凝土抗冻性的影响：关于硅灰对混凝土抗冻性的影响，有2种研究结果。一种研究结果表明，将硅灰和减水剂一起掺入可以提高混凝土的抗冻性。这种效果是由于孔结构的改变引起的，这种改变导致含硅灰的混凝土抗渗性提高，抗拉强度增大。另一种研究结果显示，在等量取代水泥的条件下，硅灰掺量小于15%的混凝土，其抗冻性与基准混凝土基本相同，有时还会提高（如掺量为5%～10%时）。但是，当硅灰掺量超过20%时，会明显降低混凝土的抗冻性。在高性能混凝土配合比设计中，从减少早期塑性收缩和干缩变形考虑，一般控制硅灰掺量在胶凝材料总量的10%以内，这是由于气泡间距系数降低，混凝土抗冻性往往有所提高。

硅灰对混凝土耐化学侵蚀性的影响：将硅灰掺入混凝土中，能提高混凝土对各种酸、盐的抗侵蚀能力。这是因为硅灰的掺入不仅明显提高了混凝土的抗渗性，同时由于二次水化（活性效应）减少了容易引起酸、盐腐蚀的水泥水化产物 $Ca(OH)_2$ 的含量，$Ca(OH)_2$ 含量随着硅灰的掺入而线性减少，从而有效地抵抗各种酸根离子的渗透，提高混凝土抵抗无机酸、有机酸和硫酸盐、氯盐侵蚀的能力。

硅灰对抑制碱-骨料反应的贡献：试验研究表明，当硅灰掺量为 5％～10％时，混凝土的膨胀量能够减少 10％～20％，抑制效果根据活性骨料和硅灰的种类不同而有所不同。硅灰对碱-骨料反应的抑制作用机理主要表现为 3 个方面：①加入硅灰后，由于硅灰的颗粒很细，拌制混凝土时需要增加用水量，结果改变了混凝土中的孔隙率，缓和了局部膨胀压力；②硅灰的比表面积很大，可以吸附碱离子，降低了混凝土细孔溶液中的氢氧根离子浓度，生成含钙量高的非膨胀性凝胶体。当氢氧离子的浓度降到某一限度以下时不再发生碱-骨料反应；③掺入硅灰后，由于其粒径小且高活性，所以它最先和氢氧化物反应，生成的碱-硅酸凝胶充填于孔隙结构中，并且反应要消耗一定量的碱-骨料反应所需要的氢氧化钙，从而控制了有害膨胀。

硅灰可显著提高混凝土强度，主要用于配制高强、超高强混凝土。硅灰以 10％等量取代水泥，混凝土强度可提高 25％以上。掺入水泥质量 5％～10％的硅灰，可配制出 28d 强度达 100MPa 的高强混凝土。掺入水泥质量 20％～30％的硅灰，可配制出抗压强度达 200～800MPa 的活性粉末混凝土。但是，随着硅灰掺量的增大，混凝土需水量增大，其自收缩性也会增大。因此，硅灰掺量一般取 5％～10％，有时为了配制超高性能混凝土，也可掺入 20％～30％的硅灰。

目前，硅灰在国外被广泛应用于高性能混凝土中。在我国，因其产量较低，目前价格很高，出于经济考虑，混凝土强度低于 80MPa 时，一般不考虑掺用硅灰。今后随着硅灰回收工作的开展，产量将逐渐提高，硅灰的应用将更加普遍。

2.4.4　其他品种矿物掺和料

1. 天然沸石粉

天然沸石粉是指以一定纯度的天然沸石岩为原料，经破碎、粉磨（或加入改性材料）至规定细度的粉末。与粉煤灰、磨细砂渣粉、硅灰等矿物掺和料不同，沸石粉是一种含多孔结构的天然火山灰质硅铝酸盐微晶矿物，而粉煤灰、磨细矿渣粉及硅灰等则是一些玻璃态的工业废渣。

作为天然沸石粉的原料，天然沸石是由原始的铝硅酸盐物质在晚期经过岩浆热液蚀变、接触交接沉淀成岩后，经变质和风化等阶段形成的矿石。天然沸石族矿物常见于喷出岩，特别是玄武岩的孔隙中，也见于沉积岩、变质岩及热液矿床和某些近代温泉沉积中。1756 年，瑞典矿物学家克朗斯提（Cronstedt）发现有一类天然硅铝酸盐矿石在灼烧时会产生沸腾现象，因此命名为"沸石"（瑞典文 zeolit）。在希腊文中意为"沸腾"（zeo）的"石头"（lithos）。此后，人们对沸石的研究不断深入。

目前，自然界已发现的天然沸石矿达 50 余种之多，较为常见的有方沸石、菱沸石、斜发沸石、钙沸石、片沸石、钠沸石、丝光沸石、辉沸石等。所属晶系随矿物种类不同而异，以单斜晶系和正交晶系（斜方晶系）占多数。方沸石、菱沸石常呈等轴状晶形；斜发沸石片沸石、辉沸石呈板状；毛沸石、丝光沸石呈毛发丝状或纤维状。应用于混凝土的天然沸石主要是斜发沸石和丝光沸石。天然沸石是一种架状的含水碱金属或碱土金属铝硅酸盐矿物，具有独特的内部结构和晶体化学性质，有可供工农业生产利用的多种特性，如吸附性、分离性、催化性、稳定性、离子交换性、化学反应性、电导性、可逆的脱水性等。因此，天然沸石的应用领域广泛，包括环保、化工催化、轻工、农业、环境材料和建筑材料等领域。

为了满足高强混凝土、高性能混凝土的配制要求，《高强高性能混凝土用矿物外加剂》（GB/T 18736—2017）对天然沸石粉的质量提出了更为严格的技术要求，技术要求见表 2.7。

表 2.7 GB/T 18736—2017 对天然沸石的技术要求

试验项目		技术指标
化学性能	Cl^- 分量（%）	≤0.06
	吸铵值（mmol/100g）	≥100
物理性能	比表面积（m^2/kg）	≥15000
胶砂性能	需水量比（%）	≤115
	28d 活性指数（%）	≥95

与其他矿物掺和料不同的是，天然沸石粉的吸铵值是评价其综合性能的一项重要技术指标，它反映了沸石岩中沸石含量的多少或者纯度。吸铵值越大，沸石的纯度越高，则其活性指数越大，对钾、钠离子和氯离子的吸附能力也越强。因为沸石中的碱金属和碱土金属很容易被铵离子所交换，所以可以用铵离子净交换来检验吸铵值，该方法测试时间较短，可以在 2h 内完成。

沸石粉用作混凝土掺和料主要有以下几点效果：①提高混凝土强度，配制高强混凝土。如用 P.O 42.5 强度等级普通硅酸盐水泥，以等量取代法掺入 10%～15% 的沸石粉，再加入适量的高效减水剂，可以配制出抗压强度为 70MPa 的高强混凝土；②改善混凝土工作性，配制流态混凝土及泵送混凝土。沸石粉与其他矿物掺和料一样，也具有改善混凝土工作性及可泵性的功能。例如，以沸石粉取代等量水泥配制坍落度 160～200mm 的泵送混凝土，未发现离析现象及管道堵塞现象，同时还节约了 20% 左右的水泥。

2. 偏高岭土

偏高岭土（Metakaolin，简称 MK）是以高岭土（Kaolin，主要矿物成分 $Al_2O_3 \cdot 2SiO_2 \cdot 2H_2O$）为原料，在适当温度下（540～900℃）轻烧脱水形成无水硅酸铝（偏高岭石 $Al_2O_3 \cdot SiO_2$），再经粉磨制得的白色粉末。同粉煤灰、硅灰、凝灰岩、浮石、天然火山灰等一样，偏高岭土属于具有火山灰活性一类的矿物掺和料。这类材料所含 CaO 极少，但含有大量的活性 SiO_2 和 Al_2O_3，特别是 Al_2O_3 含量较高。由于偏高岭土具有极高的火山灰活性，故有超级火山灰（Super-Pzzolan）之称。

20 世纪 90 年代中后期，随着建筑业对高性能混凝土需求量的加大，国内对偏高岭土在混凝土中的应用研究也在逐渐增多，主要集中在增强混凝土各项性能方面。研究的重点包括：探讨偏高岭土用作硅灰的替代材料生产高性能混凝土的可能性；偏高岭土与其他矿物掺和料复掺使用时对混凝土性能的影响；偏高岭土抑制碱-骨料反应的效果研究；以偏高岭土、碱激发剂为主要原料制备地聚物材料等。研究表明：经热处理得到的偏高岭土结晶度很低，具有相当高的水化活性。偏高岭土替代硅灰作为高性能混凝土的活性掺和料，所配制的混凝土具有良好的力学性能和耐久性能。掺入偏高岭土能显著提高混凝土的早期强度和长期抗压强度、抗弯强度及劈裂抗拉强度。由于高活性偏高岭土对钾离子、钠离子和氧离子的强吸附作用和对水化产物的改善作用，能有效抑制混凝土的碱-骨料反应和提高混凝土的抗硫酸盐腐蚀能力。

同硅灰相比，偏高岭土用于配制水泥制品和混凝土制品时，使用的水量少，使得水泥制品和混凝土制品不容易产生塑性收缩裂缝，从而避免水泥制品和混凝土制品性能发生退化。同时，硅灰颗粒细度大，贮存和运输的难度大，而偏高岭土在细度较硅灰粗一个数量级的情况下，能达到硅灰的活性，但是运输和贮存都较硅灰方便。偏高岭土属于人工火山灰中的烧结黏土材料，可以通过选材、控制加工条件使偏高岭土的火山灰活性超过其他火山灰材料。偏高岭土的颜色浅，其颜色协调性优于其他矿物掺和料。通常混凝土矿物掺和料（硅灰、磨细高炉矿渣、粉煤灰和天然沸石等）是工业废料或天然矿物，质量不稳定，而偏高岭土是人工控制生产的矿物材料。偏高岭土的显著特点是产品白度高，不会对混凝土制品着色，所以偏高岭土还可以用于建筑装饰工程中。生产高性能混凝土急需大量硅灰，但是硅灰资源有限且价格偏高，现有的硅灰数量远远不能满足工程建设的需要，但是用偏高岭土配制的混凝土的主要性能如强度、抗氯离子性能等均高于对比的硅酸盐水泥混凝土，与硅灰混凝土相当。偏高岭混凝土的其他性能也与硅灰混凝土相似，个别性能甚至优于硅灰混凝土。因此，偏高岭土完全有可能作为硅灰的替代材料用于生产高性能混凝土。

2.5 高强与高性能混凝土外加剂

混凝土外加剂是混凝土中除水泥、砂、石和水以外的第 5 种组成部分，是一种在混凝土搅拌之前或拌制过程中加入的，用以改善新拌混凝土的工作性能和硬化混凝土的物理力学性能的材料。改善新拌混凝土的工作性能主要包括：可提高混凝土拌和物的流动性，减少拌和物用水量，使混凝土拌和物易于浇注，便于振捣；使新拌混凝土不泌水、不离析、不分层，保持混凝土匀质性，提高其可泵送性；调节混凝土的初、终凝时间，减少或延缓水泥水化放热；补偿收缩或微膨胀等。提高硬化混凝土的物理力学性能主要包括：提高混凝土的强度，包括早期及后期强度；增加混凝土的密实性；减少收缩、流变，提高混凝土的体积稳定性；提高混凝土的抗渗性、抗冻融性，改善混凝土的耐久性；控制碱-骨料反应等。混凝土中合理使用外加剂还可以取得可观的经济效益，如在保证相同强度的前提下，可减少水泥用量 10%～20%；通过降低水胶比提高混凝土强度，可以缩小构筑物尺寸，减小构件自重，降低建筑成本等。混凝土外加剂已经成为生产高性能混凝土的必要手段，它的使用可以实现混凝土的高流态、高强度、自密实、免收缩、水中不分散等特性，大大拓展了混凝土的使用范围。在混凝土中普遍使用外加剂已经成为提高混凝土强度、改善混凝土综合性能、降低生产能耗、实现环境保护等方面的最有效措施。

目前，我国生产的混凝土外加剂包括合成减水剂（高性能减水剂、高效减水剂、普通减水剂）、膨胀剂、引气剂、速凝剂和缓凝剂等，其中，普通减水剂要求减水率不小于 8%，高效减水剂要求减水率不小于 14%，高性能减水剂要求减水率不小于 25%，合成减水剂的用量最大，在混凝土施工中减水剂是起关键性作用的外加剂。减水剂的研究和应用能更好地满足施工要求，提高施工技术。高性能混凝土是指有高耐久性、低变形性、高强度、高流动性和体积稳定性的混凝土。要同时达到这些要求的方法就是在配制的过程中要尽量减小水胶比，提高混凝土的和易性、流动性、稳定性，高性能减水剂就成了必不可少的外加剂。因此，本节主要围绕高性能减水剂、引气剂进行介绍。

2.5.1 高性能减水剂

1. 概述

目前，我国开发的高性能减水剂只有聚羧酸减水剂能达到高性能的标准，其由带有游离的羧酸阴离子团的主链和聚氧乙烯基侧链组成。用改变单体的种类、比例和反应条件等方法可生产具有各种不同性能和特性的高性能减水剂。早强型、标准型和缓凝型高性能减水剂可由分子设计引入不同官能团生产，也可掺入不同组分复配而成。聚羧酸减水剂（简称 PCE）具有掺量低、减水率高（>40%）、绿色环保等特点，能够显著改善混凝土的工作性、力学性能、耐久性能，已逐渐成为混凝土配合比设计中必不可少的组成部分。

高性能减水剂的发展。到目前为止，减水剂的发展可以分为 3 个阶段：第 1 阶段的减水剂包括木质素磺酸盐系；第 2 阶段具有代表性的高效减水剂是萘系和三聚氰胺系减水剂；第 3 阶段出现了第 3 代聚羧酸系高性能减水剂，该类减水剂通过与其他减水剂复配使用，可以获得高性能混凝土。相对于前 2 阶段减水剂，高性能聚羧酸减水剂显现出卓越的性能，在建筑工程领域应用极为广泛，进入了黄金发展期，它也同时代表了目前混凝土外加剂领域的发展方向。第 1 阶段的减水剂的缺点是减水率比较低，常用于强度等级低的混凝土中，如果掺量过高有可能会导致引气缓凝时间延长甚至不凝现象。另外，引气量过高也影响混凝土的强度，容易造成工程事故，特别是在冬期施工时应该尤为注意缓凝引气对混凝土的影响。第 2 阶段的减水剂的减水率较高，同时没有缓凝引气等的副作用，即使是过量添加也对混凝土的性能没有太大的影响。但需要注意的是萘系减水剂会导致混凝土坍落度损失过快过大，这对配制高工作性混凝土时会带来很大不便，另外在生产萘系减水剂时由于原料萘的易升华、甲醛的易挥发等原因会对环境造成不利影响。同上述 2 类减水剂相比，高性能聚羧酸减水剂具有明显的优势，主要表现在以下方面：

（1）掺量更低

聚羧酸减水剂的掺量一般低于胶凝材料质量的 1.0%，同第一代和第二代减水剂相比，聚羧酸减水剂的掺量明显降低，这也意味着有可能导致混凝土性能降低的有害物质大为降低，由此可以确保混凝土拥有良好的工作性、耐久性以及合适的结构强度。在保证最终制品综合性能达标的前提下，能够显著降低水泥的用量，有利于控制施工成本。

（2）混凝土坍落度具有更好的保持性

聚羧酸减水剂通过调整减水型母液和保坍型母液的比例可以调整混凝土初始工作状

态和混凝土坍落度损失程度，另外还可以调整混凝土出现泌水或离析、和易性差的问题，能够明显地改善混凝土的工作性，因此，聚羧酸减水剂适合用于高性能混凝土的配制。

（3）引气量低，无缓凝现象

聚羧酸减水剂是一类高分子聚合物，分子结构复杂，但即使是这样，聚羧酸减水剂也不会使混凝土出现严重的缓凝、引气等影响，即使有少许影响，但是通过与其他减水剂复配的方法，可以实现量化控制混凝土的凝结时间。

（4）聚羧酸减水剂绿色环保

聚羧酸高性能减水剂的制备原料无毒无害，产品对环境和人体也无害，因此是一种值得提倡的建筑材料绿色添加剂。

（5）聚羧酸减水剂可以实现可控设计，合成出性能各异的产品

聚羧酸减水剂主链的合成原料包括水溶性丙烯酸及其盐，马来酸酐等物质，侧链上可以接枝羟基、羧基、磺酸基等不同类型的官能团的有机高分子，在主链上的亲水结构和侧链上各类官能团的共同作用下可以实现很高的减水率，对混凝土保坍效果影响明显。

近几十年以来，我国混凝土工程技术取得了很大进步。混凝土拌和物性能从干硬性、塑性到大流动性，混凝土强度从中低强度到高强度，混凝土的综合性能从普通性能开始向高性能方向发展。混凝土工程技术的巨大进步与混凝土外加剂，尤其是高性能减水剂的发展应用密切相关，没有混凝土高性能减水剂技术的应用与发展，就不可能有现代混凝土技术的发展。

2. 高性能减水剂的作用机理

聚羧酸系高性能减水剂优异的减水功能是由其分子结构所决定的。聚羧酸系高性能减水剂分子的主链吸附在水泥颗粒表面，通过静电斥力作用提高水泥-水体系的分散性；分子的侧链对水泥-水体系进行空间阻隔，达到极高的减水率，并增加混凝土的黏聚性，改善混凝土的匀质性。此外，由于主链并未将水泥颗粒表面完全覆盖，因此水泥颗粒表面未被覆盖的部分可进行水化。随着水化进程的加深，水泥-水体系的碱度增加，水泥颗粒间的电层排斥和空间阻隔被破坏，水化过程得以持续进行，从而使得掺减水剂水泥净浆或混凝土可在长时间内保持良好工作性，同时不影响正常凝结。聚羧酸系高性能减水剂的减水分散、保坍作用机理主要有以下 3 个方面：

（1）静电斥力理论：在水化初期，水泥矿物 C_3A、C_4AF 的水化使水泥颗粒表面带正电荷，对聚羧酸系高性能减水剂分子解离形成的$-SO_3H$、$-COOH$ 等的吸附作用较强，此时反离子对在水泥颗粒表面的吸附占主导地位，从而使水泥颗粒因静电斥力作用而分散，水泥-水体系处于稳定的分散状态，宏观表现为掺减水剂的水泥净浆和混凝土具有较高的初始流动性。随着水化程度的加深，水泥矿物 C_3S、C_2S 的水化使水泥颗粒表面带负电荷，对减水剂分子的吸附作用较弱，水泥颗粒间的静电斥力作用减弱，此时水泥-水体系的有效分散将不再依赖于静电斥力作用。

（2）空间位阻效应：PCE 分子结构中支链多且长，易于在水泥颗粒表面吸附形成庞大的立体吸附结构，尽管其饱和吸附量较小，Zeta 电位绝对值较小，但空间位阻大，能有效地防止水泥颗粒的聚集，同时易于在水泥颗粒表面形成较大的吸附区，增强吸附

力。因此，聚羧酸高性能减水剂分子不易随水化的进行而脱离颗粒表面，即其吸附量随初期水化的进行而减少的幅度较小，从而有利于改善水泥净浆流动度和混凝土坍落度的保持能力。聚羧酸系高性能减水剂分子呈梳型多支链立体结构，主链上带有多个含阴离子基团（羧基），侧链带有中性接枝基团，且侧链较长，数量多，此类减水剂在水泥颗粒表面呈齿状吸附，这种吸附形式使得水泥颗粒表面形成较厚的立体包裹层，两者协同作用以打破水泥颗粒间的絮凝状态，改善水泥浆体的分散性，如图 2.6 所示，这使聚羧酸减水剂具有很强的吸附、分散作用，从而具有较大的空间位阻，宏观表现为水泥净浆流动度和混凝土坍落度经时损失小。

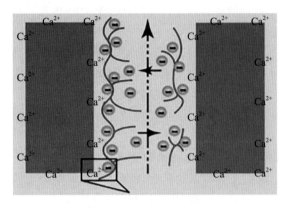

图 2.6 PCE 的空间位阻效应

（3）反应性高分子释放理论：聚羧酸系高性能减水剂的分子结构中有内酯、酸酐、酰胺等反应性基团，在某种程度上具有反应性高分子的特性，可在混凝土碱性环境中发生水解反应，不断补充由于水泥颗粒水化、吸附造成的减水剂浓度下降；另一方面，减水剂分子结构中的含聚氧乙烯基链节的长侧链在碱性水溶液环境中容易断裂，生成更低分子量的产物，但不改变分子结构，从而有利于提高减水剂的分散保持性，也有利于控制水泥净浆流动度和混凝土坍落度的损失。

3. 高性能减水剂的分类及特点

聚羧酸高性能减水剂主要分为两类：酯类聚羧酸高性能减水剂和醚类聚羧酸高性能减水剂。

（1）酯类聚羧酸高性能减水剂的合成分为两步，首先通过甲基丙烯酸和聚乙二醇单甲醚进行酯化反应，制备酯化大单体，然后将大单体与丙烯酸、甲基烯丙基磺酸钠等单体进行水溶解自由基聚合，制得棕色减水剂产品，分子结构如图 2.7 所示。由于反应需要两步，生产成本较高，减水率较低，目前酯类减水剂在市场应用较少。

（2）醚类聚羧酸高性能减水剂是通过丙烯酸、甲基丙烯酸或马来酸酐等小分子功能单体与不饱和聚醚进行自由基共聚得到无色或淡黄色透明液体，醚类聚羧酸减水剂的分子结构如图 2.7 所示。

（3）高性能减水剂掺量低、减水率高。一般掺量为胶凝材料的 0.15%～0.25%，减水率在 25% 以上，最高甚至达到 40%，混凝土拌和物的流动性好，坍落度损失小。2h 内坍落度损失率为 10% 至基本无损失，其工作性可保持 6～8h，很少存在泌水、分层等现象，其氯离子和碱离子极低，混凝土收缩小，因此，预拌混凝土有优良的工作性。硬化混凝土密实、强度高、耐久性好。最重要一点是聚羧酸减水剂属于绿色材料，环保性好，适应当前建筑行业的发展和需求。但是其也有以下几个方面的不足：聚羧酸减水剂对温度敏感性大，同种减水剂在不同季节施工，混凝土保坍性相差甚远；当其用于低强度等级混凝土时会产生严重的泌水现象；对砂石骨料的含泥量敏感性较强，对机制砂适应性较差；复配技术难度大，使用技术不成熟；原料和工艺不同时性能差别很大。高性能减水剂的技术指标见表 2.8。

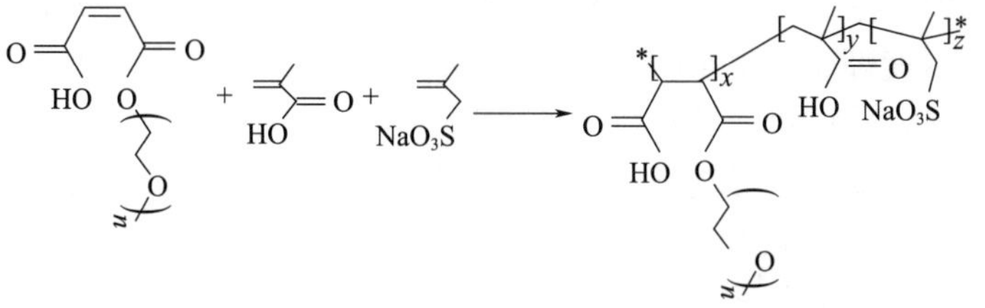

(a) 酯类

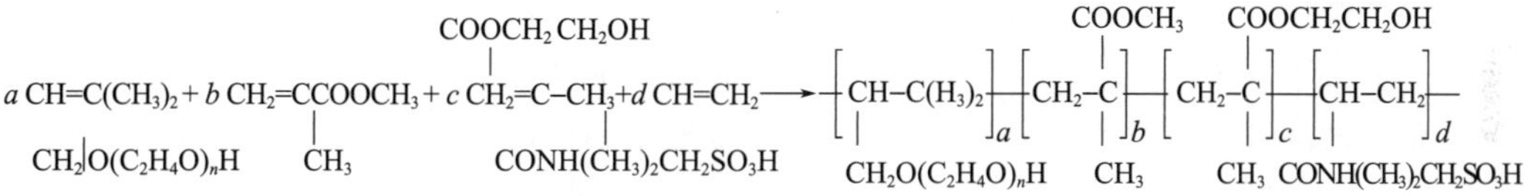

(b) 醚类

图 2.7 聚羧酸减水剂分子结构

表 2.8 高性能减水剂的技术指标

项目		高性能减水剂		
		早强型	缓凝型	标准型
减水率（%）		≥25	≥25	≥25
泌水率（%）		≤50	≤60	≤70
含气量（%）			≤6.0	
凝结时间之差（min）	初凝	−90~+90	−90~+120	>+90
	终凝			—
1h 经时变化量	坍落度（mm）	—	≤80	≤60
	含气量（%）		—	
抗压强度比（%）	1d	≥180	≥170	—
	3d	≥170	≥160	—
	7d	≥145	≥150	≥140
	28d	≥130	≥140	≥130
收缩率比（%）	28d		≤110	

4. 聚羧酸减水剂与水泥的适应性问题及解决方法

在运用同一种减水剂和配合比的情况下，由于水泥性能的不同会导致其适应性发生较大变化，例如，减水剂应用于某批次水泥时取得的效果较好，但是当将减水剂应用到另一批次时其适用性出现问题，导致预拌混凝土的流动性能差，坍落度等无法满足设计要求。一般情况下，减水剂和水泥适应性较差时会导致混凝土出现以下情况：混凝土出现物料相互分离、泌水、分层现象；坍落度无法满足相应要求，损失比较快；混凝土凝结出现反常、强度和耐久性出现问题，还会导致混凝土出现温度裂痕等。对于以上问题有以下几种解决方法：

（1）稳定水泥质量：在使用水泥过程中，如若发现水泥温度过高，要避免马上使用该水泥，应将水泥放置一段时间，待温度降低后再进行使用，最好是将放置时间控制在1d左右，有效地避免影响水泥与减水剂适应性；控制好水泥细度，在生产水泥时最关键的一步是控制好水泥细度，常用的水泥细度控制方法有比表面积控制法，确保水泥的细度处于可控范围内，保证水泥的颗粒配比科学合理；确保水泥中的碱物质适中，在实际预拌混凝土过程中，要严格控制好水泥中的碱物质，保证碱物质的含量处于相对稳定状态，根据研究表明水泥中碱物质含量控制在 0.4%～0.6% 时，不会对水泥与减水剂适应性造成较大的影响，但是我国规定低碱水泥中的碱物质含量不得超过 0.6%，因此，为了提高水泥与减水剂适应性，应将碱物质含量控制在 0.4%～0.6%；控制石膏的品种和掺入量，在水泥生产过程中添加石膏不仅可以节省其生产成本，而且不会对水泥性能造成影响，但是要注意所添加的石膏，确保无水石膏、半水石膏、二水石膏的掺入能符合设计要求；控制好混合材料的种类和掺入量，在掺入不同种类的混合材料时，首先需要控制材料本身的质量，确保不同种类的混合材料掺入时处于均匀状态。

（2）调整好混凝土配比：在预拌混凝土时需要根据运输距离来调整混凝土配合比，例如在运输较远距离的混凝土时，加上初始坍落度比较大、坍落度损失速度较快，如若只是调整外加剂的掺入量和掺入手段是无法解决问题的，这时就需要调整好混凝土配比，在保证原本坍落度设计值的基础上，可以适当增加混凝土的首次坍落度，以此解决问题。

（3）调整好减水剂的复配配方：当增加或者降低现有的减水剂掺量，都无法改善的工作性能时，就需要对减水剂的复配配方进行相应调整，通过更改母液、更改缓凝剂、引气剂种类等来调整减水剂的复配配方，以此提高水泥与减水剂适应性，确保混凝土的工作性能达到设计要求。

（4）其他措施：要选择合适的细骨料和粗骨料，并且对其进行适当的清洗，确保含泥量符合设计要求；改进和完善水泥生产技术，生产出与减水剂相适应的低热水泥、低碱水泥、细度级配化水泥等；在满足技术规范和设计要求的基础上，尽量选择烧失量较小的掺和料，当需要选择两种及其以上的掺和料时，要减少使用影响减水剂适应性的掺和料。

5. 不同种类减水剂对混凝土性能的影响

不同减水剂对水泥浆体微观结构的影响：通过微观试验，对比萘系减水剂和聚羧酸减水剂对混凝土微观结构的影响，并设置纯水泥为对比组。纯水泥水化 3d 和 28d 时的 XRD 图谱如图 2.8 所示。对比图 2.8（a）和图 2.8（b）可知，龄期 3d 时，硬化浆体中存在 $Ca(OH)_2$ 和较多未水化的水泥颗粒，随着龄期的增长，28d 时，纯水泥中仍存在未水化的水泥颗粒，但是其数量明显减少，尤其是 C_4AF、C_3S 含量明显减少。

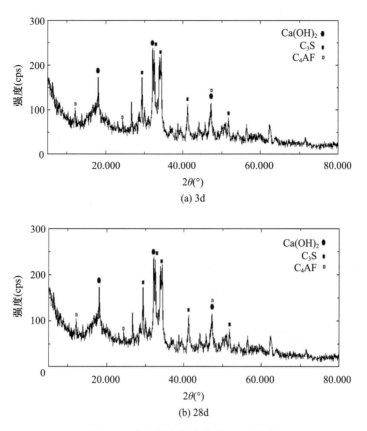

(a) 3d

(b) 28d

图2.8 纯水泥硬化浆体的 XRD 图谱

　　掺加萘系减水剂的水泥硬化浆体水化 3d 和 28d 的 XRD 图谱如图 2.9 所示，3d 龄期时主要发现 $Ca(OH)_2$、未水化水泥颗粒，而 28d 时 C_3S 减少，未水化的 C_4AF 颗粒衍射峰也随着水化龄期的增长而消失。图 2.10 为掺加聚羧酸减水剂水泥硬化浆体水化 3d 和 28d 的 XRD 图谱，对比图 2.9 和图 2.10 可知，两种减水剂对水泥水化的影响类似，但对 3d 水化的影响程度不同，无定形凝胶增多，水化 28d 后无定形凝胶物质几乎消失，试样中 C-S-H 凝胶谱峰强而尖锐，说明水化效果良好。

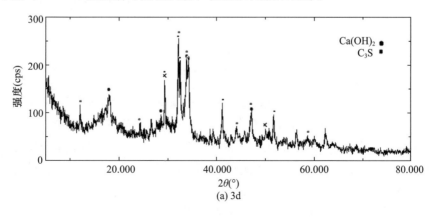

(a) 3d

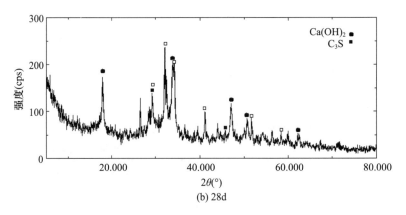

(b) 28d

图 2.9　掺萘系减水剂水泥硬化浆体的 XRD 图谱

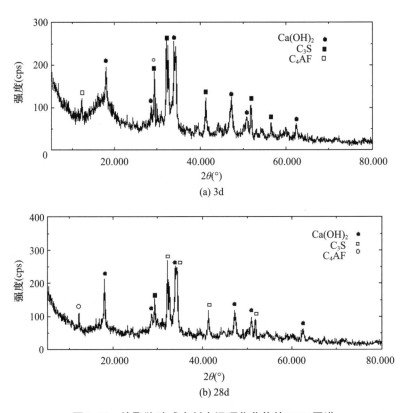

(a) 3d

(b) 28d

图 2.10　掺聚羧酸减水剂水泥硬化浆体的 XRD 图谱

　　XRD 衍射结果表明：掺加聚羧酸减水剂的水泥浆体和纯水泥浆体的水化产物是相同的，只是水化程度的差异，随龄期的增加掺聚羧酸减水剂的水泥浆体水化程度加深，C_3S 和 C_2S 峰明显降低，而 $Ca(OH)_2$ 衍射峰不断增加。掺减水剂的水泥浆体水化 28d 时 $Ca(OH)_2$ 比纯水泥浆减少，C_3S 衍射峰减弱，说明生成了更多的水化硅酸钙、水化铝酸钙等水化产物。

　　图 2.11 为掺加不同减水剂水泥硬化浆体的 SEM 图像，从 SEM 的照片中可以发现：纯水泥浆体在水化初期，有大量的钙矾石以及 $Ca(OH)_2$ 晶体，甚至到水化 28d 后仍可

以见结晶颗粒较大的 Ca(OH)₂ 晶体。掺加了萘系减水剂或聚羧酸减水剂，在水化初期就形成了均匀的 C-S-H 凝胶，且相互连接，紧密堆积，随水化的继续进行，这种紧密堆积的结构发展更为广泛，Ca(OH)₂ 晶体已基本不易发现，尤其是掺聚羧酸减水剂形成的水化产物更为致密。

(a) 纯水泥硬化浆体微观形貌

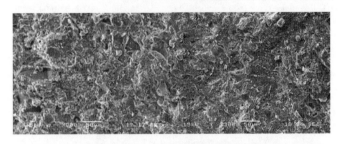

(b) 掺萘系减水剂水泥硬化浆体微观形貌

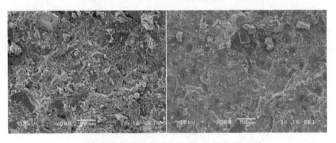

(c) 掺聚羧酸减水剂水泥硬化浆体微观形貌

图 2.11　掺加不同减水剂水泥硬化浆体的 SEM 图像

　　图 2.12 和 2.13 分别为掺加不同减水剂水泥硬化浆体的孔径分布图和孔径分布比例图，由图 2.12 可知，与纯水泥浆体相比，掺加减水剂的水泥浆体的孔径分布更为密集，当龄期到达 28d 时，这种效果更为明显，其孔径分布为窄而高的曲线。掺入减水剂明显改善了水泥浆体内部的孔结构，减少了有害孔径的分布，尤其是掺聚羧酸减水剂的水泥浆体，其 28d 后有害孔和多害孔基本没有。

　　不同种类减水剂对新拌混凝土和硬化混凝土性能的影响。通过混凝土试验对聚羧酸减水剂与萘系减水剂的力学性能进行了比较，试验结果见表 2.9，掺加高效减水剂的混凝土由于有效地降低了水灰比，从而混凝土强度在不同龄期都高于基准混凝土；混凝土早期的抗压强度增长较快，后期抗压强度增长较慢。后期强度的增长率随龄期的延长而逐渐降低，表明减水剂可以显著地提高混凝土的早期强度，这也可以从掺有聚羧酸减水剂和萘系减水剂的混凝土强度明显比同龄期的基准混凝土强度高体现出来；掺有聚羧酸减水剂的混凝土强度明显地高于掺有萘系减水剂的混凝土强度，表明聚羧酸减水剂提高混凝土早强的效果比萘系减水剂更加明显，即聚羧酸减水剂的增强效果比萘系减水剂更好。

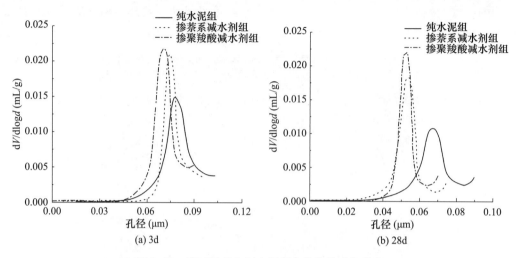

(a) 3d　　　　　　　　　　　(b) 28d

图 2.12　掺不同减水剂水泥硬化浆体的孔径分布

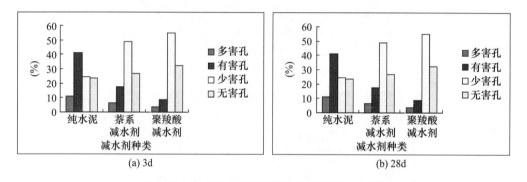

(a) 3d　　　　　　　　　　　(b) 28d

图 2.13　掺不同减水剂水泥浆体的孔径比例分布

表 2.9　掺不同减水剂混凝土的抗压强度

减水剂	掺量 （%）	3d 抗压 强度 （MPa）	3d 抗压 强度比 （%）	7d 抗压 强度 （MPa）	7d 抗压 强度比 （%）	28d 抗压 强度 （MPa）	28d 抗压 强度比 （%）
—	—	24.15	100	30.56	100	34.78	100
聚羧酸系	2.2	41.53	172	51.95	170	51.12	147
萘系	4.3	34.53	143	40.64	133	44.51	128

对比了 2 种不同减水剂对混凝土性能的影响，试验结果如表 2.10 所示，聚羧酸减水剂比萘系减水剂减水效果优良，早期增强效果显著，且具有更好的体积稳定性。

表 2.10　不同减水剂对混凝土性能的影响

减水剂	减水率（%）	28d 抗压强度比（%）	28d 收缩率比（%）
聚羧酸系	26.6	148	106
萘系	19.8	118	129

不同减水剂对混凝土抗冻性的影响：图 2.14 为掺不同减水剂的混凝土在不同静停时间的含气量，从图 2.14 可以看出，在 0h 时，掺萘系减水剂混凝土的含气量大于掺聚羧酸减水剂的混凝土，但是含气量随着时间的增加而减少，在 0.5h 时，掺聚羧酸减水剂混凝土的含气量超过了掺萘系减水剂混凝土，并且随着时间的增长，掺萘系减水剂混凝土的含气量损失率逐渐增大，说明掺聚羧酸减水剂混凝土内生成了较多的微小气泡，可以有效地缓解冻结和过冷水迁移所产生的膨胀应力集中，其抗冻性更好。

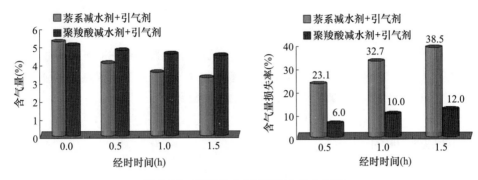

图 2.14　掺不同减水剂混凝土的含气量

掺不同减水剂混凝土在不同龄期下的碳化深度见表 2.11，掺聚羧酸减水剂混凝土的抗碳化能力更强，说明其具有更强的钢筋保护能力。

表 2.11　不同减水剂对混凝土碳化性能的影响

减水剂	碳化深度（mm）			
	3d	7d	14d	28d
聚羧酸减水剂	0.23	0.55	0.66	1.22
萘系减水剂	0.86	0.94	2.35	2.75

2.5.2　引气剂

引气剂是在混凝土搅拌过程中能引入大量的均匀分布、稳定而封闭的微小气泡的外加剂。引气减水剂是具有引气剂和减水剂功能的外加剂。引气剂的使用改善了混凝土的和易性，延长了混凝土的使用寿命，增强了混凝土的耐久性。因而在港口、水工、公路等混凝土中必须使用引气剂。随着外加剂技术及其应用的发展，引气减水剂和高性能引气减水剂的应用更为普遍。因为这不仅可以避免单独使用引气剂降低混凝土强度的缺点，而且还具有较为全面地提高混凝土性能的优点。

1. 作用机理

引气剂是表面活性物质，其界面活性作用与减水剂基本相同，区别在于减水剂的界面活性作用主要发生在液-固界面上，而引气剂的界面活性作用主要发生在气-液界面上。当搅拌混凝土拌和物时，会混入一些气体，掺入的引气剂溶于水中被吸附于气-液界面上，形成大量微小气泡。由于被吸附的引气剂离子对液膜的保护作用，因而液膜比较牢固，使气泡能稳定存在。这些气泡大小均匀（直径为 20～100mm），在拌和物中均匀分散，互不连通，可改善混凝土的很多性能。

2. 引气剂对混凝土的作用

（1）改善和易性：在拌和物中，微小独立的气泡可起滚珠轴承作用，减少颗粒间的摩阻力，使拌和物的流动性大大提高。若使流动性不变，可减水 10％左右，由于大量微小气泡的存在，使水分均匀地分布在气泡表面，从而使拌和物具有较好的保水性和黏聚性。

（2）提高耐久性：混凝土硬化后，由于气泡隔断了混凝土中的毛细管渗水通道，改善了混凝土的孔隙特征，从而可显著提高混凝土的抗渗性和抗冻性。对抗侵蚀性也有所提高。

（3）对强度及变形的影响：气泡的存在使混凝土的弹性模量略有下降，这对混凝土的抗裂性有利，但是气泡也减少了混凝土的有效受力面积，从而使混凝土的强度及耐磨性降低。一般，含气量每增加 1％，混凝土的强度下降 3％～5％。

2.5.3　其他外加剂

1. 早强剂

能提高混凝土早期强度，并对后期强度无显著影响的外加剂，称为早强剂。不加早强剂的混凝土从开始拌和到凝结硬化并形成一定的强度，需要一段较长的时间，为了缩短施工周期，例如加速模板的周转、缩短混凝土的养护时间、快速达到混凝土冬期施工的临界强度等，常需要掺入早强剂。混凝土早强剂的要求是：强度提高显著，凝结不应太快；不得含有会降低后期强度及破坏混凝土内部结构的有害物质；对钢筋无锈蚀危害（用于钢筋混凝土及预应力钢筋混凝土的外加剂）；资源丰富，价格便宜；便于施工操作等。

2. 缓凝剂

缓凝剂是指能延长混凝土凝结时间的外加剂，主要种类有羟基羧酸及其盐类，如酒石酸、柠檬酸、葡萄糖酸及其盐类以及水杨酸；含糖碳水化合物类，如糖蜜、葡萄糖、蔗糖等；无机盐类，如硼酸盐、磷酸盐、锌盐等；木质素磺酸盐类，如木钙、木钠等。缓凝剂能使混凝土拌和物在较长时间内保持塑性状态，以利于混凝土浇筑成型，提高施工质量，而且还可延缓水化放热时间，降低水化热。缓凝剂适用于长距离运输或长时间运输的混凝土、夏期和高温施工的混凝土、大体积混凝土等。不适用于 5℃ 以下的混凝土，也不适用于有早强要求的混凝土及蒸养混凝土，缓凝剂的掺量不宜过多，否则会引起强度降低，甚至长时间不凝结。

3. 膨胀剂

膨胀剂是指与水拌和后，经水化反应生成钙矾石、氢氧化钙或钙矾石和氢氧化钙等（还有其他），使混凝土产生体积膨胀的外加剂。普通水泥混凝土由于水分蒸发等引起的冷缩或干缩，收缩率约为 0.04％～0.06％，而混凝土极限延伸率仅为 0.01％～0.02％，因此普通混凝土经常发生开裂。混凝土掺加膨胀剂后，混凝土体积发生膨胀，在约束条件下，能产生 0.2～0.7MPa 的压应力，从而抵消干缩或冷缩引起的拉应力，起到良好的补偿收缩作用，提高混凝土的抗裂能力。

4. 泵送剂

泵送剂是指能改善混凝土混合料泵送性能的外加剂，通常由减水组分、缓凝组分、引气组分等复合而成。泵送性能是混凝土拌和物具有能顺利通过输送管道、不阻塞、不离析、黏聚性良好的性能。泵送剂匀质性、受检混凝土的性能指标应符合《混凝土外加剂规范》（GB 8076—2016）的相关规定。泵送剂是流化剂的一种，它除了能大大提高混凝土混合料的流动性以外，还能使混合料在 60～180min 保持其流动性，剩余坍落度不低于原始的 55%。此外，它不是缓凝剂更不应有缓凝性，缓凝时间不宜超过 120min（有特殊要求除外）。液体泵送剂与水一起加入搅拌机中，并延长搅拌时间。泵送剂适用于各种需要采用泵送工艺的混凝土。缓凝泵送剂用于大体积混凝土、高层建筑、滑模施工、水下灌注桩等，含防冻组分的泵送剂适用于冬期施工混凝土。

混凝土外加剂的主要技术要求见表 2.12。在生产过程中控制的项目有：含固量或含水量、密度、氯离子含量、细度、pH、表面张力、还原糖、总碱量（$Na_2O +0.658K_2O$）、硫酸钠、泡沫性能、水泥净浆流动度或砂浆减水率，其匀质性应符合《混凝土外加剂规范》（GB 8076—2016）的要求。

表 2.12 混凝土外加剂的技术指标

项目		外加剂品种		
		泵送剂	早强剂	缓凝剂
减水率（%）		≥12	—	—
泌水率（%）		≤70	≤100	≤100
含气量（%）		≤5.5	—	—
凝结时间之差（min）	初凝	—	−90～+90	>+90
	终凝	—		
1h 经时变化量	坍落度（mm）	≤80	—	—
	含气量（%）	—		
抗压强度比（%）	1d	—	≥135	—
	3d	—	≥130	—
	7d	≥115	≥110	≥100
	28d	≥110	≥100	≥100
收缩率比（%）	28d		≤135	

2.5.4 工程案例

近年来，外加剂在混凝土工程中的应用更加普遍，许多曾经的工程难题因为外加剂的应用而得到解决。深圳平安国际金融中心，其主体结构混凝土强度等级达到了 C100，混凝土结构垂直高度达到 555m。北京市地标性建筑中国尊，其核心筒混凝土强度等级达到 C60，采用 800m 直立泵送。央视大楼新址工程（图 2.15）使用聚羧酸减水剂配制的大掺量粉煤灰和矿渣 C40 混凝土，混凝土厚 13m，混凝土和易性好，无离析泌水，保证 2h 内运输到现场，泵送前坍落度和出泵后混凝土坍落度相同，混凝土泵送顺利。

图 2.15　央视大楼新址工程

2.6　习题

1. 高强混凝土的主要特点是什么?
2. 高性能混凝土的耐久性评价方法有哪些? 每种方法的评价标准是什么?
3. 高强混凝土的水泥用量一般不宜超过多少?
4. 改善高性能混凝土抗冻性的主要措施有哪些?
5. 高强混凝土与高性能混凝土之间的异同点都有哪些?
6. 高强混凝土、高性能混凝土中常见的矿物掺和料有哪些?

参考文献

[1] AITCIN P C, MEHTA P K. Effect of coarse aggregate characteristic son mechanical properties of high-strength concrete [J]. ACI Materials Journal, 1990, 87 (2): 103-107.

[2] 黄振兴. C35 高性能混凝土配合比设计及施工 [J]. 混凝土, 2010 (2): 97-99, 113.

[3] 冯乃谦. 高性能与超高性能混凝土技术 [M]. 北京: 中国建筑工业出版社, 2015.

[4] 赵潜, 孟祥杰, 邹亮, 等. 降黏型聚羧酸减水剂的制备技术研究进展 [J]. 混凝土与水泥制品. 2022, (12): 1-6.

[5] 刘少兵, 林海阳, 陈森章, 等. 酯类降黏型聚羧酸减水剂的合成与性能研究 [J]. 新型建筑材料, 2022, 49 (4): 31-34.

[6] 吴凤龙, 宋瑾, 徐康宁, 等. APEG-MAH-AMPS 醚类聚羧酸系水泥减水剂的合成 [J]. 山西大学学报 (自然科学版), 2017, 40 (1): 143-148.

[7] 王晨晨, 张明明. 聚羧酸减水剂与萘系减水剂对比试验 [J]. 四川建筑, 2015, 35 (3): 263-265.

[8] 张钖. 复合石灰石粉-尾矿混合砂混凝土基本性能和水化机理研究 [D]. 徐州: 中国矿业大学, 2021.

3

新型水泥基复合材料

3.1 纤维混凝土

3.1.1 纤维混凝土概述

纤维混凝土，也称纤维增强混凝土（Fiber Reinforced Concrete），是以水泥浆、砂浆或混凝土作基材，以纤维作增强材料所组成的水泥基复合材料，它是在混凝土基体中均匀分散一定比例短而细的、离散的、不连续的纤维，以改善并提高混凝土的韧性、抗拉、抗弯、抗冲击等性能的一类特种混凝土。

1. 纤维对混凝土性能的影响

纤维对于混凝土性能改善的机理主要体现在以下方面：第一，混凝土在凝结硬化初期时会发生各种早龄期收缩，掺入纤维可以有效地抑制收缩的发生，从而限制混凝土由于早期收缩而造成的干缩微裂纹以及离析裂纹的形成与发展，可以在很大程度上提高混凝土的抗裂性能；第二，当有荷载作用于混凝土结构时，掺杂在混凝土基体中的纤维会与基体共同承受外力，作用初期时，基体是主要受力对象，纤维的作用尚未发挥，当混凝土基体呈现开裂趋势时，基体裂缝中的纤维会抑制开裂的快速发展，使结构不因混凝土的开裂而迅速失去承载能力，并且纤维也可以承受部分外荷载，从而提高了混凝土结构抵抗外荷载的能力；第三，随着作用于混凝土结构外力的增大，纤维会产生较大的变形，对混凝土基体产生约束作用，直至纤维被外力拉断或从基体中被拔出而失效，弥补了混凝土材料脆性的缺点，从而使其在受力过程中表现出更好的韧性。

2. 纤维的发展

用于纤维混凝土的纤维有很多种类型，目前使用较多的主要有钢纤维、聚丙烯纤维、碳纤维、玻璃纤维以及合成纤维等。根据所采用纤维弹性模量的不同可分为高弹性模量纤维和低弹性模量纤维，常用的高弹性模量纤维有钢纤维、玻璃纤维、碳纤维、石棉纤维、丙烯酸纤维、聚乙烯醇纤维等，这类纤维可以大幅度地提高混凝土的抗拉、抗弯强度及韧性，从而显著地提高混凝土复合材料的强度和阻裂能力，但材料价格较为昂贵；常用的低弹性模量纤维有聚丙烯纤维、尼龙纤维、芳纶纤维、聚酯纤维等，变形较大，这类纤维虽对混凝土的强度和刚度贡献不大，特别是混凝土受力时的初裂强度大，可大幅度地提高混凝土的变形能力从而增强其韧性，如图3.1和图3.2就是经常添加在混凝土中的聚丙烯纤维。

图 3.1　水泥混凝土专用聚丙烯网状纤维

图 3.2　聚丙烯纤维

近年来合成纤维技术发展较快，使用量已占混凝土总量的7%，已超过先期开发的钢纤维混凝土（占混凝土总量3%）。改性聚丙烯纤维是合成纤维的代表性材料，普通聚丙烯纤维有柔性大、不吸水的缺点，导致易结团，与水泥搅拌较为困难。为更好地将其加以利用，近些年做了如下改性：①根据异相成核理论，在聚丙烯中加入成核剂共混材料，改变其结晶行为，使纤维表面出现部分微孔，从而提高纤维的亲介质性，可与水泥结合得更好；②通过增加改性纤维的刚度，同时提高短切改性纤维在水中的分散悬浮性，使水泥的拌和性得到了改善。

3. 纤维混凝土的分类

纤维混凝土一般按纤维种类进行分类，常见的纤维混凝土主要包括以下3类：

（1）金属纤维混凝土，主要包括钢纤维混凝土、流浆浸渍钢纤维混凝土等。

（2）无机非金属纤维混凝土，主要包括天然矿物纤维增强水泥基材料，如石棉纤维增强水泥基材料等，还包括人造矿物纤维增强水泥基材料，如陶瓷纤维混凝土、碳纤维水泥基材料、玻璃纤维混凝土等。

（3）有机纤维混凝土，主要包括有机纤维增强水泥基材料，如聚丙烯纤维增强水泥基材料、尼龙纤维增强水泥基材料、芳纶纤维增强水泥基材料等，还包括植物有机纤维增强水泥基材料，如竹纤维增强水泥基材料、木纤维增强水泥基材料、剑麻纤维增强水泥基材料等。

4. 纤维混凝土对纤维的要求

纤维可以使混凝土的韧性得到改善并提高其抗弯性和折压比，这就需要分散在混凝土基体中的纤维满足以下性能要求：

（1）高拉伸强度：应比水泥基体的拉伸强度高2个数量级；

（2）高弹性模量：以便在受荷载时能分担较大的拉力；

（3）高变形能力：增加混凝土的延性；

（4）高黏接强度：提高纤维与混凝土的黏接作用；

（5）高耐碱性：在水泥碱性水化产物环境中不受侵蚀。

5. 纤维拉伸试验

纤维拉伸性能主要包括一次拉伸断裂、拉伸弹性（定伸长弹性或定负荷弹性）、蠕变与应力松弛、拉伸疲劳（多次拉伸循环后的塑性变形）。其中一次拉伸断裂试验是最基本的纤维拉伸性能试验，测定纤维受外力拉伸至断裂时所需要的力和产生的变形。常用的指标有：断裂强力、强度和断裂伸长率。如图 3.3 是进行纤维拉伸测试使用的仪器。

图 3.3　纤维拉伸试验仪器

3.1.2　钢纤维混凝土

钢纤维混凝土（Steel fiber reinforced concrete）是指在混凝土基体中掺加适量均匀分布的钢纤维，是一种新型复合建筑材料，乱向分布的钢纤维能够有效地阻碍混凝土内部微裂缝的扩展及宏观裂缝的形成，与普通混凝土相比，能克服混凝土抗拉强度低、极限延伸率小、脆性大等缺点，具有优良的抗拉、抗弯、抗剪、阻裂、耐疲劳、高韧性等性能。

钢纤维混凝土强度等级按立方体抗压强度标准值确定，采用符号 CF 与立方体抗压强度标准值（单位为 MPa）表示。

1. 钢纤维混凝土的组成材料

1）钢纤维

如图 3.4 所示，钢纤维是指钢材经一定工艺加工制成的、能随机地分布于混凝土基体中的短而细的纤维，大部分情况下钢纤维的材质是低碳钢，在有特殊要求的工程中也可以使用不锈钢。钢纤维直径一般为 0.15～0.75mm。普通钢纤维混凝土的纤维体积率在 1%～2%之间，较之普通混凝土，抗拉强度能提高 40%～80%，抗弯强度能提高 60%～120%，抗剪强度能提高 50%～100%，抗压强度提高幅度较小，一般在 0%～25%之间，但抗压韧性却大幅度地提高。

图 3.4　钢纤维

（1）钢纤维的分类。按钢纤维的外形分为长直形、压痕形、波浪形、弯钩形、扭曲形等，各类形状的钢纤维如图 3.5 所示；按钢纤维的截面形状分为圆形、矩形、月牙形、不规则形，各类截面形状如图 3.6 所示；按表面特征分为光滑型、粗糙性和有细密压痕型；按原材料分为碳素结构钢、合金结构钢、不锈钢和其他钢材；按生产工艺分为Ⅰ类钢丝冷拉型、Ⅱ类钢板剪切型、Ⅲ类钢锭铣削型（图 3.7）、Ⅳ类钢丝削刮型和Ⅴ类熔抽型，其中Ⅰ类和Ⅳ类为线材型纤维，其他为非线材型纤维；按成型方式分为黏结成排型和单根散状型；按镀层方式分为带镀层型（表面涂环氧树脂，镀锌等）和无镀层型；按公称抗拉强度分为 5 个等级：400 级（400～700MPa）、700 级（700～1000MPa）、1000 级（1000～1300MPa）、1300 级（1300～1700MPa）、1700 级（1700MPa 及以上）；按直径尺寸分为普通钢纤维（直径 $d>0.08$mm）和超细钢纤维（直径 $d\leqslant0.08$mm）。图 3.8～图 3.10 展示了一些不同处理方式的钢纤维。

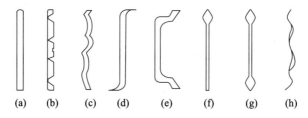

图 3.5　不同形状的钢纤维

（a）长直形；（b）压痕形；（c）波浪形；（d）和（e）弯钩形；（f）和（g）大头形；（h）扭曲形

图 3.6　不同截面形状的钢纤维

（a）圆形；（b）矩形；（c）月牙形；（d）不规则形

图 3.7　铣削型钢纤维

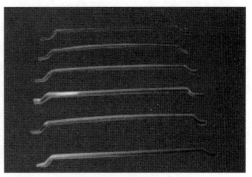

图 3.8　冷拉端钩形钢纤维

图 3.9　冷拉波浪形钢纤维

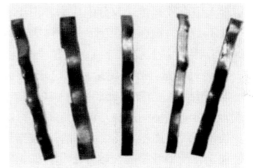

图 3.10　片状波纹形钢纤维

在以上不同角度的分类方法中，钢纤维的外形对于钢纤维混凝土的影响较大，大量试验和有关纤维增强理论都证明，纤维与混凝土基体之间的黏结力对于混凝土的力学性能能起到关键作用，例如直线形钢纤维混凝土，它的破坏形式是钢纤维被拔出混凝体基体而不是被拉断，因此改善纤维与基体间的黏结强度可以改善纤维增强效果。为解决此类问题，近年来对钢纤维的外形进行了不同形式的研究与设计，以增强钢纤维与混凝土基体之间的机械咬合力。

（2）钢纤维的几何及体积参数。

① 钢纤维长度：钢纤维长度范围是 15～60mm，常用的是 25～30mm。钢纤维的使用长度过短将影响其增强效果，过长则不仅难以在混凝土中均匀分散，而且会在搅拌过程中结团，影响钢纤维作用的发挥。当钢纤维长度大于其临界长度时，钢纤维将产生拉断破坏，虽其强度得到了充分发挥，但增韧效果变差。

② 钢纤维截面直径（或等效直径）：通常钢纤维直径为 0.3～1.2mm。当使用截面非圆形的钢纤维时，可按式（3-1）计算其当量直径 d_e：

$$d_e = \sqrt{\frac{a}{\pi}} \tag{3-1}$$

式中　a——钢纤维的实际截面积。

钢纤维截面的直径反映了钢纤维与混凝土的相对黏结面积。直径较大的钢纤维其相对黏结面积减小，不利于极限黏结强度的改善。

③ 钢纤维长径比：长径比通常为 30～100，用得最多的是 50～70。长径比越大，对混凝土的增强效果越好。若长径比过大钢纤维会被拉断，影响增韧效果；若太小，钢纤维易于拔出，其承载力下降，对混凝土的增强作用降低。

④ 钢纤维体积率：钢纤维混凝土中钢纤维所占总体积的百分数，钢纤维体积率的大小决定了对混凝土增强增韧的程度以及破坏形态。钢纤维体积率过大，会使施工拌和困难，钢纤维不能均匀分布，甚至严重结团，并且会导致包裹在每根钢纤维周围的水泥浆体减少，钢纤维与基体间黏结不足而过早破坏。为了钢纤维作用的有效发挥，用钢纤维增强普通和高强混凝土基体的钢纤维体积率不宜低于 0.5%，也不宜大于 3.0%，以 0.6%～2.0% 为宜。

（3）钢纤维的性能。

① 抗拉强度：钢纤维自身具有很高的抗拉强度（大于 100MPa），所以钢纤维可以在混凝土中有效地传送与分配应力，由于普通钢纤维混凝土主要是由于钢纤维拔出而破坏，并不是因为钢纤维拉断而破坏，所以钢纤维在破坏时承受的最大拉应力为 100～300MPa，因此，只要钢纤维的抗拉强度达到 380MPa 以上都能满足使用要求。

② 弹性模量：弹性模量为 200GPa，极限延伸率为 0.5%～3.5%。

③ 黏结性：当钢纤维混凝土破坏时，绝大多数都是纤维被拔出而不是被拉断，因此改善纤维与基体间的黏结强度是改善纤维增强效果的主要控制因素之一。具体的方法有：使钢纤维表面粗糙化、截面呈不规则形；沿钢纤维轴线方向按一定间距对纤维进行塑性加工；使钢纤维的两端异形化，如钢锭铣削型钢纤维两端带有锚固台；对钢纤维表面涂覆环氧树脂和表面微锈化处理。

④ 硬度：钢纤维的表面硬度较高。用于混凝土补强进行搅拌时很少发生弯曲现象，如果钢纤维过硬、过脆，搅拌时易折断，影响增强效果。

⑤ 耐腐蚀性：开裂的钢纤维混凝土构件处于潮湿的环境中时，裂缝处的混凝土碳化，导致钢纤维锈蚀，所以要求钢纤维具备一定的耐腐蚀性。试验证明，在保证钢纤维混凝土构件具有同等承载能力的前提下，采用直径较大的钢纤维或涂覆环氧树脂或镀锌的钢纤维，均能提高耐腐蚀性，如果施工工艺许可的话，可只在混凝土表层 1～2cm 采用这种钢纤维，必要时也可以采用不锈钢纤维。

2）混凝土基体

为更好地发挥纤维的增强作用，纤维混凝土应采用强度高、密实性好的混凝土基体，这样才可以保证纤维与混凝土基体结合的界面有较高的黏结强度，从而充分利用纤维的增强效果。

（1）水泥：制作混凝土基体的水泥应尽量选用强度等级较高（强度等级 $\geqslant$ 42.5MPa）的普通硅酸盐水泥或硅酸盐水泥。若配制体积较大的混凝土构件，为降低温度对构件的影响也可采用水化热较低的矿渣水泥或粉煤灰水泥。考虑到配制混凝土一般要掺加高效减水剂，为减少新拌混凝土的坍落度损失，应控制水泥中 C_3A 的含量，一般将水泥中 C_3A 的含量控制在 $\leqslant$ 6%。

（2）骨料：为配合钢纤维混凝土的性能，粗骨料要求选用硬度高、强度大的碎石，较好的品种有花岗岩、辉绿岩、正长岩及硬度较高的致密石灰岩等。

粗骨料的粒径对混凝土的搅拌以及性能问题有很大的影响，所以对于粗骨料的最大粒径应予以控制，其公称直径一般控制在 20mm 以下，最好在 10～16mm 的范围内，其原因一是配制高强混凝土基体的需要；二是如果粗骨料粒径过大，不利于钢纤维在混凝土基体中的均匀分散，会导致纤维结团，影响使用性能。钢纤维混凝土应采用连续级配粗骨料。

细骨料一般可选用河砂、山砂和碎石砂，钢纤维混凝土不宜采用海砂。砂的质量要求符合混凝土用砂标准即可。但是砂的细度不宜太细，细度模数 M_x 需控制在 2.5～3.2 的范围内。

（3）矿物掺和料：在配制钢纤维混凝土时，为了增强混凝土基体的强度，一般都会使用矿物掺和料。用于钢纤维混凝土的掺和料可以是二级以上的粉煤灰、硅灰、磨细高炉矿渣、磨细沸石粉等。粉煤灰、磨细矿渣、磨细沸石粉的比表面积应控制在 $450m^2/kg$ 以上。

（4）外加剂：在配制钢纤维混凝土的过程中掺入合适的外加剂可以改善在制备混凝土中遇到的一些问题。

2. 钢纤维混凝土的基本性能

钢纤维混凝土中乱向分布的短纤维主要作用是阻碍混凝土内部微裂缝的扩展和阻滞宏观裂缝的发生和发展。在受荷（拉、弯）初期，水泥基料与纤维共同承受外力，当混凝土开裂后，横跨裂缝的纤维成为外力的主要承受者。因此，钢纤维混凝土与普通混凝土相比具有一系列优越的物理和力学性能。

（1）抗冲击性能：在动荷载作用下，钢纤维混凝土在裂缝扩展时，首先是钢纤维克服基材的黏结力而被拔出，或是钢纤维达到屈服强度而被拉断，这会消耗大量的能量。因此，钢纤维混凝土具有较好的抗冲击性能。

（2）抗疲劳性能：钢纤维明显改善了混凝土的弯曲疲劳性能。CF80 钢纤维混凝土与普通混凝土相比，当钢纤维掺量为 1％时，200 万次疲劳极限可提高 10％；当钢纤维掺量为 1.5％时，疲劳极限可提高 15％。当疲劳应力比为 0.7 时，对钢纤维掺量 1％的钢纤维混凝土，疲劳寿命可延长。

（3）抗冻融性能：钢纤维混凝土在冻融循环过程中，由于温度的变化，在混凝土内形成温度应力场。钢纤维混凝土的基体组成部分的热膨胀系数不同，在温度应力作用下变形不协调，导致在混凝土内部界面产生拉应力，影响了界面的黏结性状。增加钢纤维体积率可以增加混凝土内的界面，这些界面是混凝土的薄弱环节。当冻融次数不大时，钢纤维与砂浆的黏结性状良好，钢纤维能有效地发挥阻裂增强作用，减少裂缝源的数量和裂缝的宽度。

（4）耐久性能：钢纤维混凝土除抗渗性能与普通混凝土相比没有明显变化外，由于钢纤维混凝土的抗裂性、整体性好，因而其耐热性、耐磨性、抗气蚀性和抗腐蚀性均有显著提高。

（5）收缩性能：混凝土掺入钢纤维后，由于钢纤维弹性模量高、尺寸较小、间距较密，因此对混凝土的收缩有一定的抑制作用。据相关研究说明，随着混凝土中的钢纤维体积率增加，混凝土的收缩抑制作用也随之增强。

（6）钢纤维混凝土的力学性能。

① 抗压强度。测定钢纤维混凝土的抗压强度一般选用边长 150mm 的立方体试件，在 (20±3)℃的温度和 RH≤90％的潮湿空气中养护 28d 后按国家规定的标准方法测

定。确定强度等级时应有 95% 的保证率。

钢纤维混凝土轴心抗压强度标准值 f_{ftk} 应采用同强度等级普通混凝土轴心抗压强度标准值。

② 抗拉强度。钢纤维混凝土的抗拉强度可使用式（3-2）和式（3-3）进行计算：

$$f_{ft}=f_t\ (1+\alpha_t\lambda_f) \tag{3-2}$$
$$\lambda_f=\rho_f l_f/d_f \tag{3-3}$$

式中　f_{ft}——钢纤维混凝土的抗拉强度设计值（MPa）；

　　　f_t——素混凝土（基体）的抗拉强度设计值（MPa）；

　　　λ_f——钢纤维含量特征值；

　　　ρ_f——钢纤维体积率；

　　　l_f——钢纤维长度或等效长度（mm）；

　　　d_f——钢纤维直径或等效直径（mm）；

　　　α_t——钢纤维对混凝土的抗拉强度的影响系数，可通过试验测定。当缺乏试验资料时，对于强度等级为 CF20～CF80 的钢纤维混凝土可按表 3.1 采用。

表 3.1　钢纤维对混凝土抗拉强度的影响系数

钢纤维品种	钢纤维形状	强度等级	α_t
冷拉钢丝切断型	端钩形	CF20～CF45	0.76
		CF50～CF80	1.03
薄板剪切型	平直形	CF20～CF45	0.42
		CF50～CF85	0.46
	异形	CF20～CF45	0.55
		CF50～CF80	0.63
钢锭铣削型	异形	CF20～CF45	0.70
		CF50～CF80	0.84
低合金钢熔抽型	大头形	CF20～CF45	0.52
		CF50～CF80	0.62

③ 弯拉强度（抗折强度）。钢纤维混凝土弯拉强度标准值可按式（3-4）计算，即

$$f_{ftmk}=f_{tmk}\ (1+\alpha_{tm}\lambda_f) \tag{3-4}$$

式中　f_{ftmk}——钢纤维混凝土弯拉强度标准值（MPa）；

　　　f_{tmk}——混凝土弯拉强度标准值（MPa），根据钢纤维混凝土强度等级，取用同强度等级的普通混凝土弯拉强度标准值；

　　　α_{tm}——钢纤维对抗折强度的影响系数，可通过试验测定。当缺乏试验资料时，对于强度等级为 CF20～CF80 的钢纤维混凝土可按表 3.2 采用。

表 3.2　钢纤维对混凝土弯折强度的影响系数

钢纤维品种	钢纤维形状	强度等级	α_{tm}
冷拉钢丝切断型	端钩形	CF20～CF45	1.13
		CF50～CF80	1.25

续表

钢纤维品种	钢纤维形状	强度等级	α_{tm}
薄板剪切型	平直形	CF20~CF45	0.68
		CF50~CF85	0.75
	异形	CF20~CF45	0.79
		CF50~CF80	0.93
钢锭铣削型	异形	CF20~CF45	0.92
		CF50~CF80	1.10
低合金钢熔抽型	大头形	CF20~CF45	0.73
		CF50~CF80	0.91

强度等级为 CF30~CF55 的喷射钢纤维混凝土弯拉强度标准值应不低于表 3.3 的规定。

表 3.3 喷射钢纤维混凝土弯拉强度标准值 (MPa)

强度等级	CF30	CF35	CF40	CF45	CF50	CF55
弯拉强度	3.8	4.2	4.4	4.6	4.8	5.0

④ 抗剪强度。可以通过式 (3-5) 计算钢纤维混凝土的抗剪强度为

$$f_{\text{fv}} = f_{\text{v}} \ (1 + \alpha_{\text{v}} \ \lambda_{\text{f}}) \tag{3-5}$$

式中　　f_{fv}——钢纤维混凝土的抗剪强度 (MPa);

f_{v}——素混凝土 (基体) 的抗剪强度 (MPa);

α_{v}——抗剪切强度增强系数系数,可通过试验测定取 0.55。

⑤ 钢纤维混凝土受压和受拉弹性模量以及剪切变形模量,可根据与钢纤维混凝土强度等级相同的普通混凝土强度等级按规定选用。

3. 钢纤维混凝土的配合比设计

1) 钢纤维混凝土配合比设计要求。钢纤维混凝土配合比设计的目的是将其组成的材料,即钢纤维、水泥、水、粗细骨料及外掺剂等合理的配合,使所配制的钢纤维混凝土满足下列要求:

(1) 满足工程所需要的强度和耐久性。对建筑工程一般应满足抗压强度和抗拉强度的要求;对路(道)面工程一般应满足抗压强度和抗折强度的要求。

(2) 配制成的钢纤维混凝土拌和料的和易性应满足施工要求。

(3) 经济合理。在满足工程要求的条件下,充分发挥钢纤维的增强作用,合理确定钢纤维和水泥用量,降低高价材料的使用,控制生产成本。

2) 钢纤维混凝土配合比设计特点。与普通水泥混凝土相比,钢纤维混凝土的配合比设计具有以下主要特点:

(1) 在水泥混凝土的拌和料中掺入钢纤维,主要是为了提高混凝土的抗弯、抗拉、抗疲劳的能力和韧性,因此应注意配合比设计的强度控制,当有抗压强度要求时,除按抗压强度控制外,还应根据工程性质和要求,分别按抗折强度或抗拉强度控制,确定拌和料的配合比,以充分发挥钢纤维混凝土的增强作用,而普通混凝土一般以抗压强度控

制（道路混凝土以抗折强度控制）来确定拌和料的配合比。

（2）配合比设计时，应考虑掺入拌和料中的钢纤维能否分散均匀，否则会影响钢纤维混凝土的使用性能，并使钢纤维的表面裹满砂浆，以起到保证钢纤维混凝土质量的作用。

（3）在拌和料中加入钢纤维后，混凝土基体和易性有所会降低。为了获得适宜的和易性，有必要适当增加单位用水量和单位水泥用量。

3）钢纤维混凝土配合比设计原理。在确定基本参数时，既要满足抗压强度要求，又要满足抗折强度或抗拉强度要求以及和易性、经济性要求。

试验表明，钢纤维混凝土的抗压强度、抗折强度和抗拉强度与水泥强度等级、水灰比、钢纤维体积率和长径比、砂率、用水量等因素有关，其中水灰比和水泥强度等级对抗压强度影响最大；钢纤维体积率和长径比、水泥强度等级对抗折强度和抗拉强度影响最大，砂率和用水量对和易性影响较大。因此，采用以抗压强度与水灰比，水泥强度等级的关系来确定水灰比，然后用抗折强度或抗拉强度确定钢纤维体积率。由此确定的配合比，既能满足抗压强度要求，又能满足抗折强度或抗拉强度要求，在初步确定水灰比和钢纤维体积率后，再根据和易性要求确定砂率和用水量，由此可初步确定计算配合比。

由于配制钢纤维混凝土原材料品种、类型的差异和施工条件的不同，在实际工程中，其配合比的设计一般是在初步计算的基础上通过试验和结合施工现场的条件调整确定。

4）钢纤维混凝土配合比设计方法及步骤

在进行钢纤维混凝土配合比设计时，需预先明确钢纤维混凝土的各种技术要求，包括钢纤维混凝土的强度、耐久性以及和易性等要求。对各项原材料需预先进行检验，明确所用材料的品质及技术指标，包括钢纤维的类型、形状、直径与长度；水泥品种及强度等级；砂的细度模数及级配情况；石子的种类；外加剂及掺和料；水泥的密度，砂石的表观密度及吸水率等。

（1）水灰比的确定

由于钢纤维混凝土的抗压强度主要取决于水泥石的强度及其与骨料间的黏结力。水泥的强度及其与骨料间的黏结力又主要取决于水泥强度等级和水灰比的大小，而钢纤维的体积率和长径比对抗压强度影响不大（仅可提高抗压强度的 5%～10%）。因此钢纤维混凝土的水灰比可按普通水泥混凝土抗压强度与水泥强度等级、水灰比的关系式（3-6）计算，即

$$W/C = \frac{AR_c}{f_{fcu} + ABR_c} \qquad (3\text{-}6)$$

式中　f_{fcu}——钢纤维混凝土试配拉压强度（MPa）；

　　　R_c——水泥实测 28d 的抗压强度（MPa），在无法取得水泥的实例抗压强度资料时，可按水泥强度等级乘以水泥富余系数 1.13 计算；

　　W/C——钢纤维混凝土所要求的水灰比；

　　A、B——经验系数。当粗骨料为碎石时，$A=0.46$，$B=0.52$；当粗骨料为砾石时，$A=0.48$，$B=0.61$。

（2）钢纤维混凝土的试配抗压强度

钢纤维混凝土的试配抗压强度可按式（3-7）确定，得

$$f_{fcu} = f_{fcu} + Z\sigma_1 \qquad (3\text{-}7)$$

式中　f_{fcu}——钢纤维混凝土设计抗压强度（MPa）；

　　　σ_1——抗压强度的标准差（MPa）可由施工单位统计资料确定；若无统计资料时，钢纤维混凝土的强度等级为 CF25～CF30 时，$\sigma_1 = 5.0\text{MPa}$；CF35～CF60 时，$\sigma_1 = 6.0\text{MPa}$；

　　　Z——保证率系数，根据工程重要性，可根据表 3.4 确定。

表 3.4　保证率与保证系数的关系

保证率（%）	80	85	90	95	98
保证率系数 Z	0.84	1.04	1.28	1.64	2.05

根据试配拉压强度、粗骨料状况及水泥的强度等级代入式（3-6），即可求得水灰比。通常，满足抗压强度要求时，其耐久性也能满足。但对于严寒冰冻地区，其最大水灰比、最小水泥用量等应按有关规范规定执行。在最后确定水灰比时，应将强度或耐久性要求的水灰比作比较，选定较小者为设计水灰比。钢纤维混凝土的水灰比一般为 0.45～0.50，对于有耐久性要求时，一般不大于 0.50。

（3）钢纤维体积率的确定

钢纤维体积率 V_f 选取可参考表 3.5：

表 3.5　钢纤维体积率选用参考

钢纤维混凝土结构类别	钢纤维体积率（%）
一般浇筑成型结构	0.5～2.0
局部受压构件、桥面、预制桩桩尖	1.0～1.5
铁路轨枕、刚性防水屋面	0.8～1.2
喷射钢纤维混凝土	1.0～1.5

（4）钢纤维混凝土单位体积用水量和水泥用量的确定

在水灰比保持一定的条件下，单位体积用水量和钢纤维体积率是控制拌和料和易性的主要因素，用水量的确定应使拌和料达到要求的和易性，便于施工为准。钢纤维混凝土的和易性，按维勃稠度控制，一般以 15～30s 为宜。

由于影响单位体积用水量的因素较多，选用的原材料差异，因而用水量也有不同。在实际应用中，可通过试验或根据已有经验确定，也可根据材料品种规格、钢纤维体积率、水灰比和稠度参照表 3.6 和表 3.7 选用。

表 3.6　半干硬性钢纤维混凝土单位体积用水量选用

拌和料条件	维勃稠度（s）	单位体积用水量（kg）
$V_f = 1.0\%$ 碎石最大粒径 10～15mm $W/C = 0.4～0.5$ 中砂	10	195
	15	182
	20	175
	25	170
	30	166

注：若碎石的最大粒径为 20mm，则单位体积用水量可相应减少 5kg；当粗骨料为卵石时，则单位体积用水量可相应减少 10kg；当钢纤维体积率每增减 0.5%，单位体积用水量相应增减 8kg。

表 3.7　塑性钢纤维混凝土单位体积用水量选用

拌和料条件	骨料品种	骨料最大粒径（mm）	单位体积用水量（kg）
$l/d=50$	碎石	10～15	235
$V_f=0.5\%$		20	220
坍落度为 20mm	卵石	10～15	225
$W/C=0.5\sim0.6$ 中砂		20	205

注：坍落度变化范围为 10～50mm 时，每增减 10mm，单位体积用水量相应增减 7kg；钢纤维体积率每增减 0.5%，单位体积用水量可增减 8kg；当钢纤维长径比每增减 10mm，则单位体积用水量相应增减 10kg。

当拌和料中掺入外加剂或掺和料时，其掺量和单位体积用水量应通过试验确定。在确定水灰比 W/C 和单位体积用水量 W_0 后，即可按式（3-8）求得单位体积水泥用量 C_0 为

$$C_0=\frac{W_0}{W/C} \tag{3-8}$$

钢纤维混凝土中，由于包裹钢纤维和粗细骨料表面的水泥浆用量比普通混凝土多，因而单位体积水泥用量较大。钢纤维混凝土单位体积水泥用量为 360～450kg，根据强度和钢纤维体积率而定，当体积率较大时，单位体积水泥用量适当也增加，但一般不应大于 500kg。

（5）钢纤维混凝土砂率的确定

由于影响砂率的因素较多，因此砂率可通过试验或根据已有经验确定，也可根据所用材料的品种规格、钢纤维体积率、水灰比等因素，按表 3.8 选用，然后再通过拌和物和易性试确定。试验表明，当使用中砂时（细度模数 2.3～3.0）钢纤维混凝土的砂率一般为 40%～50%。砂率在此范围内变化，对强度影响不大，对和易性有一定的影响。

表 3.8　钢纤维混凝土砂率选用表　　　　　　　　　　　　　　　　　　　　　%

拌和料条件	最大粒径 20mm 的碎石	最大粒径 20mm 的卵石
$\iota_f/d_f=50$，$\rho_f=1.0\%$ $W/C=0.5$，砂细度模数 3.0	50	45
L_f/d_f 增减 10	±5	±3
ρ_f 增减 0.5%	±3	±3
W/C 增减 0.1	±2	±2
砂细度模数增减 0.1	±1	±1

（6）单位体积内砂、石用量的确定

采用绝对体积法确定 G_0、S_0，钢纤维混凝土的体积是各组成材料绝对体积的总和为 $1m^3$，即：

$$\frac{W_0}{\rho_w}+\frac{C_0}{\rho_c}+\frac{S_0}{\rho_s}+\frac{G_0}{\rho_g}+V_f+10\alpha=1000 \tag{3-9}$$

$$S_P=\frac{S_0}{S_0+G_0} \tag{3-10}$$

式中　W_0、C_0、S_0、G_0——分别为 $1m^3$ 钢纤维混凝土中水、水泥、砂和石子和质量（kg/m³）；

　　　　ρ_w、ρ_c、ρ_s、ρ_g——分别为水、水泥、砂和石子的密度（kg/m³）；

　　　　V_f——钢纤维体积率（%）；

α——钢纤维混凝土含气量百分数（%），在不使用引气型外加剂时，石子最大粒径为20mm，α可取2。

公式（3-9）中，ρ_w可取1.0g/cm³，ρ_f可取7.8g/cm³，ρ_c是普通硅酸盐水泥的密度约为3.1g/cm³，ρ_s和ρ_g通过实测确定。计算出砂、石的总质量后，再由已知砂率可分别求出砂、石单位体积质量。

至此钢纤维混凝土各组成材料用量已确定，即得到计算配合比。计算配合比的表示法为：钢纤维混凝土中水泥、水、砂、石用量比例（以水泥用量为1的质量比）和钢纤维体积率：水泥∶水∶砂∶石＝1∶G_w/G_c∶G_s/G_c∶G_g/G_c。

（7）配合比调整和强度检验

以上确定的各材料配合比为计算配合比，由于在实际工程中所用材料情况往往有变化，影响钢纤维混凝土性能的因素又较多，因此按照上述方法得到的配合比，仅是初步确定的配合比，为了符合实际，还需要经试验进行调整以及通过强度检验。通过试样进行拌和料的性能试验，检查其稠度、黏聚性、保水性是否满足施工要求，若不满足则应在基本保持水灰比和钢纤维体积率不变的条件下，调整单位体积用水量或砂率，直到满足要求为止，并据此确定用于强度试验的基准配合比。

4. 钢纤维混凝土的施工

由于钢纤维的加入，对混凝土施工中某些工序如搅拌、振捣密实等产生了不同程度的影响。经过大量研究，钢纤维混凝土的施工工艺已取得了较大进展。目前钢纤维混凝土的施工主要有如下几种方法。

1）流动砂浆渗浇法施工工艺

用流动砂浆渗浇法工艺浇制的钢纤维混凝土（Slurry in filtrated fiber concrete 简称SIFCON），具体施工顺序如下：

（1）将钢纤维用手工或专用设备铺放在模板或模具底部形成一定厚度"钢纤维垫"；

（2）将由砂子和水泥，掺和料水配制成的流动性较好的砂浆（坍落度10～15cm）均匀浇筑在"钢纤维垫"上，并借助振动使砂浆渗入"钢纤维垫"，并尽量填满钢纤维之间的空隙；

（3）渗浇到规定厚度后，表面抹平收光，而后进行养护。至一定龄期脱模。

2）全掺入法施工工艺

全渗入法是在混凝土搅拌过程中即将钢纤维掺入。根据掺入的顺序不同，又可分为以下4种方法：

（1）将按配合比计量后的水泥、砂、石、掺和料等一次倒入搅拌机中开拌1～2min，然后将钢纤维用人工或机械方法缓慢均匀地撒入到干拌料中，边撒边搅拌，2min左右时加水和外加剂，再搅拌3～4min，然后注模成型。用振动器振捣密实，养护至一定龄期脱膜。

（2）先投入配合比50%的砂和50%石料及全部钢纤维干拌2min，然后投入水泥掺和料和其余骨料及水，搅拌4～5min后注模，振捣密实成型，养护至一定龄期脱模。

（3）先将水泥、掺和料投入搅拌机干拌1～2min，再投入石子、砂干拌2min后加水搅拌3min，将钢纤维用人工或机械方法均匀撒入搅拌机中，继续搅拌3～4min后注模振捣密实成型，养护至一定龄期脱模。

（4）先将石、钢纤维投入搅拌机干拌 1min，其中钢纤维在拌和时分 3 次加入拌和机中，边拌边加入钢纤维，再投入砂、水泥干拌 1min。待全部料投入后重拌 2～3min，最后加足水湿拌 1min。注模振捣密实成型，养护至一定龄期脱模。

需要说明的是，方法①可用自落式搅拌机也可用强制性搅拌机，而方法②只宜用自落式搅拌机，方法③则必须用强制式搅拌机。如钢纤维的 $V_f > 2.0\%$，最好采用方法③。另外，钢纤维的撒入最好应通过摇筛和分散机进行，摇筛是一种开有长形筛孔筛板的筛，如图 3.11 所示。

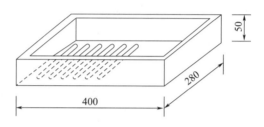

图 3.11　用于撒放钢纤维的摇筛

5. 钢纤维混凝土的应用

由于钢纤维混凝土优良的力学性能，特别是较高的抗拉强度、抗冲击强度及良好的耐磨性，钢纤维已广泛应用于各种建筑工程，目前应用最多的有如下几方面：①高速公路和机场跑道；②桥梁工程（结构和桥面）；③大跨度梁、板；④隧道及巷道等工程的支护；⑤对抗冲击和耐磨性要求较高的建筑物地面工程（如一些工厂厂房地面，堆场地面等）；⑥水工结构工程及刚性防水工程：主要用于受高速水流作用以及受力比较复杂的部位，如送洪道、泄水孔、有压输水道、消力池、闸底板和水闸、船闸、渡槽、大坝防渗面板以及护坡等；⑦桩基及铁路轨枕：钢纤维混凝土主要用于预应力钢纤维混凝土铁路轨枕以及铁路桥面防水保护层；⑧钢纤维混凝土的其他应用：钢纤维混凝土雨水井盖（图 3.12）、钢纤维混凝土沙井（图 3.13）等。

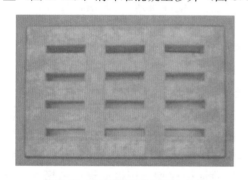

图 3.12　钢纤维混凝土雨水井盖

图 3.13　钢纤维混凝土沙井

3.1.3　聚丙烯纤维混凝土

1. 聚丙烯纤维混凝土的定义

聚丙烯纤维混凝土（图 3.14）是聚丙烯纤维和水泥基材料（水泥石、砂浆或混凝土）组成的复合材料的统称。由于聚丙烯纤维质量轻、弹性模量大、密度小、延展性好、阻裂性强，并且无味、无毒，能够有效地分散在混凝土中，使得聚丙烯纤维成为混凝土中应用最广泛的纤维之一，并且聚丙烯纤维混凝土以其优越的物理和力学性能被广泛应用于桥梁、房屋结构、路面、隧道等土木工程领域。

2. 聚丙烯纤维的性能特点

如图 3.15 所示，聚丙烯是一种结构规整的结晶型聚合物，为乳白色、无味、无毒。质轻的热塑性塑料，密度为 $0.90\sim0.91\text{g/cm}^3$，是现有树脂中最轻的一种，它不溶于水，耐热性能良好，在 $121\sim160℃$ 连续耐热，熔点为 $165\sim170℃$，聚丙烯几乎不吸水，与大多数化学品如酸、碱、盐不发生作用，物理机械性能良好，抗拉强度 $3.3\times10^7\sim4.14\times10^7\text{Pa}$，抗压强度 $4.14\times10^7\sim5.51\times10^7\text{Pa}$，伸长率 $200\%\sim700\%$，因此聚丙烯有较好的加工性能。

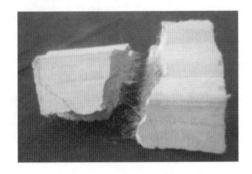

图 3.14 聚丙烯纤维混凝土

图 3.15 聚丙烯纤维

并不是任何未经专门处理的聚丙烯纤维都能用于制备纤维混凝土，混凝土材料用合成纤维应具有较高的耐碱性及水泥基体的分散性与黏结性能，普通的聚丙烯纤维存在着耐老化性能差、混凝土中搅拌易结成团等缺点，不能直接在工程中应用，只有经过改性处理的纤维，才能与水泥基材共同工作，早期的纤维混凝土所掺用的聚丙烯纤维大多采用聚丙烯膜裂纤维。

3. 聚丙烯纤维混凝土的组成材料

（1）聚丙烯纤维：聚丙烯纤维混凝土所使用的纤维其技术参数及物化性能指标应符合国家标准《水泥混凝土和砂浆用合成纤维》（GB/T 21120—2018）。

（2）水泥：配制聚丙烯纤维混凝土所用的原材料应符合水泥砂浆、普通混凝土所用的原材料的有关规定。所用水泥应符合《通用硅酸盐水泥》（GB 175—2023）中有关混凝土和钢筋混凝土所用原材料的规定。

（3）掺和料：采用硅酸盐水泥或普通硅酸盐水泥配制聚丙烯纤维混凝土时，可掺入粉煤灰、矿渣微粉、硅粉等矿物掺和料。掺和料的性能应符合《高强高性能混凝土用矿物外加剂》（GB/T 18736—2017）及相关应用技术规范的规定，其掺量应通过试验确定。

（4）骨料：配制聚丙烯纤维混凝土时，砂和粗骨料的性能指标应符合《普通混凝土用砂、石质量及检验方法标准》（JGJ 52—2006）的规定。

（5）化学外加剂：聚丙烯纤维可与化学外加剂同时使用，化学外加剂的性能指标应符合《混凝土外加剂术语》（GB/T 8075—2017）或《混凝土外加剂应用技术规范》（GB 50119—2013）等国家标准的有关规定。

（6）水：聚丙烯纤维混凝土拌和用水必须符合国家《混凝土用水标准》（JGJ 63—2006）的规定，不宜采用海水拌制。

4. 聚丙烯纤维混凝土的性能

（1）抗冲击性

在一定范围内，聚丙烯纤维能够提高混凝土的抗冲击性。根据研究结果统计，在掺量为0.1%～0.2%的情况下，聚丙烯纤维能使混凝土的抗冲击能力提高4～6倍；掺0.6kg/m³的聚丙烯纤维能使混凝土的抗冲击强度提高31%～37%。

（2）耐磨损性

在普通混凝土中掺入一定量聚丙烯纤维，能够有效地提高混凝土的抗耐磨性能。据相关试验表明，在一定范围内，混凝土内掺入聚丙烯纤维量越大，混凝土的抗磨性能越好，磨耗量越低。

（3）抗裂性

混凝土因失水收缩产生的裂缝主要是在早期发生的，在混凝土中掺入少量的聚丙烯纤维，可以在混凝土塑性阶段、变形模量较低时，有效地减小收缩和裂缝的发生，在硬化后期也可使干缩裂缝得到一定程度的抑制，从而使裂缝细化，混凝土的抗裂性有明显的提升。其原因是混凝土产生裂纹源后，聚丙烯纤维在混凝土中起到次级加强筋的作用。研究结果表明，聚丙烯纤维对混凝土中的裂缝具有细化作用，能够降低裂缝的宽度和长度。

（4）变形特性和韧性

混凝土是一种由多种成分形成的非均质脆性材料，在各组成成分的结合处很容易产生集中应力使其进一步变脆。而聚丙烯纤维的加入，使混凝土的这一弱点得到很大改善。一是提高了混凝土的极限拉伸率。有大量试验资料证明，一定掺量的聚丙烯纤维混凝土的极限拉伸率比素混凝土提高0.5～2.0倍；二是大大提高了混凝土的韧性。普通混凝土在受拉伸、弯折而破坏时，一般为脆性断裂，在混凝土发生裂缝后就基本不能再承受荷载。而聚丙烯纤维混凝土在初裂缝发生后，仍有一定的承载能力，实质上是对外荷能量吸收能力的提高以及混凝土变形性能的改善；三是抗破碎性。普通混凝土在受压破坏后，往往呈断碎状，而聚丙烯纤维混凝土在受压破坏后，仍能保持一定程度的整体性。

（5）耐久性

由于聚丙烯纤维混凝土能大大减少裂缝发生和使裂缝细化，从而使混凝土的抗渗能力得到较大提高。掺加纤维后，混凝土渗漏可减少25%～79%，抗渗等级从P10提高到P14。抗渗性能的改善必然使混凝土的抗冻融能力得到提高。聚丙烯纤维混凝土能显著减少海水等侵蚀性环境对钢筋的锈蚀作用。

（6）力学性能

① 提高抗压、抗折强度。研究结果表明，混凝土中掺加聚丙烯纤维可明显地提高混凝土的抗压、抗折等性能，其掺量在达到0.1%前强度增加较明显，在达到0.1%后随掺量的增加强度提高较慢。掺入少量低弹性模量聚丙烯纤维促进混凝土抗压、抗折强

度的增长，是纤维的补强效应，而非增强效应，主要在于聚丙烯纤维的阻裂效应，减少了裂缝产生和发展的概率，混凝土得以保持较好的完整性和连续性，从而间接地促进了强度增长。

② 弹性模量。低掺量的聚丙烯纤维对混凝土的静态弹性模量并无明显影响，但对混凝土受压或受拉的弹性模量有比较大的影响。相关数据表明，混凝土强度等级越高，聚丙烯纤维混凝土弹性模量值与设计规范规定值之间的差异越小，说明聚丙烯纤维尤其适用于在高强度等级的混凝土工程中发挥作用。聚丙烯纤维的混凝土的泊松比和膨胀系数的取值与普通混凝土的基本相同。

5. 聚丙烯纤维混凝土的配合比设计

（1）聚丙烯纤维混凝土配合比设计的原理和要求

添加聚丙烯纤维的混凝土的配合比设计，首先应符合《普通混凝土配合比设计规程》（JGJ 55—2011）的规定，聚丙烯纤维的混凝土的配合比设计，除应满足结构设计要求的抗压强度与抗折强度以及纤维分散性、施工要求的和易性外，在一些特殊条件下还应满足对抗裂性能、抗疲劳性、抗渗性、抗冻性、耐冲刷性或耐腐蚀性等项的要求。

（2）聚丙烯纤维混凝土配合比设计步骤

参考《普通混凝土配合比设计规程》（JGJ 55—2011）的规定。聚丙烯纤维的混凝土的配合比设计应采用试验—计算法，并按下述步骤进行：

① 根据强度标准值或设计值以及施工配制强度提高系数，确定试配抗压强度与抗拉强度或试配抗压强度与抗折强度。

② 根据试配抗压强度计算水灰比。

③ 根据试配抗压强度与抗折强度，或通过已有资料确定聚丙烯纤维的添加量。

④ 根据施工要求的稠度通过试验或已有资料确定单位体积用水量，如掺加外加剂时应考虑外加剂的影响。

⑤ 通过试验或有关资料确定合理砂率。

⑥ 按绝对体积法或假定质量密度法确定材料用量，确定试配配合比。

⑦ 按试配配合比进行拌和物性能试验，调整单位体积用水量和砂量，确定强度试验用基准配合比。

⑧ 根据强度试验结果调整水灰比和聚丙烯纤维添加量，确定施工配合比。

（3）聚丙烯纤维混凝土配合比设计的注意事项

① 聚丙烯纤维的添加量：纤维添加量可根据聚丙烯纤维混凝土的使用目的，通过抗拉强度或抗折强度的配制要求，按已有规范确定，或根据已有资料并通过试验确定。

② 用水量和砂率：每立方米聚丙烯纤维混凝土的用水量和砂率，是在普通混凝土用水量和砂率的基础上考虑加入纤维的影响而确定的。每立方米普通混凝土的用水量和砂率的确定，按行业标准《普通混凝土配合比设计规程》（JGJ 55—2011）执行，也可根据材料品种规格、纤维添加量，水灰比和稠度标准选用。

③ 稠度：聚丙烯纤维混凝土的稠度可按照《普通混凝土拌合物性能试验方法标准》（GB/T 50080—2016）中的有关规定参考同类工程对普通混凝土所要求的稠度确定，其

坍落度和维勃稠度可参考相应普通混凝土。在混凝土中掺入聚丙烯纤维，明显地改善了混凝土的黏聚性和保水性。掺聚丙烯纤维的混凝土一般比不掺纤维的同配比混凝土坍落度低 10% 左右。

④ 质量检验：聚丙烯纤维混凝土的质量检验，应对原材料、配合比、施工的主要环节按现行有关混凝土结构施工与验收规范的规定执行。

检验聚丙烯纤维混凝土质量，应根据工程要求分别进行抗压强度与抗拉强度或抗压强度与抗折强度试验，如有特殊要求时应做抗冻、抗渗等性能试验。聚丙烯纤维混凝土强度检验的试件制作、数量，对强度的评定方法应参照现行有关混凝土工程施工验收规范及国家标准《混凝土强度检验评定标准》（GB/T 50107—2010）的规定执行。

除以上必要的检验外，还应补充以下检验项目：在聚丙烯纤维混凝土搅拌站检验聚丙烯纤维的称量，检验频率每一工作班不少于 2 次；在施工现场取样检验拌和物的聚丙烯纤维掺量，每一班工作不少于 2 次；要求聚丙烯纤维掺量误差不超过 1%。

6. 聚丙烯纤维混凝土的应用

我国应用聚丙烯纤维混凝土的工程项目有广州新中国大厦、重庆世界贸易中心、北京大运村、武汉长江二桥、三峡工程等都使用了聚丙烯纤维混凝土，并取得了理想效果。主要应用于以下工程方面：①大面积的板式结构，如堆石坝面板、船闸底板和侧墙、护坦、消力池及其他直接浇筑在基岩面上的底板；②防渗建筑物，如水电站厂房下层、地下室墙板、水池（供水池、游泳池、污水池）等；③有抗冲磨要求的建筑物，如水电站高速水流的溢流面、重载车流的路面和桥面抗磨层等；④要求混凝土抗冻融性能高的场合；⑤喷射混凝土；⑥其他有抗渗防裂、抗冲击、抗磨损、抗冻融的场合。

大量的工程实践及试验研究表明，低掺量的聚丙烯纤维混凝土综合性能优于普通混凝土，可以满足某些特殊工程的需要，聚丙烯纤维在混凝土中以物理方式发挥作用，因此，它能够用于任何工程建设，尤其适用于刚性防水混凝土、大体积混凝土、高强混凝土等，施工方法简单，安全无害，质量性能可靠，具有明显的技术、经济效益。

3.1.4　碳纤维混凝土

1. 碳纤维混凝土的定义

碳纤维混凝土，是一种集多种功能与结构性能为一体的复合材料，简称 CFRC。主要由普通混凝土添加少量一定形状碳纤维和超细添加剂（分散剂、消泡剂、早强剂等）组成。和普通混凝土相比，它不仅具有混凝土本身的力学性能，还具备很多优良的特性。研究表明：碳纤维掺量对混凝土的劈裂抗拉强度影响显著，但是对混凝土的抗压强度影响甚小。同时，碳纤维在加固混凝土结构中具有高强高效、施工便捷、耐腐蚀、自重轻、不增加结构尺寸等明显的优点而深受工程界的重视。

碳纤维是一种将一些有机纤维在高温下碳化成石墨晶体，然后使石墨晶体通过"热张法"定向而得到的一种纤维材料。按用途不同碳纤维可分为 5 个等级：高模量纤维（模量>500GPa）；高强度纤维（强度>3GPa）；中等模量纤维（模量 100～500GPa）；低模量纤维（模量 100～200GPa）；普通用途短纤维（模量<100GPa 且强度<1GPa）。

碳纤维具有以下基本性能：

（1）密度小、质量轻，碳纤维的密度为 $1.5 \sim 2g/cm^3$，相当于钢密度的 $1/4$，铝合金密度 $1/2$；

（2）强度弹性模量高，其强度比钢大 $4 \sim 5$ 倍，弹性回复为 100%；

（3）热膨胀系数小，导热率随温度升高而下降，耐骤冷、急热，即使从几千摄氏度的高温突然降到常温也不会炸裂；

（4）耐高温和低温性好，在非氧化气氛下不熔化、不软化，在液氮温度下依旧很柔软，也不脆化；

（5）耐酸性好，对酸呈惰性，能耐浓盐酸、磷酸、硫酸等侵蚀。

碳纤维不仅有很高的抗拉强度和弹性模量，而且与大多数物质不起化学反应，因此，碳纤维增强混凝土具有高抗拉性、高抗弯性、高抗断裂性、高抗蚀性等优异性能。同时，由于其热膨胀系数小、熔点高，纤维表面具有类似石棉纤维的"纤化结构"，因此，碳纤维增强混凝土具有较好的耐热性和较小的温度形性。

2. 碳纤维对混凝土增强作用的机理

在细观上，混凝土一般被认为是由水泥浆体、骨料以及骨料与水泥浆体之间的界面区组成的三相复合非均质材料，因水泥本身水化、混凝土干缩等引起的内部孔隙与微裂纹有时也被认为是混凝土的第四复合相，如图 3.16 所示。因粗骨料和砂浆基质均可看作是各向同性均质材料，强度较高，而界面区孔隙率高，是复合材料的薄弱环节，当承受压荷载时，混凝土内部微裂纹发生扩展，同时会在骨料与砂浆界面处产生新的微裂纹。微裂纹扩展、贯通形成宏观裂缝，故试件一般沿绕开粗骨料的竖向主裂缝破坏。素混凝土的破坏属于脆性破坏，受"环箍效应"影响，试件破坏后形成正倒顶角相连的四角锥，如图 3.17 所示。

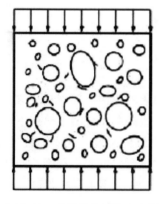

图 3.16　素混凝土承压示意图

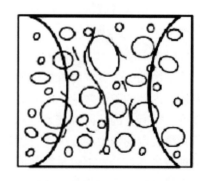

图 3.17　素混凝土受压破坏形态

碳纤维掺入混凝土后，会降低拌和物的流动性，加之碳纤维本身的憎水性性质，会引入大量纤维与砂浆、纤维与骨料间的界面，一定程度上使混凝土内部初始缺陷数量增多，如图 3.18 所示。因碳纤维的抗拉强度和弹性模量均远高于混凝土，呈乱向三维均匀分布的碳纤维在混凝土内部形成了具有较强约束作用的网状结构，能有效延缓、抑制微裂纹的扩展与贯通。裂缝产生后，开裂截面上的荷载将全部由横跨裂缝的碳纤维承担，纤维会阻止裂缝变宽变长，同时将荷载传递给未开裂混凝土，从而提高了混凝土抗压强度。随荷载的进一步增加，在试件的其他薄弱位置出现新裂纹，贯通后的裂缝好比将试件分成多个平行的竖向小柱体，进而导致试件破坏。由于碳纤维的高抗拉、高弹模性质及其与混凝土间良好的黏结，大大限制了裂缝宽度，使碳纤维混凝土受压破坏（尤其是纤维掺量较高时）呈现微缝开裂和多缝开裂特征，如图 3.19 所示。而随着掺量的提高，碳纤维在基体内的分散均匀性降低，对基体混凝土的约束作用减弱，从而使碳纤维混凝土复合材料的抗压强度有所回降，但纤维混凝土抗压强度与素混凝土相比是提高还是降低，不仅与碳纤维掺量有关，还与水灰比、基体强度等级、振捣及养护条件等有关。

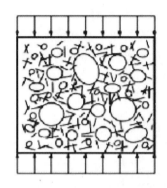 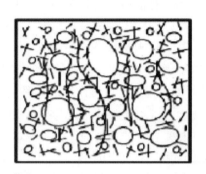

图 3.18　碳纤维混凝土承压示意图　　　图 3.19　碳纤维混凝土受压破坏形态

在劈裂抗拉过程中，混凝土和碳纤维均承受拉应力，因混凝土本身抗拉强度很低，荷载较低时即在试件中部附近产生裂缝，裂缝在扩展过程中受到纤维约束会绕过纤维或将纤维拔出，纤维强度越高、掺量越大，该过程消耗的能量越大，增强效果也越明显。当纤维掺量超过一定值时，因纤维成束分布、结团等在混凝土内部引入较大缺陷，削弱了试件承载能力，导致劈裂抗拉强度有所回降。

3. 碳纤维混凝土的性能

（1）碳纤维对混凝土耐磨性能的影响

混凝土的耐磨性能随着碳纤维含量的增加得到显著的提高。原理是在掺入碳纤维之后，由于碳纤维内部的阻裂效应，均匀分布的大量纤维限制了混凝土早期不同物质的相对运动，减少了混凝土的沉降和泌水，从而抑制了裂纹的引发，减少了裂缝源的数量，进而减少了裂缝尖端的应力强度因子，缓和了裂缝尖端受力的集中程度。同时在受力过程中抑制了裂缝的产生与发展，最终使混凝土的耐磨性能得到明显的提高。

（2）碳纤维对混凝土力学性能的影响

碳纤维能较大幅度地提高混凝土的抗折强度，尤其是对混凝土早期抗折强度的影响更为显著。在混凝土中加入适量的短切碳纤维，不仅可以提高混凝土的抗压强度和劈裂抗拉强度，还可以提高混凝土的抗弯强度、抗折强度和抗冲击性能，对比图 3.20～图 3.23，碳纤维混凝土抗压与抗劈拉的性能明显强于素混凝土，并且碳纤维可以改善新旧混凝土之间的黏结强度并提高砂浆与砖的黏结强度，因而在实际工程作业中具有很大的应用价值。

图 3.20 素混凝土抗压

图 3.21 碳纤维混凝土抗压

图 3.22 素混凝土劈拉

图 3.23 碳纤维混凝土劈拉

4. 碳纤维混凝土的配合比设计

碳纤维混凝土因具有良好的力学性能、压敏性、温敏性等被广泛应用于土木工程中。实际上，其在应用与研究中仍然存有最基本的问题，即碳纤维混凝土的配合比的设计方法。如今，行业内尚无相应的配合比设计规范或是统一的被认可的配合比设计方法。通过大量的试验研究发现，若保持其他材料不变，则随着碳纤维的增加，单方混凝土的水泥浆减少；而保持水灰比不变，增加水泥浆，则会增加单方混凝土的水泥量。若随着碳纤维掺量的增加而增大砂率或者将碳纤维计入粗骨料，虽然能够保证混凝土的和易性，但砂率过大，使碳纤维混凝土强度降低。下面介绍一种经试验推出的配合比设计方法。

（1）碳纤维混凝土配合比设计原则

大量研究表明，随着碳纤维掺量的增加，混凝土的抗压、抗拉强度先增加后降低，针对不同的力学性能，碳纤维具有相应的最优掺量。在其他组分掺量不变的情况下，掺入碳纤维将导致混凝土和易性变差。因此，为保证碳纤维混凝土强度，碳纤维掺量的最大值需要控制；为获得具有良好和易性的碳纤维混凝土，需要考虑调整用水量。

因此，碳纤维混凝土配合比设计的原则应考虑：①为了保证碳纤维混凝土的强度，除了控制碳纤维的最大掺量，还需控制水胶比，即保持水胶比不变，应随碳纤维掺量的增加而增加水泥浆；②参考矿物掺和料取代水泥的方法，将碳纤维作为细骨料计入砂率，同时保持与原基准配比中砂率相同，相应减少细骨料。此外，由于碳纤维长径比和比表面积与细骨料长径比和比表面积相比均较大，因此碳纤维等量取代细骨料后，混凝土的流动性将降低。同时，通过控制碳纤维的掺量及水胶比来保证碳纤维混凝土的强度，通过水泥浆的增加而提高的流动性可以补偿由碳纤维等量取代细骨料造成的流动性降低。

（2）碳纤维混凝土配合比设计步骤

按照碳纤维混凝土配合比设计原则对普通混凝土配合设计步骤中用水量、水泥用量及砂、石用量的计算方法进行改造，并控制碳纤维用量。碳纤维混凝土配合比设计步骤如下所示。

① 确定配制强度 $f_{cu,o}$

根据式（3-11）求得碳纤维混凝土的配制强度 $f_{cu,o}$ 为

$$f_{cu,o} \geqslant f_{cu,k} + 1.645Q \tag{3-11}$$

式中　$f_{cu,k}$——碳纤维混凝土强度标准值（MPa）；

　　　Q——碳纤维混凝土强度标准差（MPa），可参考《普通混凝土配合比设计规程》（JGJ 55—2011）中的数据取值。

② 确定水胶比（W/C）

按照普通混凝土强度试验公式计算碳纤维混凝土水胶比，计算式为

$$\frac{W}{C} = \frac{\alpha_a f_b}{f_{cu,0} + \alpha_a \alpha_b f_b} \tag{3-12}$$

式中　f_b——胶凝材料 28d 胶砂强度实测值，MPa，若无实测值时，可参考《普通混凝土配合比设计规程》（JGJ 55—2011）中的方法确定；

　　α_a、α_b——回归系数，其取值参考《普通混凝土配合比设计规程》（JGJ 55—2011）中的数据取值。

③ 确定碳纤维体积掺量

碳纤维掺量以碳纤维体积率 f_v 表示，其表达式为

$$f_v = \frac{V_c}{V} \tag{3-13}$$

式中　V_c——碳纤维体积（m³）；

　　　V——碳纤维混凝土体积（m³）。

碳纤维体积掺量可以根据试验确定，也可以参照国内外已有试验数据确定。总体来看，国内外碳纤维混凝土抗压强度试验结果，其中大部分学者认为混凝土抗压强度随碳纤维掺量的增加先增大后减小。混凝土中碳纤维的掺量只要不是过多，碳纤维掺量对混凝土强度的影响即可控制在一定范围内，即控制其最大掺量，其强度即可得到保证。

④ 确定 1m³ 混凝土的用水量 m_{w0}（kg/m³）

当碳纤维混凝土水胶比为 0.4～0.8 时，可参考《普通混凝土配合比设计规程》（JGJ 55—2011）中表 5.2.1-1 和表 5.2.1-2 选取基准用水量 $m_{w0,1}$；水胶比<0.4 时，可通过试验确定。

对碳纤维混凝土经过多次试配，确定附加用水量 $m_{w0,c}$ 的确定原则。按碳纤维每增加 0.1%，以加入水泥浆的方式相应增加用水量 2kg。

附加用水量 $m_{w0,c}$ 的计算式为

$$m_{w0,c} = 2000V_c \tag{3-14}$$

则 $1m^3$ 混凝土的用水量 m_{w0} 按式（3-15）计算，即

$$m_{w0} = m_{w0,1} + m_{w0,c} \tag{3-15}$$

⑤ 确定 $1m^3$ 混凝土中胶凝材料总用量 m_{bo}、矿物掺和料用量 m_{fo} 和水泥用量 m_{co}：

$1m^3$ 混凝土的胶凝材料总用量 m_{bo} 按式（3-16）计算，即

$$m_{bo} = \frac{m_{wo}}{W/C} \tag{3-16}$$

$1m^3$ 混凝土的胶凝材料总用量中，矿物掺和料用量 m_{fo} 应按式（3-17）计算，即

$$m_{fo} = m_{bo} b_f \tag{3-17}$$

式中 b_f——为矿物掺和料掺量，可参考《普通混凝土配合比设计规程》（JGJ 55—2011）确定。

$1m^3$ 混凝土的胶凝材料总用量中，水泥用量 m_{co} 应按式（3-18）计算，即

$$m_{co} = m_{bo} - m_{fo} \tag{3-18}$$

⑥ 确定砂率 b_s

使碳纤维混凝土具有良好和易性的合理砂率，可根据粗骨料的种类、最大粒径及已确定的水胶比，根据《普通混凝土配合比设计规程》（JGJ 55—2011）选定。

⑦ 计算 $1m^3$ 碳纤维混凝土中的砂、石用量按式（3-19）、式（3-20）计算，即

$$\frac{m_{fo}}{\rho_f} + \frac{m_{co}}{\rho_c} + \frac{m_{go}}{\rho_g} + \frac{m_{so}}{\rho_s} + \frac{m_{wo}}{\rho_w} + V_c + 0.01a = 1 \tag{3-19}$$

$$b_s = \frac{m_{so} + V_c \times \rho_{oc}}{m_{go} + m_{so} + V_c \times \rho_{oc}} \times 100\% \tag{3-20}$$

式中 m_{go}——$1m^3$ 混凝土的粗骨料用量（kg/m^3）；

m_{so}——$1m^3$ 混凝土的细骨料用量（kg/m^3）；

ρ_f——矿物掺和料密度（kg/m^3）；

ρ_c——水泥表观密度（kg/m^3）；

ρ_g——粗骨料表观密度（kg/m^3）；

ρ_s——细骨料表观密度（kg/m^3）；

ρ_w——水的密度（kg/m^3），可取 $1000kg/m^3$；

b_s——砂率（%）；

a——混凝土的含气量（%），在不使用引气型外加剂时，a 可取为 1。

通过以上步骤计算得到的 $1m^3$ 碳纤维混凝土中各材料的用量，即为计算配合比。因为此配合比是利用试验公式或试验资料获得，因而按此配制的碳纤维混凝土有可能不符合实际的要求，所以需要对配合比进行试配、调整与确定。碳纤维混凝土试配、调整与确定的方法步骤与普通混凝土一致。

5. 碳纤维混凝土的施工与应用

碳纤维混凝土常用的施工方法有直接喷涂法和喷射抽吸法。主要应用于一些要求高强度、高韧性、收缩变形小、有一定耐热性的混凝土板材、管材及截面尺寸不大的构件。碳纤维混凝土具有下列用途：

近年来，在智能材料结构系统的研究开发中，碳纤维混凝土以其良好的导电特性而成为热点之一。利用碳纤维混凝土的机敏特性，可有效监测拉、弯、压等工况及静动态

荷载下材料内部的状况，实现桥梁、大坝建筑等土木工程的实时在线健康监测和损伤评估。当结构应力接近损伤或破坏时，可自动预警，并可调节控制自身温度及其应力和变形，确保重要工程的安全。

利用碳纤维混凝土的导电性可对其中的钢筋实行阴极保护，避免钢筋锈蚀，还可防止静电积累。疲劳试验发现，无论在拉伸或压缩状态下，碳纤维混凝土的体积电导率随疲劳次数发生不可逆的降低，依此可对混凝土的疲劳损伤进行监测。

3.1.5 其他纤维混凝土

随着科学技术的快速发展，除了钢纤维混凝土、聚丙烯纤维混凝土和碳纤维混凝土被广泛应用外，其他的特种混凝土也逐渐在工程中被加以推广使用。

1. 玻璃纤维混凝土

玻璃纤维混凝土是一种以耐碱玻璃纤维为增强材料、水泥砂浆为基体材料的纤维混凝土复合材料，由于玻璃纤维的直径仅为 $5\sim20\mu m$，几乎与水泥颗粒接近，所以在拌和玻璃纤维时所用的结合材料为水泥浆，有需要时还会掺入细砂，但几乎不使用粒径较大的粗骨料。

玻璃纤维比有机纤维耐温高，不燃，抗腐，隔热、隔声性好，抗拉强度高，电绝缘性好。但性脆，耐磨性较差。作为补强材玻璃纤维具有以下特点：拉伸强度高，但伸长量小，仅能到达总长度的 3% 左右；弹性系数大，刚性较好；弹性限度内伸长量大且拉伸强度高，故可以吸收较大的冲击能量；玻璃纤维为无机纤维，具有不燃性、耐腐蚀性能好；吸水性小；在高温等条件下不易变形。故玻璃纤维的特性有提高基体的抗拉强度，阻止基体中原有微裂缝的扩展并延缓新裂缝的产生，提高基体的变形性能从而改善基体的韧性和抗冲击性能。

基于玻璃纤维的优良性能，玻璃纤维混凝土也具有一系列优良的使用性能：轻质，玻璃纤维混凝土材料容重 $1.8\sim2.0g/m^3$，比钢筋混凝土轻 20% 左右，由于可将玻璃纤维混凝土制成薄壁空体制品，因此远低于实体制品的质量且强度高。加入玻璃纤维后，水泥砂浆的抗弯强度从 $2\sim7MPa$ 提高到 $6\sim30MPa$，若将制品断面做成空体曲面，则其惯性矩增大，抗弯强度提高，抗冲击韧性好，由于大量玻璃纤维混合在混凝土基体中，因此能够吸收冲击作用的能量，提高抗冲击性能。检测结果表明，加入玻璃纤维后抗冲击强度由 $1\sim2MPa$ 提高到 $5\sim15MPa$；抗渗、抗裂性能好，因玻璃纤维大量细密均匀地分布在混凝土基体的各个部位，形成了网状增强体系，可以延缓裂缝的出现和发展，减轻应力集中现象，提高了抗渗与抗裂的性能；玻璃纤维混凝土耐水、耐火，并且有良好的可加工和可模塑性。

2. 植物纤维混凝土

随着科学技术和人们生活水平的不断提高，人们对于建材的要求也提出了轻质高强、节能环保、循环利用和低碳等要求，而新出现的植物纤维混凝土正是满足这些要求的新型建材代表之一。植物纤维混凝土一般由稻草、小麦秸秆、玉米秸秆、棕榈纤维、剑麻纤维和甘蔗叶纤维等粉碎或加工成一定长度后加入到混凝土中，并加入适量粉煤灰作为掺和料、$CaCl_2$ 等作为促凝剂，混合搅拌而成。植物纤维混凝土由于其轻质、保温、环保、韧性强和取材方便等优点，成为了目前国内外纤维混凝土领域和保温墙体材料领域研究的热点之一

尽管植物纤维混凝土具有环保、韧性高、保温和原料来源广泛等很多的优点，但由于植物纤维本身的耐久性较差的原因，使得植物纤维混凝土依然存在很多的问题：①加工成型困难。植物纤维由于其生理结构特征，存在很多枝叶和杂质，且加工处理前必须将其晒干后将多余的枝叶和杂质去除掉。而目前还没有对应各种植物纤维的加工机械，因而采用其他方法加工起来成本较高，且质量也难以保证，制造对应的加工机械是扩大植物纤维混凝土生产应用亟待解决的问题；②耐腐蚀性差。普通水泥混凝土均为碱性，对植物的腐蚀性较强，长时间侵蚀后会使得植物纤维力学性能大幅度下降。目前的处理方法仅局限于采用酸液预泡处理、加粉煤灰和采用低碱度水泥等手段；③吸水性问题。由于植物纤维均具有湿胀干缩和吸水的特性，这样就造成了植物纤维与混凝土黏结破坏的缺陷，以及纤维吸水导致混凝土用水量增加与和易性下降的问题。应开发出能对植物纤维表面改性处理的工艺方法来加以改进。

目前植物纤维混凝土的研究取得了很多的进展，同时也存在不少的问题。植物纤维混凝土正逐步在工程上得到应用，随研究理论、制作方法和施工工艺的不断深入，相信植物纤维混凝土必然会有广阔的前景。

3. 聚合物纤维增强混凝土

目前，用于增强混凝土的聚合物纤维除聚丙烯纤维外，还有尼龙纤维、聚氨酯纤维（贝纶纤维）、芳纶纤维（Kevlar 纤维）等。

尼龙纤维是最早用于纤维增强混凝土的聚合物纤维之一，但因价格较贵，因此使用量不大。在砂浆中使用体积率 5.5% 的尼龙纤维，测得其抗冲击强度大大增加。用板材进行了抗爆载荷试验，证实了其能量的吸收特性。但尼龙纤维耐热性较差，当温度达到 130℃时就会发生明显变形。

尼龙纤维增强混凝土具有很强的抗冲击能力和很高的抗折强度，但用于混凝土增强的尼龙纤维长度不宜过短，一般长度应大于或等于 5mm。尼龙纤维具有很强耐蚀能力，可以用包括硅酸盐系列水泥在内的所有水泥作胶结料。但水泥的强度等级应大于或等于 42.5MPa。

聚氨酯纤维和芳纶纤维是聚合物纤维中抗拉强度和弹性模量都较高的纤维，而且韧性还高于玻璃纤维和碳纤维。这两种纤维本身都是由直径 $10\sim15\mu m$ 的原丝组成的纤维束，与尼龙纤维相比，它们具有更好的耐温性（可以达 200℃），而其耐碱蚀能力则比尼龙纤维差，但高于玻璃纤维和碳纤维。这两种纤维的长径比以及在混凝土中的掺量（体积率 V_f）对混凝土的性能（特别是强度）有很大的影响。例如当 V_f 由 0% 增加到 4%，L_f 由 5mm 增加到 25mm 时，芳纶纤维增强混凝土的抗弯强度可提高近 2 倍。另外，如果对纤维表面进行适当的处理（如环氧树脂浸渍），以改善纤维与水泥硬化浆体界面的黏结，可以进一步提高它们的增强效应，同时还可以改善纤维的耐蚀能力。试验数据表明，未经处理的芳纶纤维在 pH 值为 12.5 的碱溶液中浸泡 2 年后，剩余强度仅达 6%，而经环氧树脂处理后，在同样的碱溶液中浸泡 2 年后，剩余强度仍可在 85% 以上。

3.2　自密实混凝土

3.2.1　自密实混凝土的定义与特征

1. 自密实混凝土的定义

自密实混凝土（Self-compacting concrete，简称 SCC）是指在自身重力作用下，能够流动、密实，能够保持不离析和均匀性，不需要外加振动完全依靠重力作用充满模板每一个角落、达到充分密实，即使存在致密钢筋也能完全填充模板，同时获得很好均质性，并且不需要附加振动的混凝土。

自密实混凝土是于 1988 年由东京大学的冈村教授、前川教授以及小泯教授首次提出并冠以自密实混凝土的名称，其设想是从水下不分离混凝土中得到的启示；1988 年夏天在东京大学土木系混凝土研究室成功配制出第 1 个免振自密实混凝土，这种混凝土在日本得到极其迅速的发展，到 20 世纪 90 年代中期，日本已生产自密实免振捣混凝土 80 万 m^3。

鉴于自密实混凝土与普通混凝土相比具有填充性好、能加快施工速度、节约劳动力以及大量利用粉煤灰、矿渣等优点，我国也于 20 世纪 90 年代初期开始研究和使用自密实混凝土。1987 年，清华大学冯乃谦教授初次提出了流态混凝土的观念，这是自密实混凝土概念在我国的首次出现。而自密实混凝土在我国的首次实际研发是在 1993 年，一种高流动性的混凝土由北京城建集团下属机构成功实现拌和。以此为基础，自密实混凝土的研究在我国开展起来，并于 1996 年成功申请国家专利，迅速地投入中建一局、中国中铁等建筑单位的工程实践应用中。2004 年，中国土木工程协会编写了我国第一本自密实混凝土的规范准则，至此，我国在自密实混凝土的研究与应用上有了一定的进展。2005 年，我国第 1 次自密实混凝土技术方面的国际研讨会成功召开，中南大学、同济大学等多家单位共同参与，体现了我国对自密实混凝土研究的重视程度。

2. 自密实混凝土的特征

与传统混凝土相比，自密实混凝土具有以下特点：

（1）自密实混凝土具有卓越的流动性和自填充性能，能够通过钢筋密集、结构截面比较复杂的工程部位，填充密实，且不离析、不泌水，确保较高的均质度，从而保证其工程质量，提高了混凝土结构的耐久性，解决了不易或无法实施振捣构件作业的浇筑问题。

（2）与使用机械振捣密实的混凝土相比，自密实混凝土免去振捣工序，依靠自重成型密实，降低了施工噪声，改善了施工环境和现场周边环境，有利于环保。

（3）使用自密实混凝土能提高浇筑速度，大大简化了混凝土结构的施工工艺，提高施工效率和施工质量，缩短施工工期。

（4）节约施工成本和节省劳动力，且混凝土强度等级越高，与普通混凝土相比，生产成本较低。

然而，自密实混凝土的原材料、组成与配合比设计、质量控制、性能试验方法等也具有新的特点和要求。在保证自密实混凝土高流动性的同时，也要保证混凝土不泌水、不离析的技术要求等。

3.2.2 自密实混凝土工作性评价方法

1. 自密实混凝土工作性能测试方法

我国现行标准《自密实混凝土设计与施工指南》（CCES 02）和《自密实混凝土应用技术规程》（JGJ/T 283）对自密实混凝土性能的检测方法主要有坍落扩展试验、倒置坍落度筒试验、J 环试验、L 型仪试验、U 型仪试验、V 型漏斗试验和拌和物稳定性跳桌试验等。

（1）坍落扩展度试验

坍落扩展度试验是将混凝土拌和物按要求装满坍落度筒（上直径 100mm，下直径 200mm，高度 300mm，理论容积为 5.5L），观察提起坍落度筒后混凝土在平板上流动情况。通常以坍落扩展度（SF）、扩展时间（T50）及视觉稳定性指数（VSI）表示混凝土的填充性和抗离析性能。3 个指标的表示方法如下：

① 坍落扩展度：SF 为坍落扩展面最大直径和与最大直径呈垂直方向直径的平均值，测量方式如图 3.24 所示，SF 能直观反映拌和物的流动性、填充性，是表征自密实混凝土工作性能的基本指标之一。通常以拌和物停止流动时的坍落扩展度作为测试值，但也可以扩展 50s 时的坍落扩展度作为测试值。但是不同规范对坍落扩展度大小等级的划分有所差异，但总体而言，为保证自密实混凝土的性能要求，坍落扩展度一般不宜小于 550mm，否则需采取辅助振捣措施以保证成型质量；对于结构形状复杂、表光洁度要求高、长度大、壁厚薄或难振捣的构件，坍落扩展度应大于 650mm；坍落扩展度大于 750mm 时，在泵送和浇筑中易发生材料分离现象，因此，坍落扩展度一般控制在 550～750mm 之间。

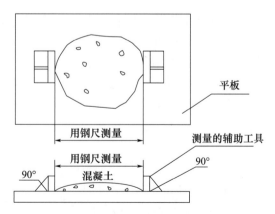

图 3.24　坍落扩展度测量示意图

② 扩展时间：T50（或 T500）是指自提起坍落度筒至扩展面直径达到 500mm 的时间，T50 随自密实混凝土黏度的增加呈现递增趋势，黏度越大，拌和物的流动性和填充

性能下降，但稳定性、抗离析性能提高，T50 一般宜控制在 2~6s，最大不宜超过 20s。坍落扩展度试验中的 T50、L 型箱的 T60 等基于时间的测试方法，通常采用人眼判断，测试结果受人为因素的影响大，存在不确定性。建议录制试验过程，以便后期通过重复读数或图像分析对试验结果进行校核。

③ 视觉稳定性指数 VSI：结合坍落扩展度试验进行，通过观察坍落扩展面拌和物泌水情况和骨料分布状态，常用于混凝土静态稳定性的评价，分析视觉稳定性指数或拌和物离析程度，可初步定性判断其抗离析性能，具体评价指标见表 3.9。

表 3.9　视觉稳定性指数取值与评价

VSI 分级	描述
0（稳定性好）	无明显离析或泌水
1（稳定性一般）	无明显离析，轻微泌水（如拌和物表面出现光泽）
2（稳定性差）	出现轻微的砂浆光环（≤10mm）和骨料堆积现象
3（稳定性极差）	出现明显离析，砂浆光环大于 10mm，骨料堆积较多

（2）倒坍落度筒试验

这种方法的测试原理是根据混凝土从倒置的坍落度筒中流空的时间和落下后的坍落度、扩展度及中边差（中间与边部的高度差）来判断自密实混凝土的工作性。流动时间主要反映拌和物的塑性黏度 η，同时也部分反映了屈服值 τ_0 的大小。扩展度则量化了混凝土在自重作用下克服屈服应力、黏度和摩擦后的流动状态；扩散越接近圆形表明混凝土的成分越匀质，变形能力良好，直径大则表明间隙通过能力强。中边差反映了石子在砂浆中的悬浮流动能力和抗离析性，其值越小表明抗离析性能越好。该方法简便实用，可重复性好。

（3）J 形环试验

J 形环试验是在坍落扩展度试验的基础上衍生出的试验方法，J 形环如图 3.25 所示。其检测方法是：将圆钢筋焊接为一个直径 300mm 的圆环，在圆环上垂直焊接若干根 $\phi10mm×100mm$ 的圆钢。圆钢的间距为（48±2）mm 或粗骨料最大粒径的 3 倍，测试时，将 J 形环套在坍落筒外，用测试坍落扩展度的方法，让自密实混凝土拌和物通过 J 形环流出。然后测量环内外高差及加 J 形环坍落扩展度的差别。一般坍落扩展度差值不宜大于 50mm，障碍高差不宜大于 40mm。

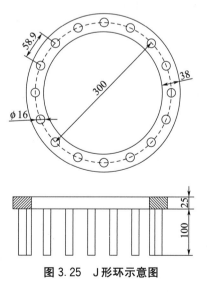

图 3.25　J 形环示意图

应注意的是，不同规范中 J 形环上布置钢筋的直径和数量有所区别。第 1 类是《普通混凝土拌合物性能试验方法标准》（GB/T 50080—2016），其规定在 J 形环上均匀布置 16 根 $\phi16mm$ 的钢筋，相邻钢筋之间间隙净宽为 42.5mm，适用于骨料粒径不大于 20mm 的混凝土拌和物。第 2 类是《水工自密实混凝土技术规程》（DL/T 5720—2015），其中规定 J 形环有 2 种：Ⅰ 形 J 环（16

根 ϕ18mm 钢筋，间隙净宽 40.5mm）、Ⅱ 形 J 环（8 根 ϕ18mm 钢筋，间隙净宽为 96.8mm），分别适用于骨料粒径不大于 20mm、40mm 的混凝土。

（4）L 形仪试验

L 形仪由竖直段水平段及连接处的闸板和钢筋栅组成，见图 3.26。在 L 形箱竖直段装满混凝土（约 12.90L），静置 1min 后提起闸板，混凝土在自重作用下通过钢筋栅流向水平段，水平段与竖直段端头处混凝土高度的比值为通过能力比，比值越接近 1，则混凝土流动性、间隙通过能力越好、对于自密实混凝土，通常要求通过能力比不小于 0.8。其间隙通过能力取决于钢筋栅的类型，钢筋栅由 3 根或 2 根 ϕ12mm 光圆钢筋组成，对应间隙净距分别为 41mm×4 或 59mm×3。水平段

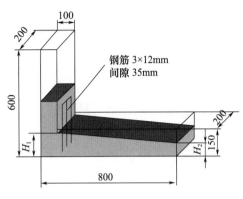

图 3.26 L 形测试仪

端头填充高度（最大高度约 92mm）和从提起活动门到混凝土流动至水平段端头（流动距离约 60cm）的时间 T60，也可以反映混凝土的填充性和抗离析性能。该方法操作较简单，适用于实验室配合比设计和现场施工质量控制。

（5）U 形仪试验

U 形箱填充试验是最早的自密实混凝土评价方法之一，能评价自密实混凝土的间隙通过性能、填充性能，U 形箱按箱体形状可分为 U 形试验仪 ［图 3.27（a）］ 和箱形试验仪 ［图 3.27（b）］ 两种，箱体高为 680mm，宽为 200mm，长为 280mm，箱体中间采用隔板隔开分成 A、B 两室，底部留 190mm 高的连通区域，并设置钢筋制成的格栅型障碍和间隔门。将 A 室装满混凝土，静置 1min 后，打开间隔门，混凝土在自重下穿过钢筋格栅障碍流向 B 室。通常以填充高度（B 室中混凝土的高度）和填充高度差（A、B 室混凝土的高度差）表征其填充性能。对于自密实混凝土，填充高度一般不宜小于 320mm，填充高度差一般不宜大于 30mm；间隙通过性能等级根据格栅障碍的类型进行划分。

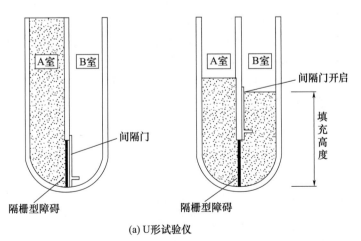

(a) U 形试验仪

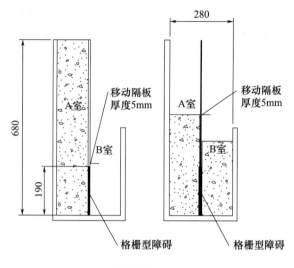

(b) 箱形试验仪

图 3.27　U 形箱

（6）V 形漏斗试验

V 形漏斗表征的是自密实混凝土的抗离析性和流动性，V 形漏斗测试仪如图 3.28 所示。取 10L 自密实混凝土拌和物装满 V 形漏斗，将表面抹平。打开底盖，测试从开盖到混凝土拌和物全部流出的时间（s）并记录，该时间能反映自密实混凝土的抗离析性、填充性（黏度、流动性），以 4~25s 为宜。国内外相关规范中的 V 形漏斗形状类似，倾斜面坡度均为 2∶1，但漏斗容积和出料口的截面尺寸有所差异。

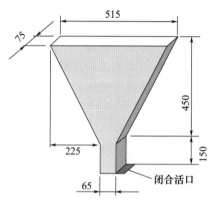

图 3.28　V 形漏斗测试仪

（7）拌和物稳定性跳桌试验

在《自密实混凝土设计与施工指南》（CCES 02—2004）中，要求采用跳桌试验对自密实混凝土的抗离析性进行测试。将自密实混凝土拌和物用装入 3 节拼装的稳定性检测筒内（内径 115mm、外径 135mm、高 300mm），刮去多余拌和物并抹平。将稳定性检测筒放置在每秒可跳动一次的跳桌上，共跳 25 次。分节拆除稳定性检测筒，用清水冲洗拌和物，筛除浆体和细骨料，将并过 4.75mm 的筛，剩余的粗骨料用海绵拭干后表面的水分，用天平称其质量，计算粗骨料振动离析率。根据式（3-21）计算粗骨料振动离析率，要求抗离析率 $f_m \leqslant 10\%$。

$$f_m = \frac{m_3 - m_1}{\overline{m}} \qquad (3-21)$$

式中　f_m——粗骨料振动离析率（%）；

　　$\overline{m}$——三段混凝土拌和物中湿骨料质量的平均值（g）；

　　m_1——上段混凝土拌和物中湿骨料的质量（g）；

　　m_3——下段混凝土拌和物中湿骨料的质量（g）。

（8）筛析法

筛析法的检测方法为：将体积为（10±0.5）L混凝土放入样品容器中，并盖上盖子。静置（15±0.5）min。将筛盘放在天平上并记录其质量 m_p。然后将直径为5mm的圆孔筛放在天平上并再次记录质量。静置结束后，从样品容器上取下盖子，观察并记录混凝土表面是否渗水。将筛子和筛盘仍放在天平上，并将样品容器的顶部混凝土（包括任何渗水）在筛子上方（500±50）mm倒入筛子的中心。在筛子上记录混凝土的实际质量 m_c。让混凝土在筛子中静置（120±5）s，然后移除筛子，记录筛盘及筛盘上砂浆的质量 m_{ps}，根据式（3-22）计算离析率，得

$$S_R = \frac{m_{ps} - m_p}{m_c} \times 100\% \tag{3-22}$$

式中　S_R——离析率（%）；

　　m_{ps}——筛盘及筛盘上砂浆的质量（g）；

　　m_p——筛盘质量（g）；

　　m_c——筛上混凝土的实际质量（g）。

（9）自密实混凝土静态离析柱试验

静态离析柱试验用的圆柱筒由内径为200mm、高度分别为165mm、330mm、165mm的上、中、下3个圆环重叠组成，其理论容积为20.7L。试验时，将混凝土拌和物在2min内不分层一次装满圆柱筒。静置（15±1）min后，先后收集上、下环中的混凝土，放置在4.75mm筛上用清水冲洗除去混凝土中的浆体和细骨料，下部、上部圆环内对应粗骨料的饱和面干质量的差值与其平均值的比例即为静态离析率，一般要求不大于10%。

除上述检测方法外，对于自密实混凝土的工作性能还有其他多种测试方法，例如J形流动仪试验、空心筒贯入试验等。

2. 自密实混凝土工作性评价标准

（1）我国评定自密实混凝土工作性能的标准与测试方法见表3.10：

表3.10　我国不同标准自密实混凝土测试方法

标准	测试方法
《自密实混凝土应用技术规程》（JGJ/T 283—2012）	坍落扩展度、T500、J形环、离析率筛析试验、拌和物跳桌试验
《自密实混凝土应用技术规程》（CECS 203—2006）	坍落扩展度、T50、V形漏斗、U形仪、全量检测
《水工自密实混凝土技术规程》（DL/T5 720—2015）	坍落扩展度、T500、J形环障碍高度差、离析率筛析试验
《自密实混凝土设计与施工指南》（CCE S02—2004）	坍落扩展度、T500、L形仪、U形仪、拌和物跳桌试验

从表3.10中可见，自密实混凝土的流动性（填充性）的评价均是通过坍落扩展度和T500进行评价，而间隙通过性和抗离析性检测方法各有差异。行业标准、标准化协会标准、电力行标、土木工程协会标准中自密实混凝土的工作性能指标要求分别见表3.11~表3.15所示。

表 3.11　《自密实混凝土应用技术规程》（JGJ/T 283—2012）工作性能指标要求

自密实性能	性能指标	性能等级	技术要求
填充性	坍落扩展度（mm）	SF1	550～655
		SF2	660～755
		SF3	760～850
	扩展时间 T500（s）	VS1	≥2
		VS2	<2
间隙通过性	坍落扩展度与 J 形环扩展度差值（mm）	PA1	25<PAI≤50
		PA2	25<PAI≤50
抗离析性	筛析法离析率（%）	SR1	≤20
		SR2	≤15
	粗骨料振动离析率（%）	f_m	≤10

注：当抗离析性试验结果有争议时，以抗析率筛析法试验结果为准。

表 3.12　《自密实混凝土应用技术规程》（CECS 203—2006）混凝土自密实混凝土性能指标

性能等级	一级	二级	三级
U 形箱试验填充高度（mm）	320 以上（隔离型障碍 1 型）	320 以上（隔离型障碍 2 型）	320 以上（无障碍）
坍落扩展度（mm）	700±50	650±50	600±50
T50（s）	5～20	3～20	3～20
V 漏斗通过时间（s）	10～25	7～25	4～25

注：对于一般的钢筋混凝土结构物及构件可采用自密实性能等级二级。一级适用于钢筋的最小净间距为 35～60mm，结构形状复杂、构件断面尺寸小的钢筋混凝土结构物及构件的浇筑；二级适用于钢筋的最小净间距为 60～200mm 的钢筋混凝土结构物及构件的浇筑；三级适用于钢筋的最小净间距 200mm，断面尺寸大、配筋量少的钢筋混凝土结构物及构件的浇筑，以及无筋结构物的浇筑。

表 3.13　《水工自密实混凝土技术规程》（DL/T 5720—2015）工作性能指标要求

自密实性能	性能指标	性能等级	技术要求
填充性	坍落扩展度（mm）	SF1	550～655
		SF2	660～755
		SF3	760～850
	扩展时间 T500（s）	VS1	2～6
		VS2	0～2
间隙通过性	障碍高差 B1	BS1	20～40
		BS2	0～20
抗离析性	筛析法离析率（%）	SR1	≤20

表 3.14　《自密实混凝土设计与施工指南》（CCES 02—2004）准拌和物工作性能指标要求

序号	检测方法		指标要求
1	坍落扩展度 SF（mm）	Ⅰ级	650～750
		Ⅱ级	550～650

续表

序号	检测方法		指标要求	
2	T500 流动时间（s）		2～5	
3	L 形仪（H_2/H_1）	Ⅰ级	钢筋净距 40mm	$H_2/H_1 \geqslant 0.8$
		Ⅱ级	钢筋净距 60mm	
4	U 形仪（Δh）	Ⅰ级	钢筋净距 40mm	$\Delta h \leqslant 30mm$
		Ⅱ级	钢筋净距 60mm	
5	拌和物稳定性跳桌试验 f_m		$f_m \leqslant 10\%$	

表 3.15　自密实混凝土标准工作性能指标要求

自密实性能	性能指标	性能等级	行业标准 JGJ/T 283	标准化协会 CECS 203	电力行业 DL/T 5720	土木工程协会 CCES 02
填充性	坍落扩展度（mm）	SF1	550～655	550～650	550～650	550～650
		SF2	660～755	600～700	660～750	650～750
		SF3	760～850	650～750	760～850	—
	T500（s）	一级	≥2	5～20	2～6	
		二级	<2	3～20	0～2	2～5
		三级	—	3～20	—	
黏聚性	V 漏斗时间（s）	一级	—	10～25	—	—
		二级	—	7～25	—	—
		三级	—	4～25	—	—
间隙通过性	L 形仪 H2/H1	PA1	—	—	—	H2/H1≥0.8，钢筋净距 40mm
		PA2	—	—	—	H2/H1≥0.8，钢筋净距 60mm
	J 形环障碍高差 B1（mm）	—	—	—	—	—
		BS1	25～50	—	20～40	—
		BS2	0～25	—	0～20	—
	U 形仪填充高度（mm）	Ⅰ级	—	≥320（隔离型障碍 1 型）	—	$\Delta h \leqslant 30$，钢筋净距 40mm
		Ⅱ级	—	≥320（隔离型障碍 2 型）	—	$\Delta h \leqslant 30$，钢筋净距 60mm
		Ⅲ级	—	≥320（无障碍）	—	
抗离析性	筛析法离析率（%）	SR1	≤15	—	≤20	—
		SR2	≤10	—	≤15	—
	振动离析率（%）	—	≤10	—	—	≤10

（2）采用单一的方法往往难以全面准确地描述自密实混凝土的填充性、间隙通过性和抗离析性，必须组合 2 种或 2 种以上的试验方法才能较准确的判断其工作性能的好坏。

（3）部分检验方法由于试验操作复杂、测试结果准确性可靠性差、原材料用量大、检测指标功能单一或原理与其他方法类似等原因，在实际中应用较少。试验操作较简便、评价指标体系完善的坍落扩展度、L形箱、U形箱、V形漏斗、J形环试验等试验方法仍将是自密实混凝土拌和物工作性检测的首选方法。

（4）不同标准规范对自密实混凝土工作性能试验方法的规定可能存在细节上的差异，而这些仪器设备和试验步骤上的差异可能影响试验结果的准确性和对比性。试验前应确保试验仪器设备与试验方法一致，并严格按规范要求进行操作。

3.2.3　自密实混凝土性能要求

1. 自密实混凝土 3 个必要的性能要求

新拌混凝土可以描述为一粒子悬浮体，其连续介质是水泥浆体，也就是液相。在所有的粒子悬浮体中，流动性与粒子离析间的平衡是必须的。新拌的免振自密实混凝土作为粒子悬浮体，必须具有良好的稳定性和流动性才能充分填实混凝土模板中的空隙，并在不需要任何外部能量的作用下达到密实固化。为达到在浇筑钢筋混凝土结构时所需的工作行为，免振自密实混凝土必须具备以下 3 个特性：

（1）高流动性。流动性是表征自密实混凝土工作性能的重要性能指标之一，它指分散体系中克服内阻力而产生变形的性能。屈服应力是阻碍浆体进行塑性流动的最大剪切应力，在新拌混凝土的分散体系中，剪切应力主要由以下几个方面组成：粗骨料与砂浆相对流动产生的剪应力；粗骨料由于自身重力作用而产生的剪应力以及粗骨料间相对移动所产生的剪应力等。混凝土屈服应力既是混凝土开始流动的前提，又是混凝土不离析的重要条件。黏度系数是指分散体系进行塑性流动时应力与剪切速率的比值，它反映了流体与平流层之间产生的与流动方向相反的黏滞阻力的大小，其大小支配了拌和物的流动能力。因此，剪应力支配了拌和物流动性的大小，而剪应力的大小取决于分散体系中固、液相比率，即水灰比的大小。同时，活性掺和料的掺入可以减小浆体的剪切应力，增大流动性。掺加细度小、级配好的粉煤灰或矿渣是配制自密实混凝土的重要措施之一。

（2）稳定性。自密实混凝土拌和物需要高的流动性而不离析。在自密实混凝土配合比设计中，如何调整用水量与超塑化剂用量，使流动性和抗分散性达到平衡是关键。一般自密实混凝土的配制应结合工程实际所需的性能，确定混凝土流动性和抗分散性之间的平衡关系，以选择合适的水灰比与超塑化剂掺量。

（3）通过钢筋和模板中的任何间隙时不产生阻塞。当混凝土拌和物流动通过钢筋间隙时，粗骨料的相互作用引起其相对位置的改变，正是这种相对位移不仅引起浆体中粗骨料之间的压应力，而且引起剪应力，剪应力的增大使混凝土拌和物流发生塞流，无法通过钢筋间隙。因此，自密实混凝土配合比设计中，粗骨料的体积含量是控制新拌混凝土可塑性的一个重要因素。试验表明，在一定截面发生堵塞主要是由于骨料间的相互接触引起，当粗骨料超过一定含量时，无论浆体是否有适宜黏度，均会发生堵塞。

2. 提高自密实混凝土性能的措施

要使混凝土拌和物自流平、自填充密实，拌和物中砂浆不仅要有适宜的黏度携带粗骨料一起运动，同时必须有足够的流动性自行填充于粗骨料的空隙之间。在自密实混凝土配制中，适当的增大砂率，可以减少颗粒之间的接触、抑制堵塞，同时增加拌和物的自密实性能。

（1）为了获得高流动性，需要减小颗粒的摩擦阻力，可以掺入超塑化剂以减小颗粒的表面张力，并且需掺入超细物料和矿物成分。

（2）为了使自密实混凝土具有稳定性，其液相必须具有适当的流变性，即不产生泌水又防止颗粒的离析，需掺入适量的颗粒尺寸小于 0.25mm 的细填料，有时还需掺入黏度改性剂（增黏剂）。

（3）为了使自密实混凝土能流畅地通过钢筋和模板中的任何间隙而不产生阻塞，需根据结构的设计选定合适的骨料粒径和形状。同时，液相的体积含量和流变性质也是重要的参数，其流变性质按照流变学的 Bingham 模型用黏度计来评定，要求其流变性质应具有较低的屈服应力和适当的塑性黏度。

3.2.4　自密实混凝土流变机理

自密实混凝土成型的基本原理是通过复合型外加剂、优质掺和料、粗细骨料的选择、搭配及精确的配合比设计使混凝土拌和物的屈服应力减小到适宜范围，同时又具有足够的塑性黏度，使骨料悬浮于水泥浆中，混凝土拌和物既具有高流动性又不出现离析泌水，能在自重下自由流淌填充模板内空隙并形成均匀密实的结构。

新拌混凝土是由固、液、气三相组成的一种非均质、各项异性的黏-弹-塑性混合材料，而且是一种骨料悬浮在水泥浆体中的悬浮体。其流变性能符合普通 Bingham 流体模型，其流变方程见式（3-23）：

$$\tau = \tau_0 + \eta_0 \, dv/dt \tag{3-23}$$

式中　τ——剪切应力；

　　τ_0——屈服应力；

　　η_0——黏度系数；

　dv/dt——剪切速率。

η_0 表征混凝土内部阻止流动的一种性能，η_0 越小，在相同作用力下流动速度越快。混凝土的流变曲线如图 3.29 所示，从混凝土拌和物的流变曲线可见牛顿形体的流变曲线通过原点，要得到较高的流动性而又不离析的拌和物应当减小 τ_0，超流动的混凝土拌和物接近于牛顿型体，一般混凝土拌和物接近于普通 Bingham 体。

拌和物的黏度系数 η_0 和屈服应力 τ_0 是反映自密实混凝土工作性的 2 个主要参数。普通混凝土采用机械振捣，因触变作用令 τ_0 大幅度减小，使振动影响区内的混凝土呈液化而流动并密实成型。自密实混凝土必须靠自身的力量使得 τ_0 减小到适宜范围，这样才能获得所需的流动性；同时必须确保稳定性，即不出现离析和泌水，这就要求拌和物具有足够的塑性黏度 η_0 使骨料悬浮于水泥浆中，能自由流淌充分填充模型内的空间，形成密实且均匀的结构。所以配制自密实混凝土最关键的问题是解决拌和物的高流动性与高抗离析性这对主要矛盾，使其具有均匀自密实成型性能。从流变学模型出发设计良好工作性的自密实混凝土，必须在早期塑性阶段有和谐的屈服应力及塑性黏度。有关试验表明，离析的混凝土在通过间隙时，粗骨料会产生聚集而阻塞间隙。混凝土离析的主要原因是 τ_0 和 η_0 过小，混凝土抵抗粗骨料与水泥砂浆相对移动的能力弱，可见剪切屈服应力 τ_0 和塑性黏度 η_0 既是混凝土开始流动的前提，又是不离析的条件。

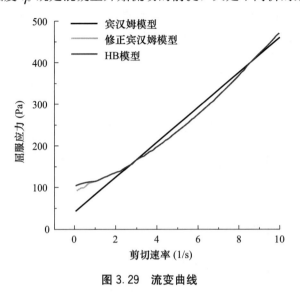

图 3.29 流变曲线

从流变学模型出发设计良好工作性的自密实混凝土，必须在早期塑性阶段有和谐的屈服应力及塑性黏度。具体措施包括：

（1）降低剪切屈服应力

混凝土的剪切应力主要由下面几个方面组成：粗骨料与砂浆相对流动产生的剪应力；粗骨料由于自身重力作用而产生的剪应力以及粗骨料间相对移动所产生的剪应力等。必须减少颗粒的摩擦阻力以获得高流动性，掺入优质的矿物掺和料是必不可少的。采用高效减水剂对水泥产生的强烈分散作用，减小颗粒的表面张力。高效减水剂在水泥粒子界面的吸附和形成的双电层，使水泥粒子间产生静电斥力作用。拆散其絮凝结构，释放约束水，水泥粒子间相互滑动能力增大，使混凝土开始流动的屈服剪切应力降低，获得高流动性能。同时能有效控制混凝土用水量，保证力学和耐久性的要求。

（2）获得高稳定性

高效减水剂的加入可以提高拌和物的流动度，但是必须确保其稳定性，即不泌水、不离析。自密实混凝土必须具有较好的抗离析性，解决其流动性与抗离析性的平衡是必须的。自密实混凝土在静态和浇筑过程中都必须保证骨料处于悬浮状态，不能够发生离析现象。静止状态下，骨料在自密实混凝土水泥浆中受三个力：重力、浮力和恢复力，为了确保骨料不下沉（假定非轻骨料），恢复力必须大于下沉力（重力和浮力的差）。

可见，对于静止状态下的自密实混凝土，为了确保稳定性，剪切屈服应力必须增大，同时骨料与浆体的密度应该接近。浇筑自密实混凝土时，浆体的剪切屈服应力 τ_0 被突破，并以较低的剪切速率开始流动。骨料与浆体的密度不等，离析就会在一定程度上发生，但浆体的黏度足够大的话，骨料下沉的速度便很慢，离析便得以避免。这种情况下，上述提到的恢复力被拉力取代。

为了确保不离析，下沉速度必须很小，所以在流动状态下，水泥浆的黏度和密度以及和骨料的密度差对拌和物的抗离析性影响很大。通过掺加矿物掺和材料，使新拌混凝土具有较强的保水能力，并使浆体在不降低新拌混凝土流变性能条件下具有抵抗离析所需要的黏性，有时还需掺入黏度改性剂，如增稠剂。

3.2.5 自密实混凝土配合比设计

1. 自密实混凝土的原材料

配制自密实混凝土所用的原材料，如水泥、骨料等与传统的普通混凝土相同，有所区别的是必须掺入高掺量的超细物料与适当的超塑化剂。在新拌状态时，该混凝土能保持良好的稳定性和高流动性。硬化后混凝土的性能，诸如强度、耐久性及表面性能等均比相同水灰比的振动密实混凝土有所改善。

（1）水泥：自密实混凝土对水泥无特殊要求，采用普通硅酸盐水泥即可。对采用早强硅酸盐水泥和硫酸盐水泥配制自密实混凝土目前尚缺乏经验。

（2）骨料：自密实混凝土对骨料的要求很高。考虑混凝土的和易性、离析等因素，必须注意选择骨料的最大粒径、粒型和级配。配制自密实混凝土时粗骨料的最大粒径一般不超过25mm，针片状颗粒含量要少。如果骨料级配不好，自密实混凝土的黏性不足，容易产生离析、泌水多。

（3）矿物掺和料：粉煤灰是目前使用最多的矿物掺和料，在自密实混凝土中掺加粉煤灰可以改善和易性。对于掺加其他矿物掺和料配制自密实混凝土的研究还不够全面。

（4）化学外加剂：高效减水剂是配制自密实混凝土的关键材料，减水率要求达到20%以上，掺量应在1%以上。目前市场上的高效减水剂普遍存在的一个问题，就是在使用时自密实混凝土的坍落度经时损失太大。配合比自密实混凝土用外加剂一般要满足3个条件：在低水灰比的情况下，具有较高的分散效应；在自密实混凝土拌制完毕，这种分散效应至少保持2h；对温度变化的敏感性低。

2. 自密实混凝土配合比设计

现代自密实混凝土的配制生产，实际是一个多组分多因素的混料问题，其技术方法包括了以下两项内容：①针对地方材料，优选高性能的原料，进行科学的配比设计；②配以相应的生产技术工艺和设备，进行现代化生产，形成配制自密实混凝土的技术工艺。本项目采用适宜水灰比，"硅酸盐水泥＋特殊粗细骨料＋特效外加剂＋活性矿物掺料及功能性材料，实施预拌生产，浇灌成型和特殊的养护工艺"的技术路线来配制高性能自密实混凝土。

与普通混凝土相比，自密实混凝土配合比计算涉及的因素较多，除了要满足强度要求外，对工作性更有很高的要求，因此自密实混凝土配合比与普通混凝土配合比有很大差别。自密实混凝土至今没有形成统一的设计计算方法。

自密实混凝土配合比设计的一般原则是：①要求拌和物具有很高的坍落度，能自行密实，而且不产生离析；②满足所要求的强度和耐久性。高流动性与高稳定性是自密实混凝土的基础。实现高流动性主要依赖高效减水剂，与水泥之间必须有良好的相容性，减水效率越高越好，可以通过相对简单的砂浆流动度试验分析选择。自密实混凝土的配合比设计，比较方便的方法是确定主要成分的相对体积。

总的来说应该同时遵循以下原则：

（1）水灰比：自密实混凝土的水灰比和普通混凝土的水灰比基本相同，根据要求的强度和耐久性来确定。

（2）单位用水量：在采取其他措施能够保证自密实混凝土的坍落度的前提下，应尽量降低单位用水量。

（3）砂率：为了保证自密实混凝土在泵送时和浇筑后不产生离析，要适量增加砂率。

各主要成分的典型比例和用量如下，可用于确定自密实混凝土的初始配合比：①水/粉料（粒径0.125mm以下）的体积比为0.8～1.0；②粉料（粒径0.125mm以下）含量为每立方米混凝土160～240L（400～600kg/m³）；③砂（粒径0.125～4mm）含量应达到砂浆体积的38%以上；④粗骨料（粒径>4mm）含量一般为总体积的22%～35%；⑤水灰比按混凝土强度、耐久性选择确定，用水量不宜超过200kg/m³。

3. 生产自密实混凝土的工艺措施

（1）自密实混凝土的坍落度损失及其控制

自密实混凝土一经出现，其坍落度经时损失问题就被提了出来。试验证明，自密实混凝土的坍落度损失程度，与高效减水剂的掺加方法、水泥品种、施工温度、搅拌工艺等有关。坍落度经时损失的主要原因是：随着水泥的水化反应，高效减水剂被水泥的水化产物大量吸附而使分散作用降低，表现为自密实混凝土的坍落度随时间的增长而逐渐减小。

研究证明，可以抑制自密实混凝土坍落度经时损失的措施有：①高效减水剂采用反复添加的方法；②加入少量的缓凝剂；③开发新品种的高效减水剂或用部分矿物外加剂取代高效减水剂。

（2）水泥裹砂工艺的探索

一般情况下，由于骨料含水量的不同以及搅拌方法的不同，自密实混凝土的性能也显著不同。如果砂子处于表面几乎没有水的干燥状态，刚搅拌好的混凝土内部会产生很多气泡，使泌水显著上浮，底部则产生分层和沉降。为了解决自密实混凝土的泌水和离析问题，提出了水泥裹砂工艺。水泥裹砂工艺就是在骨料表面包上一层低水灰比的水泥浆形成一种皮壳状态，以提高混凝土的各种性能。大量试验表明，造壳搅拌的砂子，其表面含水量以15%～25%较为合适。

（3）控制好高流动性与高稳定性之间的平衡

随着理论研究的深入和实践经验的丰富，自密实混凝土发展转向低黏度、低粉状材料含量、低敏感性。从流变学参数定义，自密实混凝土的流变参数应满足屈服应力 $30Pa < \tau < 80Pa$、塑性黏度 $10Pa \cdot s < \mu < 40Pa \cdot s$；粉状材料含量宜控制在普通混凝土的水平，即处于 $400 \sim 500kg/m^3$ 的范围；在高效减水剂掺量、加水量、骨料质量波动时，新拌混凝土拌和物的流变性能不产生显著变化。这样，自密实混凝土不仅塑性性能和硬化性能得到优良改进，同时又容易生产并进行质量控制。

3.3 轻骨料混凝土

3.3.1 轻骨料混凝土概述

1. 轻骨料混凝土的定义

轻骨料混凝土是指其骨料采用一种内部多孔的、轻质的、吸水率高、强度相对较低的砂石，且表观密度不大于 $1950kg/m^3$ 的混凝土。轻骨料可以降低混凝土的质量并起到提高热工效果的作用，人造轻骨料又称陶粒，其表观密度要比普通骨料低。

2. 轻骨料混凝土的特点

轻骨料混凝土具有密度小、强度较高、保温、隔热、耐火、抗震性能好等特点，并且其变形性能良好，强度可到 5～50MPa，弹性模量较低，一般情况下轻骨料混凝土的收缩和徐变比普通混凝土相应地大 20%～50% 和 30%～60%，热膨胀系数则比普通混凝土低 20% 左右。

3. 轻骨料混凝土的分类

（1）按粗骨料种类分类

轻骨料混凝土根据粗骨料的种类可以分为天然轻骨料混凝土（如浮石混凝土、火山渣混凝土等），人造轻骨料混凝土（如黏土陶粒混凝土、页岩陶粒混凝土等），工业废料轻骨料混凝土（如粉煤灰陶粒混凝土等）。

（2）按用途分类

轻骨料混凝土按用途可分为保温轻骨料混凝土，结构保温轻骨料混凝土，结构轻骨料混凝土，主要性能指标见表 3.16：

表 3.16　轻骨料混凝土用途

混凝土名称	用途	强度等级合理范围	相应强度等级表观密度（kg/m³）
保温轻骨料混凝土	主要用于保温的围护结构或热工构筑物	CL5.0	≤800
结构保温轻骨料混凝土	主要用于既承重又保温的围护结构	CL5.0～CL15	800～1400
结构轻骨料混凝土	主要用作承重构件或构筑物	CL15～CL60	1400～1900

此外，轻骨料混凝土还可以用作耐热混凝土，代替窑炉内衬。

（3）按材料组合分类

轻骨料混凝土按照细骨料的不同种类可分为全轻混凝土、砂轻混凝土、无砂轻骨料混凝土。全轻混凝土的组成材料是水泥＋细陶粒＋粗陶粒＋水；砂轻混凝土的组成材料是水泥＋砂＋粗陶粒＋水；无砂轻骨料混凝土只含轻粗骨料不含轻细骨料。

4. 轻骨料混凝土的等级

轻骨料混凝土按表观密度分等级，当表观密度为 $800\sim1400kg/m^3$，轻骨料混凝土的强度可以达到 $5\sim15MPa$；当表观密度为 $1400\sim1900kg/m^3$，轻骨料混凝土的强度可以达到 $15\sim50MPa$。

5. 轻骨料混凝土的用途

轻骨料混凝土的表观密度比普通混凝土减小 1/4～1/3，隔热性能改善，可使结构尺寸减小，增加建筑物使用面积，降低基础工程费用和材料运输费用，其综合效益良好。因此，轻骨料混凝土主要适用于高层和多层建筑、软土地基、大跨度结构、抗震结构、要求节能的建筑和旧建筑的加层等。

3.3.2　轻骨料分类与技术性质

具有一定力学性能可以作为混凝土骨料且堆积密度≤$1200kg/m^3$ 的人工或者天然多孔材料称为轻骨料。

1. 轻骨料的分类

（1）按骨料来源分类。根据《轻集料及其试验方法 第 1 部分：轻集料》（GB/T 17431.1—2010）的规定：轻骨料按其来源可分为：①工业废渣轻骨料，如粉煤灰陶粒、自燃煤矸石、膨胀矿渣珠、煤渣及其轻砂；②天然轻骨料，如浮石、火山渣及其轻砂；③人造轻骨料，如页岩陶粒、黏土陶粒、膨胀珍珠岩及其轻砂。

（2）按粒径分类。轻骨料可分为轻粗骨料和轻细骨料。①凡粒径≥4.75mm，堆积密度≤$1000kg/m^3$ 的轻质骨料，称为轻粗骨料；②凡粒径＜4.75mm，堆积密度＜$1000kg/m^3$ 的轻质骨料，称为轻细骨料（或轻砂）。

（3）按颗粒形状分类。轻骨料按其外观的颗粒形状可分为圆球型轻骨料和碎石型轻骨料。

2. 使用最多的轻骨料——陶粒

陶粒是目前使用最广泛的轻骨料，陶粒是一种在回转窑中经发泡生产的轻骨料，如图 3.30 所示，它具有球状的外形，表面光滑而坚硬，内部呈蜂窝状，有密度小、热导率低、强度高的特点。陶粒自身的堆积密度小于 $1100kg/m^3$，一般为 $300\sim900kg/m^3$。以陶粒为骨料制作的混凝土密度为 $1100\sim1800kg/m^3$，相应的混凝土抗压强度为 $30.5\sim40.0MPa$。陶粒的最大特点是外表坚硬，而内部有许许多多的微孔，这些微孔赋予陶粒质轻的特性。

（1）陶粒的分类。①按强度：陶粒分为高强陶粒和普通陶粒。②按密度：陶粒分为一般密度陶粒、超轻密度陶粒、特轻密度陶粒。③按性能：陶粒分为高性能陶粒和普通性能陶粒。

（2）陶粒的性能。陶粒具有优异的性能，如密度低、筒压强度高、孔隙率高、软化系数

图 3.30　陶粒

高、抗冻性良好、抗碱-骨料反应性优异等。特别是由于陶粒密度小，内部多孔，形态、成分较均一，且具一定的强度和坚固性，因而具有质轻、耐腐蚀、抗冻、抗震和良好的隔绝性等多功能特点。

3. 轻骨料的技术性质特点

轻骨料的技术性质主要有密度、强度、颗粒级配和吸水率等，此外，还有耐久性、体积安定性、有害成分含量等。

（1）密度

轻骨料的密度包括表观密度和堆积密度，表观密度直接影响所配制的轻骨料混凝土的表观密度和力学性能，轻粗骨料按表观密度划分为 8 个等级：300、400、500、600、700、800、900、1000kg/m³；轻砂的表观密度为 410～1200kg/m³。堆积密度也称松堆密度，是指将轻骨料在一定高度自由落下并装满单位体积的质量，堆积密度与轻骨料的表观密度、颗粒级配以及含水率等因素有关，一般情况下，轻骨料的堆积密度约为表观密度的 1/2。

（2）强度

轻粗骨料的强度通常采用"筒压法"测定其筒压强度，测试简图如图 3.31 所示。具体操作方法是：将粒径为 10～20mm 的烘干轻粗骨料试样，装入带底圆筒内，上述加冲压模取冲压入深度为 2cm 时的压力值，除以承压面积（100cm²）即为轻粗骨料的筒压强度值。筒压强度是间接反映轻骨料颗粒强度的一项指标，对相同品种的轻骨料，筒压强度与堆积密度常呈线性关系。但筒压强度不能反映轻骨料在混凝土中的真实强度，由于试验时轻粗骨料在圆筒内的受力状态为点接触，应力集中，多向挤压破坏，故该强度只有实际强度的 1/5～1/4。因此，技术规程中还规定采用强度等级来评定轻粗骨料的强度。

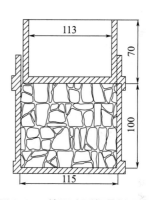

图 3.31 筒压法测轻骨料强度

轻骨料强度虽低于普通骨料，但轻骨料混凝土仍可达到较高强度。原因在于轻骨料表面粗糙而多孔，轻骨料的吸水作用使其表面呈低水胶比，提高了轻骨料与水泥石的界面黏结强度，使弱结合面变成了强结合面，混凝土受力时不是沿界面破坏，而是轻骨料本身先遭到破坏。对低强度的轻骨料混凝土，也可能是水泥石先开裂，然后裂缝向骨料延伸。因此，轻骨料混凝土的强度主要取决于轻骨料的强度和水泥石的强度。

（3）吸水率

轻骨料的吸水率一般都比普通砂石料大，因此将显著影响混凝土拌和物的和易性、水灰比和强度的发展。在设计轻骨料混凝土配合比时，必须根据轻骨料的 1h 吸水率计算附加用水量。国家标准中关于轻骨料 1h 吸水率的规定是：轻砂和天然轻粗骨料吸水率不作规定，其他轻粗骨料的吸水率不应大于 22%。

（4）最大粒径与颗粒级配

保温及结构保温轻骨料混凝土用的轻骨料，其最大粒径不宜大于 40mm。结构轻骨料混凝土的轻骨料不宜大于 20mm，对轻粗骨料的级配要求，其自然级配的空隙率不应大于 50%。轻砂的细度模数不宜大于 4.0，大于 5mm 的筛余量不宜大于 10%。

（5）抗冻性

轻骨料弹性能力大，抗冻胀能力强。

3.3.3　轻骨料混凝土性能

1. 表观密度

《轻骨料混凝土应用技术标准》（JGJ/T 12—2019）中按轻骨料混凝土密度等级将其分为 14 个等级，用来作为选择导热系数、弹性模量，以及设计质量的依据（表 3.17）。

表 3.17　轻骨料混凝土的密度等级及理论密度取值

密度等级	干表观密度的变化范围（kg/m³）	轻骨料混凝土理论密度（kg/m³）
600	560～650	650
700	660～750	750
800	760～850	850
900	860～950	950
1000	960～1050	1050
1100	1060～1150	1150
1200	1160～1250	1250
1300	1260～1350	1350
1400	1360～1450	1450
1500	1460～1550	1550
1600	1560～1650	1650
1700	1660～1750	1750
1800	1760～1850	1850
1900	1860～1950	1950

2. 强度与强度等级

轻骨料混凝土与普通混凝土一样，其强度等级也是 150mm×150mm×150mm 立方体 28d 抗压强度作为标准值，划分有 13 个等级：LC5、LC7.5、LC10、LC15、LC20、LC25、LC30、LC35、LC40、LC45、LC50 将其作为力学计算的依据。轻骨料混凝土中添加的多孔骨料，表面粗糙且内部有不同尺寸（一般约为 0.1～1.0mm）的孔隙致使水和水泥浆渗入其中，因而骨料颗粒周围的水泥石的水灰比低，所以强度和密实度高。当混凝土硬化时，渗入孔隙中的水分能部分地排出起到养护水泥石的作用，致使水泥石强度不断提高，轻骨料与水泥石（即砂浆）之间黏结强度也会增加。当轻骨料混凝土受力破坏时，与普通混凝土不同，裂缝不会首先发生在黏结面上。若轻骨料强度高于水泥砂浆强度，轻骨料起骨架作用，破坏时裂缝首先在水泥砂浆中出现；当轻骨料强度低于水泥砂浆强度时，破坏裂缝首先在轻骨料中出现；当轻骨料强度与水泥砂浆强度相近时，破坏时裂缝几乎在水泥砂浆和轻骨料中同时出现。

不同强度等级的轻骨料混凝土与轴心抗压强度、弯曲抗压强度、轴心抗拉强度及抗剪强度的关系见表 3.18。

表 3.18　轻骨料混凝土各种强度之间的关系

混凝土强度等级	强度种类			
	轴心抗压强度 f_{ck}（MPa）	弯曲抗压强度 f_{cnk}（MPa）	轴心抗拉强度 f_{tk}（MPa）	抗剪强度 f_{vk}（MPa）
LC5	3.4	3.7	0.55	0.68
LC7.5	5.0	5.5	0.75	0.88
LC10	6.7	7.5	0.90	1.08
LC15	10.0	11.0	1.20	1.47
LC20	13.5	15.0	1.50	1.32
LC25	17.0	18.5	1.75	2.14
LC30	20.0	22.0	2.00	2.44
LC35	23.5	26.0	2.25	2.74
LC40	27.0	29.5	2.45	2.83
LC45	29.5	32.5	2.60	3.06
LC50	32.0	35.0	2.75	3.31

轻骨料混凝土强度增长规律与普通混凝土相似，但又有所不同。当轻骨料混凝土强度较低时（强度等级小于或等于 LC15），强度增长规律与普通混凝土相似，而强度越高，早期强度与用同种水泥配比的同强度等级普通混凝土相比也更高，例如，LC30 的轻骨料混凝土的 7d 抗压强度即可达到 28d 抗压强度的 80％以上。

3. 轻骨料混凝土的力学性能

轻骨料混凝土的抗压强度值与轴心抗压强度值相近，因此通常测试轻骨料混凝土的立方体抗压强度，并且其具有节省材料、方便测试的优势。虽然轴向拉伸试验可以更好地反映混凝土的抗拉强度，且无需在理论上进行任何假设，但在实际试验过程中很难获得准确数据，所以通常采用劈裂抗拉试验。经试验分析，轻骨料混凝土立方体的抗压强度比普通混凝土砌块的强度略有提升，但增加幅度不显著，随着掺入轻骨料混凝土中骨料强度的增加，混凝土的抗压强度呈现增长的趋势。轻骨料混凝土的劈裂抗拉强度低于普通混凝土砌块，平均低于 15％，但是随着掺入骨料的增加，轻骨料混凝土的抗拉强度也呈现上升趋势。

影响轻骨料混凝土强度的因素有骨料强度、水泥强度、水灰比以及外加剂。

4. 轻骨料混凝土拌和物的和易性

由于轻骨料具有表观密度小、表面粗糙、总表面积大、易吸水等特点，所以加入拌和物中的水分一部分被骨料吸收，其数量相当于 1h 的吸水量，这部分水称为附加用水；其余部分水量使拌和物获得要求的流动性和保证水泥水化的进行。选择流动性时，一般要比普通混凝土拌和物值低 10～20mm，这是因为在振捣成型时，骨料吸入的水分会部分释出使其流动性提高。

5. 轻骨料混凝土变形性质

轻骨料混凝土的弹性模量一般比同强度等级的普通混凝土低 20%～50%。如在轻骨料混凝土中增加普通砂的含量，可以明显提高其弹性模量。

在其他因素相同的情况下，轻骨料混凝土结构变形大约是普通混凝土结构变形的 1.5～2 倍。由于轻骨料刚性比普通骨料小，阻止水泥石的收缩作用小，所以轻骨料混凝土的收缩变形比普通混凝土大。在干燥空气中，收缩值随混凝土的配合比和骨料种类不同而异，$1m^3$ 轻骨料混凝土最终收缩值在 0.4～1.0mm 之间，是同强度等级普通混凝土的 1.0～1.5 倍。

6. 轻骨料混凝土的导热系数

轻骨料混凝土有良好的绝热性能，当其表观密度为 $1000kg/m^3$ 时，其导热系数为 0.28W/（m·K）；当表观密度为 $1800kg/m^3$ 时，其导热系数为 0.87W/（m·K），相当于普通黏土砖的导热系数。

7. 轻骨料混凝土的耐久性

轻骨料混凝土水泥水化充分，水泥石毛细孔少，与同强度等级的普通混凝土相比，抗渗性及抗冻性大为改善，抗渗等级可达 P25，抗冻等级可达 F150。轻骨料混凝土的碳化性能和抗冻性能应符合表 3.19 及表 3.20 的规定并满足设计要求。

表 3.19　轻骨料混凝土的碳化性能

等级	环境条件	28d 碳化深度（mm）
1	室内，正常湿度	≤40
2	室外，正常湿度；室内，潮湿	≤35
3	室外，潮湿	≤30
4	干湿交替	≤25

注：①正常湿度系指相对湿度为 55%～65%；②潮湿系指相对湿度为 65%～80%；③28d 碳化深度是采用国家标准《普通混凝土长期性能和耐久性能试验方法标准》（GB/T 50082）中碳化试验方法的试验结果。

表 3.20　轻骨料混凝土的抗冻性能

环境条件	抗冻等级
夏热冬冷地区	≥F50
寒冷地区	≥F100
寒冷地区干湿循环	≥F150
严寒地区	≥F150
严寒地区干湿循环	≥F200
采用除冰盐环境	≥F250

3.3.4　轻骨料混凝土配合比设计与施工特点

轻骨料混凝土的配合比设计主要应满足抗压强度、密度和稠度的要求，并以合理使用材料和节约水泥为原则，必要时应符合对混凝土性能（如弹性模量、碳化和抗冻性

等）的特殊要求。

由于轻骨料品种多，性能差异大，强度往往低于普通混凝土所使用的砂、石等骨料，所以配合比设计不能与普通混凝土一样。许多参数的选择仍需要根据经验选择。

1. 轻骨料混凝土配合比的设计要求

轻骨料混凝土配合比设计是在满足使用功能的条件下确定施工时采用的轻骨料混凝土各种材料的用量。为满足设计强度和施工方便的要求，并使混凝土具有较为理想的技术经济指标，在进行轻骨料混凝土配合比设计时需要满足以下基本要求：①满足轻骨料混凝土的设计强度等级与表观密度等级；②满足轻骨料混凝土拌和物施工要求的和易性；③满足轻骨料混凝土在具体条件下要考虑的特殊性能；④在满足设计强度等级和特殊性能的条件下满足节能降耗的经济性要求。

2. 配合比基本参数的选择

轻骨料混凝土的配合比应通过计算和试配确定（表 3.21）。为了使所配制的混凝土具有必要的强度保证率，根据《轻骨料混凝土应用技术标准》（JGJ/T 12—2019），轻骨料混凝土的试配强度应按式（3-24）确定，即

$$f_{cu,0} = f_{cu,k} + 1.645\sigma \tag{3-24}$$

式中 $f_{cu,0}$——轻骨料混凝土的试配抗压强度（N/mm^2）；

$f_{cu,k}$——轻骨料混凝土强度标准值（即强度等级）（N/mm^2）；

σ——轻骨料混凝土强度标准差（N/mm^2）。

表 3.21 轻骨料混凝土强度标准差 σ 值

强度等级	低于 CL20	CL20～CL35	高于 CL35
σ（N/mm^2）	4.0	5.0	6.0

（1）胶凝材料

配制轻骨料混凝土用的水泥品种可选用 42.5 级普通硅酸盐水泥、矿渣硅酸盐水泥、火山灰质硅酸盐水泥及粉煤硅酸盐灰水泥；轻骨料混凝土最大胶凝材料用量不宜超过 550kg/m^3。工程实践证明，适当增加水泥用量能提高混凝土的强度。在轻骨料混凝土的强度未达到给定骨料的强度顶点以前，水泥用量平均增加 20％时，轻骨料混凝土的强度可提高 10％。

不同试配强度的轻骨料混凝土的水泥用量可参见表 3.22 选用。

表 3.22 轻骨料混凝土的胶凝材料用量   kg/m^3

混凝土试配强度（N/mm^2）	轻骨料密度等级						
	400	500	600	700	800	900	1000
＜5.0	260～320	250～300	230～280	—			
5.0～7.5	280～360	260～340	240～320	220～300			
7.5～10	—	280～370	260～350	240～320			
10～15	—	—	280～350	260～340	240～330		
15～20	—	—	300～400	280～380	270～370	260～360	250～350
20～25	—	—	—	330～400	320～390	310～380	300～370
25～30	—	—	—	380～450	370～440	360～430	350～420

混凝土试配强度 (N/mm²)	轻骨料密度等级						
	400	500	600	700	800	900	1000
30～40	—	—	—	420～500	390～490	380～480	370～470
40～50	—	—	—	—	430～530	420～520	410～510

注：表中下限范围值适用于圆球型轻骨料砂轻混凝土；上限范围值适用于碎石型轻粗骨料砂轻混凝土和全轻混凝土。

（2）水灰比

轻骨料混凝土的每立方米混凝土中有效用水量与水泥用量之比称为轻骨料混凝土的有效水灰比。有效水灰比要按轻骨料混凝土的设计强度等级要求进行选择，不能超过构件和工程环境规定的最大许可水灰比，若超过要根据规定的最大许可水灰比进行选用。轻骨料混凝土配合比中的水灰比以净水灰比表示。配制全轻混凝土时，允许以总水灰比表示，但必须加以说明。净水灰比指不包括轻骨料 1h 吸水量在内的净用水量与水泥用量之比。总水灰比指包括轻骨料 1h 吸水量在内的总用水量与水泥用量之比。

轻骨料混凝土最大水灰比和最小水泥用量的限制，应符合表 3.23 的规定。

表 3.23　轻骨料混凝土的最大水灰比和最小水泥用量

混凝土所处的环境条件	最大水灰比	最小水泥用量（kg/m³）	
		配筋混凝土	素混凝土
不受风雪影响的混凝土	不作规定	270	250
受风雪影响的混凝土；位于水中及水位升降范围的混凝土和在潮湿环境中的混凝土	0.50	325	300
寒冷地区位于水位升降范围的混凝土和在潮湿环境中的混凝土	0.45	375	350
严寒地区位于水位升降范围内和受硫酸盐、除冰盐等腐蚀的混凝土	0.40	400	375

注：1. 严寒地区指最寒冷月份的月平均温度低于－15℃；寒冷地区指最寒冷月份的月平均温度低于－5～－15℃。
　　2. 水泥用量不包括掺和料。
　　3. 寒冷和严寒地区用的轻骨料混凝土应掺入引气剂，其含气量宜为 5%～8%。

（3）用水量

轻骨料混凝土的净用水量可根据成型方式和拌和物性能（坍落度或维勃稠度）按表 3.24 选用。

表 3.24　轻骨料混凝土的净用水量

轻骨料混凝土成型方式	拌和物性能要求		净用水量（kg/m³）
	维勃稠度（s）	坍落度（mm）	
振动加压成型	10～20	—	45～140
振动台成型	5～10	0～10	140～160
振捣棒或平板振动器振实	—	30～80	160～180
机械振捣	—	150～200	140～170
钢筋密集机械振捣	—	≥200	145～180

（4）砂率

由于轻骨料的堆积密度相差很大且有"全轻"和"砂轻"之分，故砂率用密实状态的"体积砂率"。砂率可按表 3.25 选用。

表 3.25 轻骨料混凝土的砂率

施工方式	细骨料品种	体积砂率（%）
预制	轻砂	35～50
	普通砂	30～40
现浇	轻砂	40～45
	普通砂	35～45

注：①当细骨料采用普通砂和轻砂混合使用时，宜取中间值，并按普通砂和轻砂混合比例进行插值计算；②当轻粗骨料采用圆球型时，宜取表中下限值；采用碎石型时，则取上限值。

（5）矿物掺和料

为改善轻骨料混凝土拌和物的工作性，调节水泥强度等级，配制混凝土时可以加入一些具有火山灰活性的掺和料，如粉煤灰、矿渣粉等。其中粉煤灰最常用，效果也较好。

粉煤灰微粒呈表面光滑的球状，由于粉煤灰的这种特性，在拌和物的这种类似"滚珠"的作用可以提高混凝土的工作性能。但是由于粉煤灰的活性较低，与水泥水化后产物之间的火山灰反应在常温下反应缓慢，其生成的凝胶产物达不到填充孔隙的效果，所以使混凝土早期强度较低。而矿渣微粉有非常出色的"潜在活性"，在最佳掺量的条件下，水泥的水化反应激发矿渣粉的活性使其继续与水泥发生二次水化反应，改善混凝土界面区的黏结强度，可以使混凝土有更高的强度。

（6）外加剂

外加剂的品种和掺量应通过试验确定，与水泥等胶凝材料的适应性应满足设计与施工对轻骨料混凝土性能的要求。

3. 轻骨料混凝土配合比设计步骤

全轻混凝土宜采用松散体积法进行配合比计算，即以给定每立方米混凝土的粗细骨料松散总体积为基础进行计算，然后按设计要求的混凝土干表观密度为依据进行校核，最后通过试验调整得出配合比。

轻砂混凝土宜采用绝对体积法进行配合比计算，即按每立方米混凝土的绝对体积为各组成材料的绝对体积之和进行计算。

其设计步骤如下：

（1）根据设计要求的轻骨料混凝土的强度等级、密度等级和混凝土的用途，确定粗细骨料的种类和粗骨料的最大粒径；

（2）测定粗骨料的堆积密度、颗粒表观密度、筒压强度和 1h 吸水率，并测定细骨料的堆积密度；

（3）确定轻骨料混凝土试配强度；

（4）选择胶凝材料用量，按照式（3-25）、式（3-26）分别计算矿物掺和料和水泥用量；

$$m_f = m_b \beta_f \tag{3-25}$$

$$C_0 = m_b - m_f \tag{3-26}$$

式中 m_f——每立方米轻骨料混凝土中矿物掺和料用量（kg）；

$\qquad m_b$——每立方米轻骨料混凝土中胶凝材料用量（kg）；

$\qquad \beta_f$——矿物掺和料掺量（%）；

$\qquad C_0$——每立方米轻骨料混凝土中水泥用量（kg）。

（5）根据生产工艺和施工条件要求的混凝土稠度指标，确定净用水量；

（6）当采用松散体积法设计配合比时，表 3.25 中的数值为松散体积砂率；粗细骨料松散堆积的总体积可按表 3.26 选用。

表 3.26　粗细骨料松散堆积的总体积

轻粗骨料粒型	细骨料品种	粗细骨料松散堆积的总体积（m³）
圆球型	轻砂	1.25～1.50
	普通砂	1.10～1.40
碎石型	轻砂	1.35～1.65
	普通砂	1.15～1.60
普通型	轻砂	1.30～1.60
	普通砂	1.15～1.50

当采用绝对体积法设计配合比时，表 3.25 中的数值为绝对体积砂率。

（7）当采用松散体积法设计配合比时，根据粗细骨料的类型，按要求选用粗、细骨料松散堆积的总体积，并计算每立方米混凝土粗、细骨料的用量，计算公式见式（3-27）～式（3-30）。

$$V_{slb} = V_{tlb} \times \beta_s \qquad (3\text{-}27)$$

$$S_0 = V_{slb} \times \rho_{slb} \qquad (3\text{-}28)$$

$$V_{alb} = V_{tlb} - V_{slb} \qquad (3\text{-}29)$$

$$G_0 = V_a \times \rho_{alb} \qquad (3\text{-}30)$$

式中 V_{slb}、V_{alb}——每立方米轻骨料混凝土的细骨料和粗骨料松散堆积的体积（m³）；

$\qquad V_{tlb}$——每立方米轻骨料混凝土的粗、细骨料松散堆积的总体积（m³）；

$\qquad S_0$、G_0——每立方米混凝土的细骨料和粗骨料的用量（kg）；

$\qquad \beta_s$——松散体积砂率（%）；

$\qquad \rho_{slb}$、ρ_{alb}——细骨料和粗骨料的堆积密度（kg/m³）。

当采用绝对体积法设计配合比时，按式（3-32）及式（3-34）计算粗细骨料的用量，即

$$V_s = \left[1 - \left(\frac{m_c}{\rho_c} + \frac{m_{wn}}{\rho_w} \right) / 1000 \right] s_p \qquad (3\text{-}31)$$

$$S_0 = V_s \rho_s \qquad (3\text{-}32)$$

$$V_a = 1 - \left(\frac{m_c}{\rho_c} + \frac{m_{wn}}{\rho_w} + \frac{m_s}{\rho_s} \right) / 1000 \qquad (3\text{-}33)$$

$$G_0 = V_a \rho_{ap} \qquad (3\text{-}34)$$

式中 V_s——每立方米轻骨料混凝土的细骨料绝对体积（m³）；

$\qquad S_0$——每立方米轻骨料混凝土的细骨料用量（kg）；

m_c——每立方米轻骨料混凝土的水泥用量（kg）；

m_{wn}——每立方米轻骨料混凝土的净用水量（kg）；

s_p——绝对体积砂率（%）；

V_a——每立方米轻骨料混凝土的粗骨料绝对体积（m³）；

G_0——每立方米轻骨料混凝土的粗骨料用量（kg）；

ρ_c——水泥的表观密度（g/cm³），ρ_c 可取 2.9～3.1；

ρ_w——水的表观密度（g/cm³），ρ_w 可取 1.0；

ρ_s——细骨料的表观密度（g/cm³），采用普通砂时，ρ_s 可取 2.6；

ρ_{ap}——粗骨料的表观密度（g/cm³）。

（8）根据式（3-35）计算总用水量；在采用预湿的轻骨料时，净用水量应取为总用水量。

$$m_{wt} = m_{wn} + m_{wa} \tag{3-35}$$

式中　m_{wt}——每立方米轻骨料混凝土的总用水量（kg）；

m_{wn}——每立方米轻骨料混凝土的总用水量（kg）；

m_{wa}——每立方米轻骨料混凝土的总用水量（kg）。

（9）根据式（3-36）计算混凝土干表观密度（ρ_{LC}），并与设计要求的干表观密度进行对比，如误差不超过 2%，则配合比试配成功；如其误差大于 2%，则应重新调整和计算配合比，如掺入减水剂，可按普通混凝土掺减水剂时的计算方法，即按减水率大小酌情减少总用水量。

$$\rho_{LC} = 1.15C_0 + S_0 + G_0 \tag{3-36}$$

计算得出的轻骨料混凝土配合比应通过试配予以调整。配合比的调整应按下列步骤进行：

（1）以计算的混凝土配合比为基础，应维持用水量不变，选取与计算配合比胶凝材料相差±10%的 2 个胶凝材料用量，砂率相应适当减小和增加，然后分别按 3 个配合比拌制混凝土，并测定拌和物的稠度，调整用水量，以达到规定的稠度为止。

（2）应按校正后的 3 个混凝土配合比进行试配，检验混凝土拌和物的稠度和湿表观密度，制作确定混凝土抗压强度标准值的试块，每种配合比应至少制作 1 组。

（3）标准养护 28d 后，应测定混凝土抗压强度和干表观密度，以既能达到设计要求的混凝土配制强度和干表观密度又具有最小胶凝材料用量的配合比作为选定配合比。

（4）对选定配合比进行方量校正，并应符合下列规定：

① 应按式（3-37）计算选定配合比的轻骨料混凝土拌和物的湿表观密度：

$$\rho_{cc} = m_a + m_s + m_b + m_{wt} \tag{3-37}$$

式中　　　　ρ_{cc}——按选定配合比各组成材料计算的湿表观密度（kg/m³）；

m_a、m_s、m_b、m_{wt}——分别为选定配合比中的每立方米轻骨料混凝土的粗、细骨料用量、胶凝材料用量和总用水量（kg）。

② 实测按选定配合比配制轻骨料混凝土拌和物的湿表观密度，并应按式（3-38）计算方量校正系数为

$$\eta = \frac{\rho_{c0}}{\rho_{cc}} \tag{3-38}$$

式中　η——方量校正系数；

　　　ρ_{co}——实测按选定配合比配制轻骨料混凝土拌和物的湿表观密度（kg/m³）。

③ 选定配合比中的各项材料用量均应乘以校正系数即为调整确定的配合比。

④ 对于调整确定的轻骨料混凝土配合比，应测定拌和物中水溶性氯离子含量，试验结果应符合国家标准《混凝土质量控制标准》（GB 50164）的规定。

⑤ 对耐久性能有设计要求的轻骨料混凝土应进行相关耐久性能验证试验，试验结果应符合设计要求。

4. 轻骨料混凝土的拌制

（1）轻骨料混凝土拌制时，砂轻混凝土拌和物中的各组分材料均按质量计量；全轻混凝土拌和物中的轻骨料组分可采用体积计量，但宜按质量进行校核。

（2）粗、细骨料、掺和料的质量计量允许偏差为±3％，水、水泥和外加剂的质量计量允许偏差为±2％。

（3）全轻混凝土、干硬性的砂轻混凝土和采用堆积密度在 500kg/m³ 以下的轻粗骨料配制的干硬性或塑性的砂轻混凝土，宜采用强制式搅拌机；采用堆积密度在 500kg/m³ 以上的轻粗骨料配制的塑性砂轻混凝土可采用自落式搅拌机。

（4）强度低而易破碎的轻骨料，搅拌时尤其要严格控制混凝土的搅拌时间。

（5）使用外加剂时，应在轻骨料吸水后加入。当用预湿粗骨料时，液状外加剂可与净用水量同时加入；当用干粗骨料时，液状外加剂应与剩余水同时加入。粉状外加剂可制成溶液并采用液状外加剂相同的方法加入，也可与水泥相混合同时加入。

5. 轻骨料混凝土的施工特点

（1）为防止轻骨料混凝土拌和物离析，运输距离应尽量缩短。在停放或运输过程中，若产生拌和物稠度损失或离析较重者，浇筑前宜采用人工二次拌和。拌和物从搅拌机卸料起到浇筑入模止的延续时间不宜超过 45min。

（2）轻骨料混凝土拌和物应采用机械振捣成型。对流动性大、能满足强度要求的塑性拌和物以及结构保温类和保温类轻骨料混凝土拌和物，可采用人工插捣成型。

（3）用干硬性拌和物浇筑的配筋预制构件，宜采用振动台和表面加压（加压重力约 0.2N/cm²）成型。

（4）现场浇筑的竖向结构物（如大模板或滑模施工的墙体），每层浇筑高度宜控制在 30～50cm。拌和物浇筑倾落高度大于 2m 时，应加串筒、斜槽、溜管等辅助工具，避免拌和物离析。

（5）浇筑上表面积较大的构件，若厚度在 20cm 以下，可采用表面振动成型；厚度大于 20cm，宜先用插入式振捣器振捣密实后，再采用表面振捣。

（6）振捣延续时间以拌和物捣实为准，振捣时间不宜过长，以防骨料上浮。振捣时间随拌和物稠度、振捣部位等不同，宜在 10～30s 内选用。

（7）采用自然养护，浇筑成型后应防止表面失水太快，避免由于湿差太大而出现表面网状裂纹。脱模后应及时覆盖，或喷水养护。

（8）采用加热养护时，成型后静停时间不应少于 2h，以避免混凝土表面产生起皮、酥松等现象。

（9）采用自然养护时，湿养护时间应遵守下列规定：用普通硅酸盐水泥、硅酸盐水泥、矿渣水泥拌制的混凝土，养护时间不少于 7d；用粉煤灰硅酸盐水泥、火山灰质硅酸盐水泥拌制的及在施工中掺缓凝型外加剂的混凝土，养护时间不少于 14d。构件用塑料薄膜覆盖养护时，要保持密封。

6. 轻骨料混凝土的应用

由于轻骨料混凝土有着很多优良的性能，特别是随着混凝土科技的发展，可以使轻骨料混凝土的密度更低，保温隔热性更好，强度也可以更高。目前用作保温隔热材料的轻骨料混凝土热导率可低至 $0.23W/(m \cdot K)$，而用作结构材料的轻骨料混凝土在表观密度为 $1600 \sim 1700 kg/m^3$ 时，强度可达到 55MPa 以上。目前国外已研制出表观密度 $1700 kg/m^3$ 左右、强度高达 70MPa 以上的轻骨料混凝土。因此，轻骨料混凝土的应用越来越广泛。目前，轻骨料混凝土主要用于以下几个方面：

（1）制作预制保温墙板、砌块。一般屋面板预制墙板厚度 $6 \sim 8cm$，用直径为 $6 \sim 8mm$ 的钢筋作增强材料，表观密度 $1200 \sim 1400 kg/m^3$，强度等级 LC5.0～LC7.5。

预制陶粒混凝土砌块有普通砌块和空心砌块两种。普通砌块强度等级 LC10～LC15，可用于多层建筑的承重墙砌筑；空心砌块强度等级为 LC5.0～LC7.5，主要用于框架结构建筑的保温隔热填充墙体的砌筑。

（2）预制式现浇保温屋面板。用作屋面的保温隔热。保温屋面板厚度一般为 $10 \sim 12cm$，强度等级为 LC7.5～LC10，用直径 $8 \sim 10mm$ 钢筋作加强材料。

（3）现浇楼板材料。对于一些高层建筑、利用轻骨料混凝土作楼板材料，可以大大降低建筑物的自重。

（4）浇制钢筋轻骨料混凝土剪力墙，在用作结构的同时，还可以起保温隔热隔声作用。由于轻骨料混凝土徐变较大，抗拉强度及弹性模量偏低，所以直接用作梁、柱等重要结构尚不多见。

3.4　习题

1. 添加纤维可增强混凝土强度与韧性的机理是什么？
2. 钢纤维混凝土的优异性能体现在哪些方面？
3. 评价自密实混凝土工作性能的方法有哪些？每种方法的评价标准是什么？
4. 自密实混凝土工作的必要性能包括哪些？有什么提高措施？
5. 轻骨料混凝土是依据什么进行分类的？
6. 什么是轻骨料的筒压强度？它对轻骨料混凝土有什么影响？

参考文献

[1] 王继娜，徐开东. 特种混凝土和新型混凝土 [M]. 北京：中国建材工业出版社，2022.
[2] 中华人民共和国住房和城乡建设部. 钢纤维混凝土：JG/T 472—2015 [S]. 北京：中国标准出版

社，2015.

[3] 常晟，罗云蓉，付磊 . 钢纤维混凝土力学性能研究综述 [J]. 四川轻化工大学学报（自然科学版），2022，35（3）：84-92.

[4] 阮燕，董晨，邓瑞华，等 . 钢纤维混凝土制备及工作力学性能试验研究 [J]. 江西建材，2021（9）：43-46.

[5] 查秦雄，杨晓林，赵傲铭，等 . 关于优化 C40 钢纤维混凝土配合比设计的研究 [J]. 江西建材，2018（4）：22-23，25.

[6] 王宁 . 聚丙烯纤维混凝土性能分析 [J]. 交通世界，2022（17）：33-35.

[7] 刘波，张绪涛，尹瑞杰 . 聚丙烯纤维混凝土研究综述 [J]. 四川水泥，2021（1）：5-6.

[8] 李银波 . 聚丙烯纤维混凝土基本力学性能分析 [J]. 中阿科技论坛，2020（1）：57-60.

[9] 杜向琴，刘志龙 . 碳纤维对混凝土力学性能的影响研究 [J]. 混凝土，2018（4）：91-94.

[10] 尹俊红，纪艳春，赫中营，等 . 碳纤维增强混凝土力学性能研究 [J]. 河南大学学报（自然科学版），2021，51（6）：699-705.

[11] 王晓飞，王鹏飞，郑奇吾，等 . 碳纤维混凝土配合比设计方法研究 [J]. 建筑科技，2021，5（1）：60-63.

[12] 郑红勇 . 玻璃纤维混凝土性能分析及其在工程中的应用 [J]. 工程建设与设计，2015（5）：137-139.

[13] 白诗淇 . 植物纤维混凝土性能研究 [J]. 中国新技术新产品，2020（24）：73-75.

[14] 陈国荣，刘畅，王成 . 浅析植物纤维对混凝土性能的影响 [J]. 建材与装饰，2018（22）：197.

[15] 中华人民共和国住房和城乡建设部 . 自密实混凝土应用技术规程：JGJ/T 283—2012 [S]. 北京：中国标准出版社，2012.

[16] 姚楚康，汪永剑 . 自密实混凝土工作性能试验方法综述 [J]. 广东水利水电，2020（5）：19-27.

[17] 于方，王嘉雄 . 国内外自密实混凝土工作性能测试方法及评价标准的对比分析 [J]. 建筑结构，2021，51（S1）：1316-1322.

[18] 彭红 . 自密实混凝土原材料及其配合比的选择与优化 [J]. 湖北理工学院学报，2022，38（6）：39-43.

[19] 王秋芳，赵琦 . 自密实混凝土的配制及性能研究进展 [J]. 福建建材，2020，（3）：25-27＋84.

[20] 楼瑛，吴文达 . 自密实混凝土配合比设计及相关性能研究 [J]. 重庆科技学院学报（自然科学版），2021，23（3）：104-108.

[21] 贾显春 . 关于自密实混凝土工艺性能试验的研究 [J]. 建筑技术开发，2022，49（24）：66-68.

[22] 中华人民共和国住房和城乡建设部 . 轻骨料混凝土应用技术标准：JGJ/T 12—2019 [S]. 北京：中国标准出版社，2019.

[23] 石红磊，姚庚，高全青，等 . LC30～LC60 系列轻骨料混凝土的力学性能及耐久性能研究 [J]. 混凝土，2021（8）：133-136.

[24] 陈茜，贾青，王正君，等 . 不同轻骨料混凝土的力学性能和耐久性研究进展 [J]. 建材技术与应用，2021（4）：32-35.

[25] 张智勇 . 轻骨料混凝土在工程中的施工技术应用 [J]. 智能城市，2018，4（17）：86-87.

[26] 刘云鹏，申培亮，何永佳，等 . 特种骨料混凝土的研究进展 [J]. 硅酸盐通报，2021，40（9）：2831-2855.

[27] 房清成，王蔚，邹成军 . 轻骨料混凝土在屋面工程中的应用研究 [J]. 江西建材，2020（12）：166-166＋168.

4

>>>>>>

超高性能混凝土

4.1 超高性能混凝土概述

4.1.1 超高性能混凝土定义

超高性能混凝土（Ultra-High Performance Concrete，简称 UHPC），一般需掺入钢纤维或聚合物纤维，也被称为超高性能纤维增强混凝土（Ultra-High Performance Fiber Reinforced Concrete，简称 UHPFRC）。UHPC 以超高的强度、韧性和耐久性为特征，成为实现水泥基材料性能大跨越的新体系。

近现代以来，由于工业改革及城市化的快速发展，人们对建筑物的要求越来越高，普通的钢筋混凝土难以满足当代摩天大厦、大跨度桥梁的需求。因此人们在原有基础上不断提高混凝土的强度，改善其性能，并逐渐发展出了超高性能混凝土（UHPC）的概念。超高性能混凝土（UHPC）具有超高的力学性能和超高的耐久性能，被认为过去 30 年最优异的水泥基复合材料之一，能较好地适应当前土木工程结构大型化、复杂化的趋势，也能符合社会可持续发展对高性能材料发展要求。近年来，UHPC 材料与结构已成为热点研究方向，UHPC 应用数量、范围与地区不断攀升，各类规范与标准也在不断地制定与修订之中，成为了未来发展的最热门方向之一。

混凝土是一种多孔的不均匀材料，孔结构是影响其力学性能和耐久性能的关键所在。在传统混凝土中，由于水泥浆和粗骨料之间的性能差异，导致在外界的作用力影响之下，二者的形变量不同，接触面同时会产生剪应力和切应力，导致混凝土内部产生裂缝，这是造成混凝土破坏的重要因素之一。基于以上因素，降低混凝土材料内部的孔隙率，优化孔结构，提高密实度，可以有效地提高混凝土的性能。与普通混凝土和高性能混凝土相比，超高性能混凝土按照最大堆积密度原理配制，各组分间相互填充，水胶比明显减小，显著地降低了孔隙尺寸和孔隙率。掺入的硅灰等矿物掺和料可与氢氧化钙进行火山灰反应，形成水化硅酸钙，使得水泥与骨料间的界面过渡区如同水泥基体一样致密。同时，通过纤维可以改善材料的强度与变形性能，提高抗弯、抗拉能力。UHPC由于内部结构十分致密，因而具有很强的抗渗透、抗冻融循环和抗腐蚀能力，各项力学性能和耐久性能都明显高于普通混凝土，将 UHPC 应用于工程中，工程结构具有较长的使用寿命，从而提高结构工程的经济效益。

UHPC 不同于传统的高强混凝土（High Strength Concrete，简称 HSC）和钢纤维混凝土（Steel Fiber Reinforced Concrete，简称 SFRC），也不是传统意义的高性能混凝土（High Performance Concrete，简称 HPC）的高强化改性，而是性能指标明确、具有新本构关系和结构寿命的水泥基结构工程材料。"超高性能"表征的是同时具有超高强度、高韧性、低渗透性和高体积稳定性等优异性能。较具有代表性的定义和需要具备的特征如下：

（1）是一种组成材料颗粒的级配达到最佳的水泥基复合材料；

（2）水胶比<0.25，含有较高比例的微细短钢纤维增强材料；

（3）抗压强度≥150MPa，具有受拉状态的韧性，开裂后仍保持抗拉强度不低于5MPa（法国规定 7MPa）；

（4）内部具有不连通孔结构，有很高的抵抗气、液体侵入的能力，与传统混凝土和高性能混凝土相比，耐久性可大幅度提高。

活性粉末混凝土（Reactive Powder Concrete，简称 RPC），是法国 Bouygues 建筑公司的一项专利产品，具有高强度、高韧性、高耐久性、高经济性及稳定性等特点，因此广泛传播引起关注，RPC 一度成为超高性能混凝土的代名词。而 UHPC 名称能更好地表达这种水泥基材料或混凝土在全面性能上的跨越式进步，逐步被广泛接受和采用。RPC 在工程结构中的应用可以解决目前的高强与高性能混凝土抗拉强度不够高、脆性大、体积稳定性不良等缺点，同时还可以解决钢结构的投资高、防火性能差、易锈蚀等问题。目前国内 RPC 混凝土只用于一些小型构件，如铁路人行道步板、市政下水井盖等，在大型构件领域尚属空白。

4.1.2 超高性能混凝土发展历程

在 20 世纪前半叶，混凝土的平均抗压强度能够达到 40MPa；20 世纪 60 年代，美国的 Powers 对水泥净浆进行了一系列系统的研究，分别从物理结构和微观结构对水泥净浆硬化后的性能进行分析，初步开始研究密实度与水泥净浆强度的关系，20 世纪 70 年代初通过试验研究证实，提高水泥净浆的密实度，可以有效提高混凝土强度，为超高性能混凝土的研究奠定了理论基础；20 世纪 70 年代末，减水剂和高活性掺和料的开发应用，使得混凝土的强度能够达到 60MPa。然而，单纯提高混凝土抗压强度，并不能改变其脆性大、抗拉强度低的不足。采用纤维增强的方法，产生了纤维增强混凝土。随着社会的发展，许多特殊工程，如海上石油钻井平台、海底隧道、核废料容器、核反应堆防护罩等，对混凝土的耐腐蚀性、耐久性和抵抗各种恶劣环境的能力等也提出了更高的要求。因此，又提出了高性能混凝土（HPC）的概念，20 世纪 80 年代末，一些发达国家针对于混凝土的耐久性设计出高性能混凝土。在 HPC 应用发展的同时，人们并没有停止对混凝土向更高强度、更高性能发展的追求。Bache 教授在亲身试验研究的基础上，提出了 DSP（Densified System with Ultra-Fine Particles）理论，即：用充分分散的超细颗粒（硅灰）填充在水泥颗粒堆积体系的空隙中，实现颗粒堆积致密化，从而使粉体颗粒整体密实度提高，也称为致密化体系。之后，Bache 在 DSP 材料的基础上，掺用长 6mm、直径 0.15mm、掺量 5％～10％的钢纤维，同时配以钢筋制备成功密实增强复合材料 CRC（Compact Reinforced Composites），但其钢纤维掺量高，成本大大增加，主要适用于有特殊要求的结构，如抗冲击性能或很高的力学性能等。在这段时间内，Birchall 配制出了无宏观缺陷水泥基材料（Macro Defect-Free Cement，MDF），抗压强度能够达到 200MPa。

水泥材料高强化发展的 2 个模型：

1. 宏观无缺陷水泥基材料（MDF）

1979 年英国化学公司和牛津大学研制成功 MDF，抗压强度高达 300MPa，抗弯强度 150MPa，弹模 50GPa，配比及工艺：90％～99％硅酸盐水泥或铝酸盐水泥；4％～7％聚合物树脂；水胶比＜0.2；搅拌时强力拌和；成型时采用热蒸压工艺，使基体内无大孔隙。

缺点：需要辊压或挤压成型；材料对水敏感，水分侵入后，体积膨胀，强度下降。

2. 高致密水泥基材料（DSP）

采用高效减水剂和硅灰，掺加超硬度骨料，用充分分散的超细颗粒硅（0.5nm～0.5μm）填充在水泥颗粒堆积体系（0.5～100μm）的空隙中，实现颗粒堆积致密化，同时采用压制密实成型工艺（强制式拌和，高频振捣和振动加压成型），可通过添加纤维增加韧性。超细颗粒硅灰填充在水泥颗粒之间的空隙中，提高了固体颗粒堆积密实度，并在高效减水剂的作用下，使 DSP 浆体的水胶比降低至 0.15～0.19。

缺点：工作性差、易开裂、造价高、内部干燥产生的自收缩很大，以至于净浆体会自行开裂。

在 DSP 体系的基础上，通过高效减水剂的作用将混凝土粉体均匀分散开，用更小的水胶比就可以实现更密实化的混凝土，从而得到更高抗压强度的混凝土，称为超高性能混凝土（UHPC），因为一般需掺入钢纤维，也被称作超高性能纤维增强混凝土（UHPFRC）。

1993 年，法国皮埃尔·理查德研究小组通过模仿"DSP 材料"，按照最紧密堆积理论，剔除粗骨料，使用最大粒径约为 0.6mm 的石英砂作为骨料，掺入适量钢短纤维和活性掺和料，配以成型施压、热处理养护等制备方法，成功地研制出了高韧性、高强度、耐久性优良和体积稳定性好的活性粉末混凝土（RPC）。典型的钢纤维长 13mm，直径 0.15mm，最大掺量 2.5％。RPC 分为 2 个等级，强度在 200MPa 以内的称为 RPC200，强度在 200MPa 以上、800MPa 以下的称为 RPC800，目前 RPC200 得到了较为广泛的应用。由于 RPC 是一种专利产品，为了避免知识产权的纠纷，欧洲目前不再使用这个名词，而改称超高性能混凝土，由 Larrard 和 Sedran 在 1994 年首次提出，由于性能优异，超高性能混凝土很快地在大跨度桥梁、高层建筑及结构修复等工程领域得到大量推广应用，在欧美国家发展尤为迅速。1997 年加拿大魁北克省建造了世界上第一座超高性能混凝土人行桥，进入 21 世纪以来，世界各国对 UHPC 的研究的开始重视起来。目前，UHPC 的工程应用研究尚处于起步阶段，但已成为土木工程领域极具应用前景的新型建筑材料。

1999 年，清华大学覃维祖教授最早将 RPC 引入中国，其对超高性能混凝土的高性能产生机理进行了初步研究并将这种材料引进国内。近年来，北京交通大学、湖南大学、东南大学等高等院校相继开展研究，取得了系列成果。2005 年，辽宁沈阳一处工业厂房扩建工程使用了大量预制超高性能混凝土梁板，是国内第一次将超高性能混凝土规模化用于实际工程。经过近些年的发展，UHPC 到了一个可以实际应用的水平，其抗压强度 150～200MPa，几乎等同于钢材，抗拉强度可超过 15MPa，弯曲抗拉强度达到 50MPa，并且在普通养护条件也可制备出满足性能要求的 UHPC，并在高铁电缆槽盖板、桥梁、高层建筑、海洋工程等结构中开始得到应用。邵旭东专家团队发展的钢-UHPC 复合型桥面结构切实解决了困惑钢桥的 2 个难点：桥面铺装寿命短和钢结构易疲劳损伤，并设计方案和试验研究了多种多样的 UHPC 结构、钢-UHPC 复合结构桥梁。最重要的是，钢-UHPC 复合桥面在我国已实现产业化运用。2016 年长沙建成了全世界第一座采用全预制拼装工艺的超高性能混凝土桥梁。2018 年武汉华新长山口环保工厂工程使用 168 组预应力超高性能混凝土预制梁替代钢结构，取得了较好效果，是目前全国范围内规模最大的应用超高性能混凝土预制梁的工程项目。国内关于超高性能混凝土的国家标准《活性粉末混凝土》（GB/T 31387—2015）于 2015 年颁布实施，标志着我国超高性能混凝土的研究已进入高速发展阶段。但与发达国家相比，我国的工程应用实例还相对较少，应用规模也相对较小。

4.1.3 超高性能混凝土配制与性能

通过对普通混凝土的研究，人们认识到混凝土作为一种多孔的不均匀材料，其微观孔隙结构、孔隙率和微裂缝等因素均会直接或间接地影响其宏观力学性能，孔结构是影响其强度的主要因素，而固体混合物的颗粒体系所具有的高堆积密实度是混凝土获得高强度的关键。UHPC 是一种高强度、高韧性、低孔隙率的超高强水泥基材料。它的基本配置原理是：通过提高组分的细度与活性，不使用粗骨料，使材料内部的缺陷（孔隙与微裂缝）减到最少，以获得超高强度与高耐久性。措施如下：

1）提高匀质性，减少材料内部缺陷

在混凝土硬化过程中，由于骨料和硬化水泥浆体弹性模量不同（相差 1～3 倍），由于环境湿度、温度变化而引起的变形不同，会导致混凝土内部产生裂缝，因此，在配制超高性能混凝土时一般会剔除粗骨料，选用最大粒径不超过 1mm 的细骨料。骨料界面微裂缝的长度和宽度与骨料粒径尺寸有关，骨料粒径减小，裂缝长度和宽度也小。因此 UHPC 不用粗骨料，只用细骨料，可以极大地减少界面微裂缝的长度和宽度，降低了产生内部裂缝的风险，提高了骨料的均匀性。

2）提高密实度

在制备 UHPC 时，可采用以下措施来提高其密实度，降低孔隙率：

（1）优化颗粒级配，采用多级粒径分布，提高 UHPC 的堆积密度，使颗粒混合料体系达到最密实状态。

（2）优选掺入与活性组分相容性良好的高效减水剂，降低水胶比（不应大于0.2）。在水泥水化过程中，胶材颗粒与水化产物会形成一种内部包裹着水的絮凝结构，而加入高效减水剂后亲水基发生变化，微粒之间会产生电荷作用破坏絮凝结构，其内部包裹的水分会释放出来成为自由水，减水剂的使用可以使浆体在最少用水量的条件下有良好的工作性。

（3）在新拌混凝土凝结前和凝结期间对其加压，首先可以挤出拌和物中包裹的空气，减少气孔的数量和体积，同时，当模板有一定渗透性时，可将多余的水分自模板间隙中排出，还可以消除在水化过程中化学收缩引起的微裂缝。

3）加强韧性

由于超高性能混凝土的强度远大于传统混凝土，导致其脆性也相对较大。根据实际工程需要，掺入钢纤维或其他种类纤维，可以增强混凝土的韧性，弥补这一缺陷。

4）改善微观结构

超高性能混凝土生产中进行高温养护，可以加速水泥水化反应的过程和火山灰效应的发挥，改变C-S-H的形貌，减少氢氧化钙和钙矾石的体积，细化孔结构，使界面黏合力增强。

UHPC所用材料与普通混凝土有所不同，其组成材料主要包括以下6种：①水泥；②级配良好的细砂；③磨细石英砂粉；④硅灰等矿物掺和料；⑤高效减水剂；⑥钢纤维或其他种类纤维。其配制设计原理为最紧密堆积理论，即使细颗粒填充在粗颗粒之间的空隙，更细颗粒填充在细颗粒之间的空隙，逐级向下，以达到最大密度。

1. 制备

UHPC常规制备工艺是：先将骨料和胶凝材料倒入搅拌机进行搅拌，搅拌均匀后逐渐加入水和减水剂，当拌和物由颗粒状转变为胶体状态后，再加入钢纤维继续搅拌，待钢纤维分散均匀后进行浇筑，振动成型、养护。RPC由于采用基体材料＋细粒径组分材料＋钢纤维进行配制，在拌制过程中容易聚团，影响RPC成型的均质性和材料性质，图4.1为活性粉末混凝土的一般搅拌流程。现有研究表明，不同投料顺序对UHPC的强度有一定的影响，但对流动性的影响最大。搅拌过程也是超高性能混凝土获得优异性能的重要环节，钢纤维分布均匀才能保证混凝土性能优异。下料顺序或搅拌方式不但会导致纤维结团，还会影响混凝土的均匀性和力学性能。有研究结果表明，在加入钢纤维前进行手工搅拌的搅拌工艺比传统搅拌工艺可降低胶凝材料的损耗，提高超高性能混凝土的抗压强度搅拌流程如图4.2所示。搅拌机选用可调速的强制式搅拌机，如双卧轴式、盘式，及带刮铲的行星式搅拌机，不得选用单轴搅拌机。

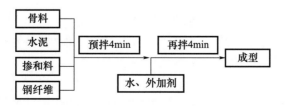

图4.1 活性粉末混凝土要求搅拌流程

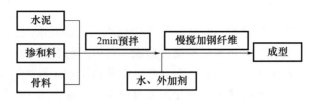

图 4.2　超高性能混凝土要求搅拌流程

2. 性能

为取得优异的性能，制备超高性能混凝土时需大量使用胶凝材料，导致其水化过程中会引起较强烈的自收缩现象，浇筑成型后易产生裂缝。所以配制超高性能混凝土时应特别注意配合比的设计，在保证性能的同时抑制裂缝发展。浇筑应采用分层浇筑，每层浇筑厚度不宜大于 300mm，层间不应出现冷缝，浇筑采用平板振捣器或模外振捣器振捣成型；应在 30min 内灌注完毕，构件宜连续灌注，最大间隔时间应不超过 6min。

通常情况下，高温养护的 UHPC 早期强度比常温养护明显提高。相较于普通养护制度，高温蒸压养护能够促进 UHPC 的水化反应，生成更多的水化硅酸钙，减小钙矾石和 $Ca(OH)_2$ 的体积，孔结构得到优化，减小孔隙率，增加密实度，力学性能得到改善。但由于采用高温和蒸压等养护措施，对制备条件有较高的要求，限制了其在工程中的应用范围，国内外很多学者对免蒸养 UHPC 进行了一系列研究，在不采用热养护特殊工艺的条件下，可以通过调整材料成分实现免蒸养 UHPC 良好的力学性能，例如采用低热水泥和超细硅灰，可以制备出流动性良好、性能优异的 UHPC；在标准养护条件下，可以通过添加铁矿石残渣取代部分天然骨料进行 UHPC 制备，或在胶凝材料中掺入超细辅助性胶凝材料来提高 UHPC 抗压强度，还可以加入高效减水剂等外加剂来改善 UHPC 的孔结构，提高其密实度、黏结性，并提高其强度。研究免蒸养 UHPC 的制备方法及其力学性能，可以使其制备工艺简单化，从而降低成本，提高普适性，表 4.1 为 RPC 的典型组成、配合比和性能参数。

表 4.1　RPC 典型组成、配合比和性能

原材料与配合比（质量比）	RPC200				RPC800	
	无纤维		有纤维		硅质骨料	钢制骨料
硅酸盐水泥	1	1	1	1	1	1
硅灰	0.25	0.23	0.25	0.23	0.23	0.23
砂（粒径 150～600μm）	1.1	1.1	1.1	1.1	0.5	—
磨细石英粉（$d_{50}=10$μm）	—	0.39	—	0.39	0.39	0.39
高效减水剂（聚丙烯酸系）	0.016	0.019	0.016	0.019	0.019	0.019
钢纤维（$l_f=12$mm，$d_f=0.5$mm）	—	—	0.175	0.175	—	—
钢纤维（$l_f=3$mm，不规则形状）	—	—	—	—	0.63	0.63
钢骨料（粒径<800μm）	—	—	—	—	—	1.49
水胶比	0.15	0.17	0.17	0.19	0.19	0.19
成型密实压力（MPa）	—	—	—	—	50	50

续表

原材料与配合比（质量比）	RPC200				RPC800	
	无纤维		有纤维		硅质骨料	钢制骨料
热处理（养护）温度（℃）	20	90	20	90	250~400	250~400
性能 抗压强度（MPa）	170~230				490~680	650~810
抗弯强度（MPa）	30~60				45~141	
断裂能（N/m）	20000~40000				12000~20000	
弹性模量（GPa）	50~60				65~75	
极限伸长率（×10⁻⁶）	5000~7000				—	

超高性能混凝土作为 20 世纪后期诞生的新一代建筑材料，具有超高强、高韧性、高耐久性等优异性能。基于颗粒紧密堆积理论和混杂纤维增强增韧机理，在 UHPC 力学性能的提高方面有重大突破。和普通水泥基材料相比，UHPC 表现出更好的抗压性能、抗拉性能、抗折性能和抗冲击抗爆性能。此外，纤维的掺入对其整体强度的提升有较大影响，且由于其低水胶比、微裂纹效应和自修复效应，UHPC 也表现出较好的耐久性。

（1）抗压强度

超高强度是 UHPC 的基本特性之一，定义上 UHPC 抗压强度不低于 150MPa，与普通混凝土一样存在尺寸效应问题，但超高性能混凝土的强度高、弹性模量大、受尺寸效应影响的敏感度比普通混凝土有所降低。

如图 4.3 所示，UHPC 与普通强度混凝土和高强度混凝土相比，其特点是在单轴抗压测试中，相当长的时间里表现出一种本质上的线弹性。达到强度时的应变取决于骨料级配，在最大粒径 2mm 的细颗粒混凝土应变为 4.0%~4.4%，而在粗颗粒混凝土的数值为 3.5%。

掺入辅助性胶凝材料、粉煤灰、钢渣粉、矿粉等材料，采用热养护等生产工艺，均可提高超高性能混凝土的抗压强度。掺入钢纤维可提高超高性能混凝土的抗压强度，但掺入聚丙

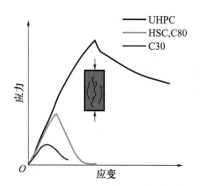

图 4.3 传统混凝土与 UHPC 的抗压强度范围

烯纤维反而会降低超高性能混凝土的抗压强度。混杂纤维活性粉末混凝土的抗压强度表现出先增大后减小的变化趋势，而抗折强度和抗拉强度逐渐降低。

（2）抗拉强度

UHPC 的"超高力学性能"更主要体现在超高抗拉强度（单轴抗拉和弯曲抗拉强度）和高韧性。目前还没有针对 UHPC 单轴抗拉试验的标准方法，无切口试件适用于确定抗拉强度，而有切口试件则适用于确定纤维增强 UHPC 的应力-开裂宽度的关系。UHPC 典型的抗拉强度为 7~11MPa。超高性能混凝土的抗拉强度同普通混凝土一样，从高到低依次为轴拉强度、劈裂强度以及弯拉强度，目前为止还没有公认的定论。超高性能混凝土具有良好的裂缝控制能力，其极限拉应变可达到 3% 以上。超高性能混凝土

对缺口不敏感，甚至当缝高比为 0.5 时，超高性能混凝土也表现出优异的裂缝无害化分散能力。

（3）体积稳定性

超高性能混凝土的早期收缩小，在体积变形方面，由于 UHPC 的水胶比非常低，水化进行到一定程度导致内部干燥（自收缩），其密实的结构则有效阻止内部水分的损失，所以 UHPC 的干燥收缩较小。UHPC 的收缩在经历热养护过程中会迅速完成，即经过热养护后体积稳定，几乎不再收缩。膨胀剂（Expansion Agent）、减缩剂（Reducing Agent）和陶粒（Ceramsite）内养护，对于减小 UHPC 的收缩，可以取得较好的效果。

（4）耐久性能

作为预期服役寿命最长的结构工程材料之一，UHPC 的耐久性能是其最重要的性能之一。UHPC 的水胶比很低，具有良好的孔结构和较低的孔隙率，孔隙率在 5% 左右，孔分布均匀，主要以微小的小孔为主，有着非常致密的微观结构，使其具有极低的渗透性、很高的抗有害介质侵蚀能力和良好的耐磨性，其氯离子扩散系数很低，仅为 $10^{-9}\,cm^2/s$ 数量级，对来自除冰盐或海洋环境下的氯离子抵抗能力明显高于普通强度混凝土。因此，带有 UHPC 保护层的混凝土为钢筋提供了更好的防锈保护。除了高抗渗性和良好的保护内部钢材耐化学腐蚀能力外，UHPC 还具有对抗冻融循环破坏性能、微裂缝自修复性能等（表 4.2）。

表 4.2　普通混凝土、高性能混凝土、UHPC 性能对比

性能	普通混凝土	高性能混凝土	UHPC
抗压强度（MPa）	20～50	50～100	120～200
抗折强度（MPa）	4～8	6～10	10～60
弹性模量（GPa）	30～40	30～40	30～60
氯离子扩散系数（$10^{-12}\,m^2/s$）	1.1	0.6	0.02
碳化深度（mm）	10	2	0
冻融脱落（g/m^2）	>1000	900	7
磨耗系数	4.0	2.8	1.3

3. 发展方向

超高性能混凝土经过 20 余年的发展已逐步趋向成熟，但目前的研究和应用中仍存在一些难点，会直接或间接地制约超高性能混凝土的发展。

（1）整体造价较高

UHPC 的整体造价相较普通混凝土更高，尤其是应用在纤维材料，胶凝材料和高效减水剂的高额成本，使得 UHPC 的造价大概是普通混凝土的 10～20 倍，一些施工单位会以此为判断依据，从而弃用 UHPC，而选用更廉价的普通混凝土，限制了 UHPC 在实际工程中的应用。在成本构成中，纤维所占成本最大，达到一半以上；基材需要优质材料，成本也较高。提高纤维增强增韧效率是降低成本的关键，需要努力提高纤维的抗拉增强增韧效率，降低纤维用量和 UHPC 结构造价，钢纤维在这方面还有较大的提高空间。

（2）胶凝材料用量大，收缩变形大

制备超高性能混凝土需要使用大量的水泥和硅灰等活性材料，同时加入聚羧酸减水剂降低水胶比，导致前期超高性能混凝土水化放热大，造成的自身收缩量也大。由于超高性能混凝土需要在高温条件下养护，在养护期间，局部温度发生改变，也会造成温度收缩。

（3）钢纤维分散困难，制备工艺要求高

在 UHPC 中加入钢纤维是一个非常显著的特征，但钢纤维在添加过程中会出现较明显的成团现象，钢纤维成团后内部也许会产生较大的孔洞，导致 UHPC 具有一定的缺陷。搅拌时，拌料容易成团，对搅拌设备的要求较高。在浇筑完成后，为使超高性能混凝土达到最佳的状态，要在 80～90℃ 的温度且蒸压条件下养护，而现场浇筑超高性能混凝土难以保证养护条件。

（4）设计理论规范不完善

目前，国外对超高性能混凝土的生产、设计及应用出版了相关规范，2014 年瑞士出版了《UHPFRC：建筑材料、设计与应用》（SIA2052），2016 年法国出版了《超高性能纤维增强混凝土结构设计规范》等相关规范，而国内对超高性能混凝土的研究相对滞后，相关规范还未完善，还需要建立可靠的 UHPC 力学性能本构关系，包括 UHPC 在各种结构上的性能、结构是否配筋或配筋方法、预应力技术、结构设计与验证方法。相信待相关规范完善后，能加速超高性能混凝土在我国工程中的应用与发展。

4.2　超高性能混凝土配制技术

4.2.1　超高性能混凝土的设计理论

UHPC 的理论化设计主要是基于颗粒的紧密堆积模型。其理论要点为：细颗粒填充在粗颗粒之间的空隙，更细颗粒填充在细颗粒之间的空隙，逐级向下，达到最大密度（图 4.4）。当前，最常用的紧密堆积理论模型有：Feret 堆积理论模型、Fuller 级配曲线模型、改进的 Andreasen 和 Andersen（Modified Andreasen and Andersen，简称 MAA）模型。

其中，MAA 模型是一种经典的连续颗粒堆积模型。相比于其他堆积模型，MAA 模型由于其具有理论性与实用性，被广泛应用于混凝土的配合比设计中。虽然其是基于干燥状态下的紧密堆积模型，但是相关研究表明，将其用于设计 UHPC 是可行的且与理想曲线良好

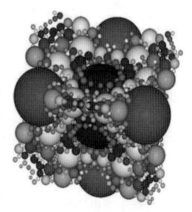

图 4.4　紧密堆积模型

拟合修正的 MAA 颗粒堆积模型优化设计 UHPC 在湿堆积状态下是适用且可靠的。MAA 模型的理论公式见式（4-1）、式（4-2）。利用 MATLAB 软件对式（4-1）进行建模，采用最小二乘法（LSM）的算法式（4-2），调整混凝土混合物中每种材料的质量比

例，直到达到混合物与目标曲线之间的最佳拟合位置。

$$P(D) = \frac{D - D_{\min}}{D_{\max} - D_{\min}} \qquad (4\text{-}1)$$

式中　$P(D)$——总固体中小于粒径 D 的分数；

$\qquad\quad D$——粒径（μm）；

$\qquad\quad D_{\max}$——体系中的最大粒径；

$\qquad\quad D_{\min}$——体系中的最小粒径；

$\qquad\quad Q$——分布模量。

$$S_s = \sum_{i=1}^{n} \left[(P_{\mathrm{mix}}(D_i^{i+1}) - P_{\mathrm{tar}}(D_i^{i+1}) \right]^2 \qquad (4\text{-}2)$$

式中　S_s——残差平方和；

$\qquad\quad P_{\mathrm{mix}}$——目标级配曲线；

$\qquad\quad P_{\mathrm{tar}}$——实际堆积曲线。

4.2.2　超高性能混凝土原材料选择

1. 胶凝材料

（1）水泥。水泥在 UHPC 中的作用与混凝土相同，即通过水泥浆体的硬化将骨料胶结成一个坚实的整体。由于水泥中 C_3A 水化反应需水量较高，因此建议采用 C_3A 含量不大于 8% 的水泥，直接用超细水泥制备 UHPC，虽然对材料的经济性有所影响，但制备更便捷。其性能应符合《通用硅酸盐水泥》（GB 175—2023）规定。

（2）硅灰。硅灰极细的颗粒形态使其可填充孔隙（填充效应），使得浆体结构更密实；含量很高的非晶态 SiO_2 与水泥水化生成的 $Ca(OH)_2$ 发生反应，增加水化硅酸钙 C-S-H 凝胶量（火山灰效应），加强浆体与骨料间的界面黏结，此外在 80～90℃ 热养护中有助于 UHPC 生成额外具有强度的水化相；球形形态良好，与水泥颗粒存在静电斥力作用，可以产生"滚珠"作用，对混凝土拌和物有良好的增塑作用。

（3）粒化高炉矿渣。粒化高炉矿渣粉磨得越细，其活性越高，早期产生的水化热量越高，并且早期的自收缩随矿渣掺量的增加而增大，因此掺入 UHPC 中的磨细矿渣的比表面积不宜过细。

（4）粉煤灰。含碳量高的粉煤灰需水量大，对混凝土的流变性、强度和变形都有不利的影响，因此用于 UHPC 中的粉煤灰的烧失量以小于 3% 为宜，粉煤灰应符合《用于水泥和混凝土中的粉煤灰》（GB/T 1596—2017）的规定，宜采用Ⅰ级粉煤灰。

2. 纤维

纤维主要用于提高材料的延性和抗拉性能，因长纤维易相互搭接，降低拌和物流动性，故不宜使用长度超过 30mm 的纤维，通常采用长度 13mm 以下的微细纤维。合适的纤维长度和长径比可改善 UHPC 的受弯性能。另外，纤维的分布方式也会明显影响材料的受弯、受拉性能。各种类纤维的力学性能如表 4.3 所示，当前应用最为广泛的纤维是钢纤维，钢纤维可以紧密嵌入密实、固相均匀的 UHPC 基体中，直径 0.20mm，长度 9～17mm，抗拉强度≥2000N/mm² 的微细钢纤维被证明是最好的选择，和易性也较好，体积掺量不小于2.5%，为提高钢纤维的有效性，可采用异型钢纤维（端钩、大端头、压痕、波纹、扭转等）提高纤维握裹力或机械性黏结强度，使用长径比较大的微细纤维可增大纤维的黏结力和握裹力。目前，扭转纤维是UHPC应用效率最高的钢纤维，在有机纤维中，PVA（聚乙烯醇）纤维对UHPC的增强增韧效果最好，PP（聚丙烯）纤维则用于提高UHPC的耐高温或耐火性能。钢纤维也可与其他纤维共同使用，例如钢纤维与少量木纤维混掺，从而起到内养护的作用。

表4.3　各种类纤维的力学性能

类型	拉伸强度（MPa）	弹性模量（GPa）	极限伸长率（%）
聚酯	735~1200	6~18	11~15
聚乙烯纤维	200~300	5~6	3~4
聚丙烯纤维	300~770	3.5~11	15~25
聚乙烯醇纤维	600~2599	5~50	6~17
芳纶纤维	2500~3100	60~120	2.1~4.5
抗碱玻璃纤维	1400~2500	70~80	2.5~3.5
木纤维	50~1000	15~40	—
碳纤维	1800~4000	200~480	1.2~1.6
钢纤维	280~2800	200~250	0.5~4.0

3. 减水剂

为了控制用水量，需要大量掺入高效减水剂，一般选用聚羧酸减水剂。但是，UHPC的水胶比较小，黏度大，流动性差，不宜泵送。因此，建议采用降黏性聚羧酸减水剂（图4.5）。降黏性减水剂主要依托主链和侧链作用，主链主要形成氨基及羧基基团，具有强锚固性基团，具有强吸附性能，提高浸润性，分散性能。侧链M引入疏水基团（环氧丙烷、环氧乙烷），降低其表面张力，提高浸润性，从而降低黏度。同时超支化侧链又可以在低水胶比下，提高了空间位阻效应，增加电荷密度等，提高分散性能。这样即提高分散性又增加空间位阻，从而达到提高减水率，降低黏度的目的。

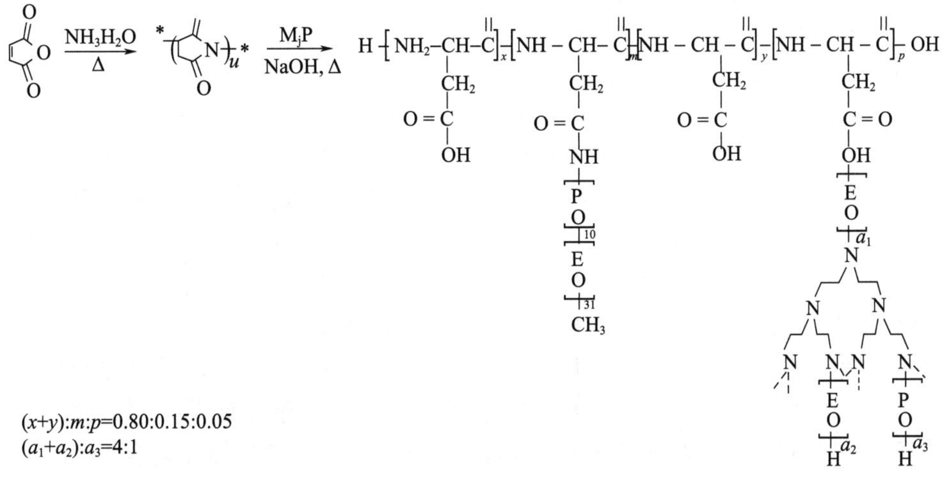

$(x+y):m:p=0.80:0.15:0.05$
$(a_1+a_2):a_3=4:1$

图4.5　降黏型聚羧酸减水剂的分子结构

119

4.2.3 超高性能混凝土施工技术

由于 UHPC 与普通混凝土的性能和原材料差异较大，因而 UHPC 采用常规制备方法时应做出一些调整。

（1）运输。超高性能混凝土的运输宜采用混凝土搅拌运输车进行，对于寒冷或炎热的气候情况，混凝土搅拌运输车的搅拌罐应有保温或隔热措施，运输过程中应保证拌和物均匀，不产生分层、离析。混凝土搅拌运输车在装料前应清洁车罐、洒水润壁、排干积水。超高性能混凝土拌和物从搅拌机卸入搅拌运输车至浇筑时的时间宜通过试验验证。超高性能混凝土拌和物的运输应合理安排搅拌运输车的发车数量与间隔，保证混凝土浇筑的连续性。混凝土搅拌运输车在运输途中及等候卸料时，应保持混凝土搅拌车罐体正常转速，不得停转。混凝土搅拌运输车卸料前，罐体宜快速旋转搅拌 20s 以上后再卸料。为保证卸料完全，在卸料收尾前，罐体应短暂停止旋转，然后再恢复慢速旋转，卸料后，应及时清洗干净。

（2）浇筑与振捣。模板应按新拌超高性能混凝土的静水压进行设计或验算，并应根据超高性能混凝土初凝阶段的收缩特性确定模板材料质量和模板结构。浇筑前，应检查模板支撑的稳定性和接缝的密合情况，应保证模板在浇筑过程中不失稳、不跑模和不漏浆，应对模板表面进行洒水润湿，但不得有积水。浇筑时混凝土拌和物层间不应出现冷缝。对于扩展度介于 700~900mm 的拌和物，宜从模板的一侧开始浇筑，一次浇筑完毕，不宜振动成型。对于扩展度介于 500~700mm 的拌和物，宜采用台阶式分层布料，每层的厚度不宜大于 300mm，厚度采用水平仪进行控制。连续浇筑间隔时间上下水平两层应尽量缩短，应在 30min 内浇筑完毕，最大间隔时间应不超过 6min。交界面局部应加强振捣。对于扩展度小于 500mm 的拌和物，应在浇筑后进行振动成型。超高性能混凝土宜采用平板或膜外振捣器，不能采用振捣棒进行振捣处理，否则就会对纤维的排列方向造成影响。

4.2.4 超高性能混凝土养护技术

UHPC 应采用蒸汽养护的方式，这类固化方式可以进一步提高混凝土的性能。与标准养护相比，蒸汽养护提高了试件的抗压强度，增量在 25%~63% 之间；这种固化方式对高体积矿物掺和料的 UHPC 性能提升更加明显。在 UHPC 养护制度的研究中发现：随着固化温度的升高，抗弯、抗压、抗拉强度均增大，但抗压强度的提高小于抗折强度和抗拉强度的提高；从微观角度来说：这种方式养护的 UHPC 已经不存在大的 $Ca(OH)_2$ 晶体，热处理后促进火山灰反应生成大量的水化产物，使托勃莫来石和硬硅钙石成为 UHPC 的主要成分，同时，固化温度升高会导致 C-S-H 的平均链长增加。常压下的热固化也存在一些缺点：首先就是养护成本相较于标准气压下的室温固化有所提升，其次就是养护成型的 UHPC 脆性会提高，最后这种固化方式养护成型的 UHPC 几乎没有开裂自修复能力。

在环境温度较高、相对湿度较小、风速较大的条件下浇筑超高性能混凝土时，应在抹面完成时即刻采取喷洒水雾或覆盖饱水但不滴水棉麻布等适当措施，防止超高性能混凝土表面失水，但严禁初凝前混凝土表面有明水。在超高性能混凝土浇筑后的抹面压平工序中，严禁向超高性能混凝土表面洒水。

超高性能混凝土浇筑完成后，应及时喷水雾使已浇筑完成的混凝土表面保持湿润状态，并用薄膜覆盖进行保湿养护，还应符合下列规定：覆盖薄膜时，不应损坏超高性能混凝土。薄膜应搭接铺设，搭接位置宜采用方木或砂粒覆盖，搭接宽度应大于 20cm。保湿养护过程中，应加强巡查力度，发现有缺水部位时，应及时补水养护。

当采用蒸汽养护时，在超高性能混凝土终凝后（一般为 48h），撤除薄膜并开始蒸汽养护。蒸汽养护宜采用蒸汽锅炉、蒸汽管道和蒸汽养护棚等设备，还应符合下列规定：养护前，应根据养护面积计算好蒸汽锅炉功率、支架和保温棚的规格、数量。养护前，应根据现场条件和养护要求确定支架搭设、锅炉布置及养护方案。蒸汽养护棚在蒸汽养护过程中应具有足够的强度、刚度、稳定性和密封性，顶面不应积水。蒸汽养护过程中温度控制宜采用自动控制系统，应合理设置监控点。养护温度在 80～90℃时，养护时间不应少于 72h；养护温度在 90℃以上时，养护时间不应少于 48h；养护相对湿度不应低于 95%。蒸汽养护时的升温阶段，升温速度不应大于 15℃/h；养护结束后，降温速度不应超过 15℃/h。蒸汽养护结束后，应撤除养护设备并将超高性能混凝土面层表面清扫干净，宜用薄膜覆盖，进行保湿养护，混凝土表面温度与环境温度之差不宜大于 20℃。当采用自然养护时，湿养护时间不应少于 14d，超高性能混凝土内外温差不得大于 20℃，当混凝土内外温差大于 20℃时，宜采取保温养护措施。

4.3 超高性能混凝土的性能

4.3.1 超高性能混凝土的力学性能

UHPC 与普通强度混凝土和高强度混凝土相比，其特点是在单轴抗压测试中相当长的时间里表现出一种本质上的线弹性，直到达到抗压强度前不久和破坏时形成微裂纹之前，弹性模量一般在 45～55GPa 之间（图 4.6）。达到强度时的应变取决于骨料级配，在最大粒径 2mm 的细颗粒混凝土应变为 4.0%～4.4%，而在粗颗粒混凝土的其值为 3.5%。

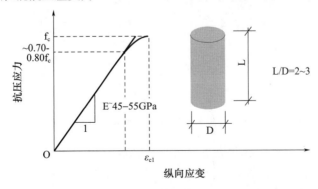

图 4.6 无纤维 UHPC 单轴抗压测试的应力-应变关系

　　近年来，随着超高性能混凝土的不断发展，致使钢纤维的种类繁多且形状各异，因此钢纤维对超高性能混凝土的性能影响逐渐成为当下的重点研究课题。通过对超高性能混凝土进行抗压强度试验，探究钢纤维掺量、长径比对超高性能混凝土抗压强度的影响，试验结果如图4.7、图4.8所示，发现超高性能混凝土的抗压强度随着钢纤维掺量的增大逐渐增大；钢纤维长径比过大对提升抗压强度的效果并不明显；随着钢纤维长径比的增大，超高性能混凝土的抗压强度整体呈逐渐增大变化的趋势。钢纤维的掺入除了能够增强其与混合料之间的摩擦力外，还能在混合料内部形成大量的纤维网状结构，从而有效地控制混合料内部微裂缝的产生及发展。钢纤维的长径比增大能够延长裂缝端部应力在纤维上的传递距离，从而有效地抑制裂缝的扩张。

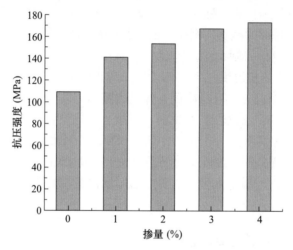

图 4.7　不同钢纤维掺量时超高性能混凝土的抗压强度

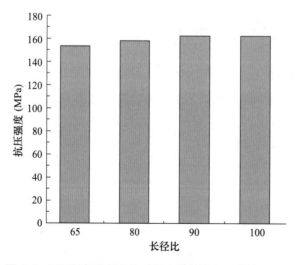

图 4.8　不同钢纤维长径比时超高性能混凝土的抗压强度

　　UHPC的"超高力学性能"更主要体现在超高抗拉强度和高韧性。轴拉试验能够反映真实的抗拉强度和受拉应力-应变关系，是研究混凝土受拉性能不可或缺的试验手段。但是，目前还没有针对UHPC单轴抗拉试验的标准方法。在试件的选择上无切口试件适用于确定抗拉强度，而有切口试件则适用于确定纤维增强 UHPC 的应力-开裂宽度的关系。而且轴拉试验测试难度较大，并不适用于实际工程中使用。而抗折试件受力明确且分析简单，且抗折强度与轴拉强度的比值也较靠近钢纤维混凝土和普通混凝土的比值。因此，建议实际工程应用中可采用抗折试验作为 UHPC 抗拉强度的间接试验方法。

混凝土的受压弹性模量为压应力与应变的比值，是衡量变形难易程度的指标。而应力-应变曲线是受压性能的综合性宏观反应，是分析构件的极限承载力和进行非线性全过程分析必不可少的本构关系，其线性段的斜率即为弹性模量，通常取极限压应力 40%～50%处的应力来计算 UHPC 的弹性模量。表 4.4 为不同种类混凝土的弹性模量，相较于其他混凝土，UHPC 的弹性模量并没有很大的提升。

表 4.4 不同种类混凝土的弹性模量

性能	普通混凝土	高性能混凝土	UHPC
弹性模量（GPa）	30～40	30～40	30～60

4.3.2 超高性能混凝土耐久性能

由于 UHPC 的水胶比较低、水化进行到一定程度导致内部干燥（自收缩），其密实的结构则有效阻止内部水分的损失，所以 UHPC 的干燥收缩较小，但是其整体收缩较普通混凝土大。图 4.9 为 UHPC 随时间变化的收缩量，从图中可以看出，UHPC 的收缩量随着时间的增加而不断增大，并且自收缩量约占总收缩量的 70%。

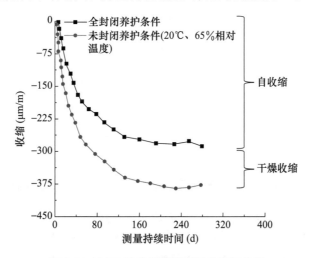

图 4.9 UHPC 的收缩量随时间的变化曲线

图 4.10 为 UHPC 应变与水胶比的关系曲线，从图 4.10 中可以看出总应变先随着水胶比的增大而逐渐减小，当水胶比在 0.3～0.4 时，应变一直保持在 600×10^{-6} 左右，当水胶比大于 0.4 时，其应变又逐渐下降；UHPC 的自收缩量随着水胶比的增大而逐渐减小；但是其干缩量随着水胶比的增大，先增大后减小，在 0.5 的水胶比时达到峰值。

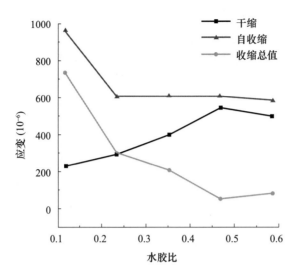

图 4.10　UHPC 的变形和水胶比的关系曲线

　　图 4.11 为不同养护条件下混凝土收缩量随时间的变化曲线，从图 4.11 中可以看出，初始龄期进行高温养护，而两天后进行常温养护的混凝土，其收缩量比标准养护的混凝土要小，说明早期的高温养护是可以控制混凝土收缩的有效手段。UHPC 的收缩在经历热养护过程迅速完成，即经过热养护后几乎不收缩。

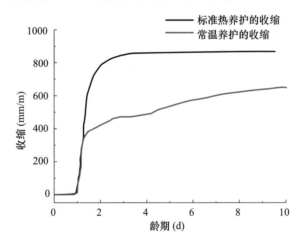

图 4.11　不同养护条件下混凝土收缩量随时间的变化曲线

　　图 4.12 为不同膨胀剂掺量 UHPC 在 100d 内的收缩量变化曲线，掺入膨胀剂后，混凝土的早期收缩量均减小，其中掺量为 2％的试验组一直保持着缓慢的收缩，其总收缩量较不掺的对比组降低了 0.03％；掺量为 4％的试验组与掺量为 6％的试验组早期均保持着缓慢的收缩，但是当龄期达到 10d 时，2 组都开始膨胀，其中掺量为 4％的试验组在 60d 时收缩与膨胀相互抵消，其最终膨胀量为 0.08％；而掺量为 6％的试验组在 18d 时收缩量与膨胀量相互抵消，其最终膨胀量为 0.7％。膨胀剂在水化早期能够较好的抑制混凝土的收缩，但是当掺量过大时，在水化后期会引起巨大的膨胀量，从而产生负面影响，因此应严格控制膨胀剂的掺量。

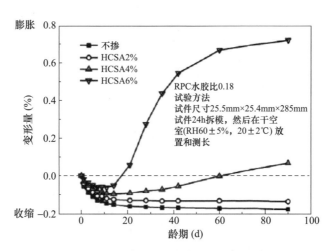

图 4.12 不同膨胀剂掺量 UHPC 的变形量发展曲线

表 4.5 为不同种类混凝土的冻融质量损失率,从表 4.5 中可以看出,当冻融循环次数为 75 次、100 次时,2 种 UHPC 的质量损失率相同,约为 C50 混凝土质量损失率的 18%。当冻融循环次数达到 150 次时,不掺粗骨料的 UHPC 的质量损失率为 0.06%,掺粗骨料的 UHPC 的质量损失率为 0.11%,两者的损失率相较于 C50 混凝土,分别减小了 92%、85.8%,当冻融循环次数达到 200 次时,掺粗骨料的 UHPC 的质量损失率不再增加,而不掺粗骨料的 UHPC 的质量损失率增加至 0.08%,但其质量损失率依旧很小,从试验结果可知,相较于普通混凝土,UHPC 的抗冻性能更好,并且不掺粗骨料的 UHPC 抗冻性能最优(表 4.5)。

表 4.5 不同种类混凝土的冻融质量损失率

组别	质量损失率 W(%)				
	0 次	75 次	100 次	150 次	200 次
不掺粗骨料 UHPC	0	0.03	0.05	0.06	0.08
掺粗骨料 UHPC	0	0.03	0.05	0.11	0.11
C50 混凝土	0	0.17	0.26	0.72	—

采用 RCM 法研究了粗骨料掺量对 UHPC 氯离子迁移系数的影响,得出不同因素对 UHPC 抗氯离子渗透性能的影响规律(图 4.13)。粗骨料掺入对 UHPC 抗压强度影响不大,但会造成 UHPC 内部孔隙率增大,使得氯离子更易扩散。由图 4.13 结果可以看出:随着粗骨料掺量增加,其氯离子迁移系数值逐渐增大。标准养护条件下掺加粗骨料的组别比空白组增大 150%,热水养护条件下增量会相对较小。因为随着温度升高,水化反应更彻底,基体结构更密实,因此热水养护条件下 UHPC 氯离子迁移系数值更低。从整体来看,掺入粗骨料的 UHP 氯离子迁移系数基本处于 $10^{-13}\,\mathrm{m^2/s}$ 的数量级,抗氯离子渗透性能优异。粗骨料类型、掺量和尺寸都会对混凝土孔结构产生影响。在氯离子渗透过程中,通常界面区成为渗透的薄弱部位,当粗骨料掺量增加时,其界面区也随之增加,从而降低 UHPC 的抗氯离子渗透性能。因此,混凝土氯离子迁移系数随粗骨料掺量增加而增大。

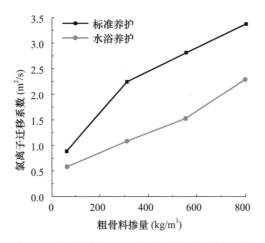

图 4.13 粗骨料对 UHPC 氯离子迁移系数的影响

4.3.3 超高性能混凝土微观结构

UHPC 的宏观力学性能受内部微观结构的影响较大，而内部微观结构与原材料的组成、配比以及制备工艺密切相关。在 UHPC 原材料制备中，硅灰是首选成分，与普通混凝土相比，其胶凝体系更为复杂，在成型过程中加入高效减水剂使体系水胶比大为降低。因此其水化硬化机理和微结构特征必然与普通混凝土存在较大差异。纳米微粉和硅灰的主要成分都是二氧化硅，但是纳米微粉的粒径小于硅灰并且其活性大于硅灰。纳米微粉一方面可以提高 UHPC 的颗粒级配，同时 UHPC 的密实度也会得到提高，另一方面，高活性的纳米微粉会促进水化产物托勃莫来石的生成。粉煤灰的掺入可以提升混凝土拌和物的工作性能，粉煤灰活性低于硅灰和纳米微粉，但是粉煤灰的水化反应主要发生在后期，也可以有效地提升混凝土强度。

UHPC 中胶凝材料的水化作用与普通混凝土相似。水泥的主要物相为硅酸三钙（C_3S）、硅酸二钙（C_2S）、铝酸三钙（C_3A）和铁铝酸四钙（C_4AF），而硅灰和纳米微粉作为矿物掺和料，一方面为水化反应提供二氧化硅，另一方面硅灰和纳米微粉可以在水泥水化反应中加速氢氧化钙的消耗，从而促进生成水化硅酸钙（C-S-H）凝胶。图 4.14 为不同水胶比下的 UHPC 净浆（剔除骨料和钢纤维）试验的 SEM 图。

图 4.14（a）和图 4.14（c）中，对水胶比分别为 0.18 和 0.22 的试件进行对比，两者都为放大相同倍数时的图像。从图 4.14（a）中可以看出，水胶比为 0.18 时有层状的水化产物存在，在其周围有大量的钙矾石和凝胶状物质，此时净浆内部主要由大量的凝胶产物互相聚集黏结而成，从而形成致密的浆体结构。而在图 4.14（c）中能够清晰的看到微裂缝和气孔的存在，这些裂缝在一定程度上影响 UHPC 的强度，但在图 4.14（a）中没有观察到明显的裂缝，说明 0.18 水胶比时，UHPC 浆体已经十分密实。图 4.14（d）是将图 4.14（c）放大 2 倍后的净浆试件微观形貌。从图 4.14（c）和图 4.14（d）中可以看出 C-S-H 以絮状、团状的形式存在，同时钙矾石晶体也大量出现，这些水化产物相互结合，形成不定形态的团絮状物质，可以更好地填充孔隙。图 4.14（b）是 0.20

(a) 水胶比0.18　　　　　(b) 水胶比0.2

(c) 水胶比0.22　　　　　(d) 水胶比0.22(放大2倍)

图 4.14　不同水胶比下的 UHPC 净浆试验的 SEM 图

的水胶比净浆试件在电镜下的微观形貌。从图中可以看出，UHPC 浆体内部有板层状物质，说明净浆已非常致密。另外，在图中仍可以观察到呈球状的粉煤灰和硅灰颗粒，说明浆体内部有部分矿物掺和料没有完全参与反应。这是因为 UHPC 由于其本身极低的水胶比，其所含有的水量要参与水泥、粉煤灰、硅灰、纳米微粉的水化反应是远远不够的，所以即使是规定龄期也存在矿物掺和料不能水化的现象。

UHPC 的 ITZ 形貌受所处温度、湿度和养护龄期的影响，其微观结构由非均质多相组成。采用 SEM 观察不同养护条件下 28d 龄期时轻骨料吸水率为 3％的 UHPC 界面区形貌如图 4.15 所示。

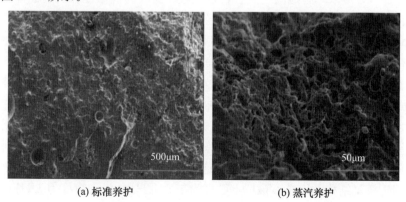

(a) 标准养护　　　　　(b) 蒸汽养护

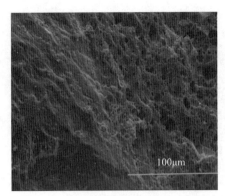

(c) 蒸压养护

图 4.15　不同养护制度下 UHPC 界面过渡区 SEM 图

　　由图 4.15 可见，标准养护、蒸汽养护和蒸压养护条件下 UHPC 骨料与水泥石基体结合紧密，没有明显的边界存在。这是因为轻骨料在拌和过程中存在吸水和释水，使轻骨料内部存在自由水，在混凝土养护过程中，通过释水使得骨料与基体的界面区水化更加充分；与标准养护相比，蒸汽养护下界面过渡区存在孔隙，这是由于蒸汽养护时浆体快速水化，使内部水分产生迁移，从而使界面过渡区有孔隙产生；蒸压养护后使轻质 UHPC 中仅存在少量的 CH 晶体和几乎不存在的 AFt，使得界面过渡区不存在 CH 富集现象，提高了界面区强度。此外，蒸压养护后骨料周围会存在部分孔洞，在高温高压下 C-S-H 凝胶转变为托勃莫来石填充了骨料周围的孔隙结构，使得 UHPC 界面过渡区变得更加致密。

4.4　超高性能混凝土工程应用与发展趋势

4.4.1　超高性能混凝土工程应用

　　UHPC 发展至今，在理论研究和工程应用方面都取得了长足的进步。基于各项优异的性能，UHPC 可以广泛地应用于各行业领域。良好的抗渗性和抗腐蚀性能让 UHPC 也可应用于海工、水利和污水结构；大跨径桥梁结构采用 UHPC 可实现结构轻盈、耐久和全寿命经济性；相较于普通混凝土，UHPC 具有优异的抗冲击和抗爆性能，在军工领域也有着巨大的应用潜力；在钢桥面铺装中，选用传统材料的桥面极易损坏，寿命周期短，改良使用 UHPC 后，其优异的力学性能和耐久性可以有效地提升桥面刚度，降低钢桥面应力，延长抗疲劳寿命，为解决钢桥面铺装使用寿命短提供了新的方向。

　　加拿大是最早将 UHPC 材料应用于桥梁结构的国家。1997 年在加拿大魁北克省兴建了 Sherbrooke 预应力 UHPC 梁桥，桥跨径为 60m，由 6 个长 10m 的预制空间桁架 UHPC 构件拼装组成，采用后张法施工，这是世界上第一座 UHPC 桥梁，由此拉开了 UHPC 应用于桥梁结构的序幕。该桥上弦杆为带肋 UHPC 板，腹杆为 UHPC 填充不锈钢管，下弦杆由 2 根连续预应力 UHPC 梁组成（每根梁有 2 束体内预应力）。各预制节段由体外预应力钢束连接在一起（3×2 预应力束），上下弦 UHPC 抗压强度达 200MPa。

法国是最早实现 UHPC 商业化的国家。2001 年法国同时进行了 Bourg-les-Valen-ceOA4 和 OA6 两座预应力 UHPC 公路桥的建造，是世界上最早的 UHPC 公路桥梁。其中 Bourg-les-ValenceOA4 桥为 2 跨（20.5m 和 22.0m），由高 0.9m 的预制先张预应力双 T 形梁拼装而成，梁由 28d 抗压强度 210MPa、钢纤体积含量 3% 的自密实 UHPC 浇筑，常温饱和湿度养护，2d 脱模，常规强度混凝土设计方案需使用 39t 普通钢筋，17.4t 预应力钢束；UHPC 方案仅需 4t 普通钢筋和 28t 钢纤维，预应力钢束则为 6t。UHPC 方案上部结构自重仅为 328t（普通钢筋方案为 975t）。此后，法国建造了多座 UHPC 大桥，如跨径 67.5m 的 Passerelledes Anges 人行桥和跨径 27m 的 Pinel 公路桥等，为 UHPC 桥梁的发展做出了重大的贡献。

韩国着重于 UHPC 新型结构体系的研究，在充分发挥材料特性的基础上降低工程造价，以建立经济、环保、耐久的 UHPC 桥梁。韩国建筑技术研究院（KICT）从 2007 年开始，开展了为期 6 年、总预算达 1100 万美元的 UHPC 研究项目 SuperBridge200。研究的主要目标为：使斜拉桥的建造成本和保养维护成本分别降低 20%，主要结构构件的工作寿命可以达到 200 年，预应力肋纤维增强 UHPC 桥面板，板厚为 60mm，肋与肋中心之间的间距为 600mm，这种桥面板结构比传统混凝土桥面板轻 50%。

自超高性能混凝土问世以来，就不断地被应用于工程中，如桥梁、铁路、楼梯、阳台等，但其应用仍然低于预期，相比于发达国家而言，在我国的应用仍然显得较为滞后。长沙北辰三角洲横四路跨街天桥，是国内首座 UHPC 桥梁，国际首座全预制拼装工艺 UHPC 车行箱梁桥。36.8m 主跨一跨过街，质量较两跨过街的普通混凝土结构方案减轻近 1/3。怒江二桥，施工控制提出采用斜拉索一次张拉到位的工艺，为保证钢混结合段受力满足要求，需提高结合段混凝土强度，因此，将强度等级 C55 混凝土换成了强度可达 100MPa 的 UHPC，其抗压强度为 132.7MPa（沸水 48h 养护）、115.9MPa（标准养护 32d）、100.9MPa（现场养护 32d）。泵送浇筑 UHPC，总浇筑方量为 90m^3。株洲市枫溪大桥是一座主跨 300m 的双塔单跨自锚式悬索桥，主梁采用超高性能轻型组合加劲梁，超高性能轻型组合加劲梁的构造为：在传统的钢箱梁上设置约 50mm 厚的薄层超韧性混凝土层，即将钢梁转化为钢-超韧性混凝土组合梁，然后在其上铺设 20～30mm 厚沥青混凝土磨耗层；混凝土层与钢梁之间可通过栓钉连接。有效地提高了桥面刚度，大幅降低钢桥面应力，延长正交异性钢桥面抗疲劳寿命 3 倍以上；基本消除了钢桥面铺装的难题。除了在桥梁中的应用外，在建筑工程、防护工程等方面中也得到了广泛的应用，如 2005 年，沈阳用超高性能混凝土预制了工业厂房的梁板，是超高性能混凝土在中国的第一次应用；中铁十九局成功地将超高性能混凝土应用于石武客专的电缆槽盖板中；京石客运专线盖板工程中也成功应用了超高性能混凝土等。总体上，目前国内很多科研机构和高校已经对 UHPC 各方面展开了深入的研究，并取得了一定的成果，在众多桥梁、铁路、国防等工程中进入实际应用，快速向着国际最前沿追赶。我国国土幅员辽阔，包含了各种严酷环境，会对建筑结构提出更高的需求，而作为最佳选择的 UHPC 必将在未来的建设中大放异彩。

4.4.2 超高性能混凝土发展趋势

目前，我国正处在现代化迅速发展阶段，以钢筋混凝土为主导的建设经营规模日益扩大，混凝土的使用量仍在大幅提升，混凝土、砂、石等建筑材料使用量的持续增长，其排出的 CO_2、烟尘等对资源和环境的影响也逐渐提高。中国是当今世界上最大的发展中国家，发展经济，摆脱贫困，是中国政府和中国人民在相当长一段时期内的主要任务，大规模建设还在不断进行中，水泥行业是我国国民经济建设的重要基础材料产业，也是主要的能源资源消耗和污染物排放行业之一。目前，许多政策支持新型绿色建材的研究，以达到节能减排的目的。在《"十四五"节能减排综合工作方案》中提出："要以钢铁、有色金属、建材、石化化工等行业为重点，推进节能改造和污染物深度治理"。工业和信息化部、国家发展和改革委员会、生态环境部、住房和城乡建设部联合印发《建材行业碳达峰实施方案》中明确提出："十四五"期间，建材产业碳排放强度不断下降；"十五五"期间，建材行业基本建立绿色低碳循环发展的产业体系，确保 2030 年前建材行业实现碳达峰。早在 2014 年 3 月 4 日，住房和城乡建设部、工业和信息化部召开了高性能混凝土推广应用指导组成立暨第一次工作会中就提出：高性能混凝土推广应用是强化节能减排、防治大气污染的有效途径，能提高建筑质量，延长建筑物寿命，提升减灾防灾能力，有利于推动水泥工业结构调整。超高性能混凝土是一种关键的绿色建筑材料，对推动节能降耗、节省建筑材料、提升基本建设工程施工质量等具有实际意义。在政府的支持下，在专家学者的不懈研究下，超高性能混凝土在中国将会有广阔的发展前景。

UHPC 从概念提出到现在已有 30 年的历史，期间经过不断地发展和完善，已经在多个工程领域得到应用，但还未得到大范围的普及，仍处于推广阶段。超高性能混凝土的普及受到多个因素的制约：成本太贵，没有大规模的生产应用；国内发展历史短暂，与国际先进水平仍有差距；缺乏完善通用的施工规范和指南等。在研究方面：准静态力学性能的研究已相对充分，但目前针对混杂纤维和循环荷载下 UHPC 准静态力学性能的研究还有待加强；动态性能的研究对特殊建筑有重要意义，然而关于纤维种类、掺量、形态等对 UHPC 抗冲击性能、抗爆性能的提升效果方面，国内外仍未形成定论，需要继续深入研究。虽然 UHPC 已在许多工程中得到应用，但相关的设计、施工和检测规范还需要完善。但 UHPC 作为一种新型材料，其卓越的性能优势随着不断地研究发展，会越加突出，逐渐向各领域推广，随着技术成熟，成本降低，会逐渐普及，代替普通混凝土在施工中得到广泛的应用。相信在不久的将来，符合绿色发展理念的 UHPC 必将在基础建设领域有着广阔的应用前景。

4.5 习题

1. 简述超高性能混凝土区别于高强混凝土的特点是什么。
2. 超高性能混凝土的主要原材料有哪些？

3. 改善超高性能混凝土抗侵蚀性的主要措施有哪些？
4. 超高性能混凝土相较于普通混凝土孔隙结构更致密的原因有哪些？
5. 超高性能混凝土中胶凝材料用量较大时，应采取哪种养护措施？
6. 提高超高性能混凝土强度的措施主要有哪些？

参考文献

[1] BACHE H H. Densified Cement/Ultra-fine Particle-based Materials [C] //ICSC. Proceedings of the 2nd International Conferenceon Super plasticizers in Con-crete. Ottawa：Aalborg Portland，1981：1-35.

[2] BIRCHALL J D，MAJID K I，STAYNES A A，etal. Cementinthe Context of New Materials for an Energy：Expensive Future [J]．Philosophical Transacti on of the Royal Society of London A，1983，310：31-42.

[3] RICHAR D P，CHEYREZ Y M. Reactive Powder Concretes with High Ductility and 200-800MPa Compressive Strength [J]. ACI Special Publication，1994，144（24）：507-518.

[4] 邵旭东，邱明红，晏班夫，等．超高性能混凝土在国内外桥梁工程中的研究与应用进展 [J]．材料导报，2017，31（23）：33-43.

[5] 许文英，尹江涛，张利俊，等．UHPC 用超高性能减水剂的合成与性能研究 [J]．新型建筑材料，2022，49（1）：81-84.

[6] 孙勇．钢纤维对超高性能混凝土施工及力学性能的影响研究 [J]．公路工程，2021，46（1）：195-199.

[7] 黄政宇，单欣．超高性能混凝土抗氯离子渗透性能的试验研究 [J]．公路工程，2021，46（6）：114-120.

[8] 文成成．超高性能混凝土工作与力学性能及微观结构研究 [D]．郑州：郑州大学，2020.

[9] 葛竞成．养护制度对轻质超高性能混凝土微观结构的影响机理 [D]．合肥：安徽建筑大学，2021.

5 >>>>>>

聚合物混凝土

5.1 聚合物混凝土概述

混凝土具有取材广泛、价格低廉、抗压强度高及生产工艺简单等优点，在工程实践中的应用越来越广泛。然而普通混凝土属于多孔结构的不均质材料，是一种典型的脆性材料，它的弹性模量高，抗折能力、抗冻融性及抗腐蚀性等能力较差，不能完全满足生产实践要求，于是人们开始对普通水泥混凝土进行改善，不断尝试添加新材料及外加剂来改善其性能，将混凝土与聚合物的复合材料（或称含聚合物的混凝土复合材料）称为聚合物混凝土。国际上通常将含聚合物的混凝土材料分为3种类型。

（1）聚合物浸渍混凝土（PIC），它是将已硬化的普通混凝土放在有机单体里浸渍，然后通过加热或辐射等方法使混凝土孔隙内的单体产生聚合作用，从而使混凝土和聚合物结合成一体的一种混凝土。按其浸渍方法的不同，又分为完全浸渍和部分浸渍2种。

（2）聚合物水泥混凝土，也称聚合改性混凝土（PMC），它是将聚合物与水泥复合作为胶结料与骨料拌和，浇筑后经养护和聚合而成的一种混凝土。

（3）树脂混凝土（PCC），它是由聚合物代替水泥作为胶结料与骨料拌和，浇筑后经养护和聚合而成的一种混凝土。

最初应用于混凝土的聚合物是天然的聚合物，如岩石中的地沥青，主要用于生产胶结砖、防水坝体等。1909年美国的 L. H. Backland 在波特兰水泥混凝土中最早使用聚合物乳液。1923年英国人 Cresson 将天然胶乳用作改性道路材料，其中水泥作为填充材料使用。20世纪60年代以后，人们开始研究把多种聚合物，例如聚苯乙烯、聚丙烯酸酯、聚氯乙烯等用于水泥砂浆及混凝土改性。到20世纪90年代，聚合物混凝土已经成为一种重要的建筑材料，如图5.1所示。

上述3种类型的聚合物混凝土的生产工艺、物理力学性质和应用范围都有不同程度的区别，下面将分别予以介绍。

图 5.1　聚合物混凝土在工程中的应用

5.2　聚合物浸渍混凝土

普通水泥混凝土是一种非均质多孔材料,由于其抗拉强度低,抗裂性、抗渗性、抗冻性及耐腐蚀性也较差,使用范围被限制。为克服以上缺点,各国学者采取各种措施改善普通混凝土的性能,其中将已硬化的混凝土用有机单体浸渍,然后使其聚合成整体混凝土。

5.2.1　聚合物浸渍混凝土定义与增强机理

1. 聚合物浸渍混凝土的定义

聚合物浸渍混凝土是将硬化了的普通水泥混凝土经干燥和真空处理后浸渍在以树脂为原料的液态单体中,然后用加热或辐射的方法使渗入混凝土孔隙内的单体产生聚合作用,把混凝土和聚合物结合成一体的一种新型混凝土。由于水泥混凝土是具有开口的小孔型结构,这种结构能被水和腐蚀性液体所渗透,易受浸出或因离子交换作用而被固化的污染物质溢出。聚合物浸渍混凝土技术即将水泥固化体用聚合物(如苯乙烯)单体浸渍整块物料的孔隙、空洞和毛细管,随后单体在原处聚合。这种聚合物浸渍混凝土基本上不渗透,在强度、耐久性和抗化学腐蚀性上都比水泥固化体有明显改善。聚合物浸渍混凝土的优点是具有高强、低渗、耐腐蚀及较高的抗拉、抗冲、耐磨等特性,其抗压强度可提高 2~4 倍,一般为 100~150MPa,最高可达到 260MPa 以上,抗拉强度可以提高到 10~20MPa,最高能达到 240MPa 以上。

2. 聚合物浸渍混凝土的增强机理

聚合物浸渍混凝土的增强机理是聚合物填充了混凝土内的孔隙及水泥硬化浆体、骨料中的微裂缝以及水泥硬化浆体与骨料界面处的裂缝。因此,浸渍以后孔隙率大大下降、大孔显著减少,提高了它的密实度,增强水泥硬化浆体与骨料间的黏结力,并缓和裂缝尖端的应力集中，改变普通水泥混凝土的原有性能，使之具有高强度、抗渗、抗冻、抗冲、耐磨、耐化学腐蚀、抗射线等显著优点。

5.2.2　聚合物浸渍混凝土原材料

聚合物浸渍混凝土由基体（或基材）、浸渍液、添加剂组成。

1. 基体

凡用无机胶凝材料与骨料经过凝结硬化组成的混凝土等混合材料，经过成型成为构件都可以作为聚合物浸渍混凝土的基体。作为基体应满足以下要求：

（1）必须有适当的孔隙，能被浸渍液渗填；

（2）有一定基体强度，能承受干燥、浸渍和聚合过程中的作用力，并不因搬动而产生裂缝等缺陷；

（3）化学成分不妨碍浸渍液的聚合；

（4）材料结构尽可能均质；

（5）要充分干燥不含水。

2. 浸渍液

浸渍混凝土用的单体，即能起聚合反应而生成高分子化合物的简单化合物。常用的浸渍液有甲基丙烯酸甲酯（MMA）、苯乙烯（S）、聚酯树脂（P）、环氧树脂、丙烯酸甲酯（MA）等。对浸渍液有一定的要求：

（1）浸渍液要有适当的黏度，要有利于被基体吸收；

（2）有较高的沸点和较低的蒸汽压力，以减少挥发损失；

（3）聚合后能在基体内转化成固体聚合物；

（4）聚合收缩率小，聚合后不因水分等作用而膨胀或软化；

（5）聚合后与基体的黏结力好，能使两者形成整体；

（6）聚合物的软化温度必须超过材料的使用温度；要有较高的强度和较好的耐久、耐碱、耐热和耐老化性能。

3. 添加剂

（1）稀释剂：对于环氧和聚酯类高黏度单体，加入适量苯乙烯作稀释剂，可以降低黏度，提高浸渍渗透能力；

（2）引发剂：采用热聚合时，应预先将引发剂混入单体中，引发剂在浸渍时被吸附在基体表面，起激发聚合反应的作用；

（3）交联剂：交联剂的作用是将线型聚合物转化成体型聚合物；

（4）促进剂：促进剂用来降低引发剂的正常分解温度，以促使单体在常温下聚合。

5.2.3　聚合物浸渍混凝土生产工艺

浸渍方法是将预先经干燥处理的水泥混凝土置于有机浸渍液，取出后用加热或辐射等方法，使渗入到水泥混凝土孔隙内部的浸渍液聚合成固态聚合物，并与混凝土牢固结成致密的整体，从而阻止有害介质的侵入，提高水泥混凝土的耐蚀能力。聚合物浸渍混凝土的制备流程为：基体（硬化的混凝土）的干燥→抽真空→单体浸渍→聚合。

1. 基体干燥

该生产工艺的目的是使聚合物能充分浸渍基体的孔隙，使基体性能得到最大限度地改善，从而确保聚合物浸渍混凝土的强度和耐久性。干燥程度根据所要求的浸渍深度而定。完全浸渍时，要求排出基体中的全部自由水；表面浸渍时要求表面干燥，并以失水率的大小来控制。虽然干燥温度越高，水分从混凝土中排出的速度就越快。但干燥温度大于150℃时，对浸渍混凝土的强度有影响。因此，干燥温度的选择，必须以既能在较短时间内达到干燥，又不引起基体混凝土和浸渍混凝土的强度下降为原则。经过试验，确定干燥温度以 120～150℃ 为宜。

2. 真空处理

干燥的基体自然冷却到常温，在用单体浸渍前，先进行真空处理，真空抽气的目的是将阻碍单体侵入的空气从混凝土的孔隙中排除，使单体易于浸入混凝土中，从而提高浸渍速度和浸渍率。

3. 浸渍

将混凝土制品在常压或压力状态下浸渍在单体中，直至浸透为止。根据混凝土中单体浸渍的深度可分为完全浸渍和表面浸渍。这两种浸渍方法的选择视浸渍混凝土的使用要求而定。若为了提高混凝土的耐腐蚀性、抗冻性和抗渗性，则可采用表面浸渍。若主要考虑提高混凝土的强度或改善全面性能，应采用完全浸渍。表面浸渍必须选用黏度高、收缩小的单体。这种表面浸渍由于仅浸渍在混凝土的表面，可以节约单体的用量，降低材料成本。但应注意的是一定要使聚合物完全封闭住混凝土表面的孔隙，不允许产生因浸渍液挥发、流失或聚合过程的收缩而产生条带形花斑的缺陷。表面浸渍的深度一般为 1～2cm。完全浸渍是以硬化的水泥混凝土为基体，将聚合物完全填充其孔隙，从而形成混凝土-聚合物复合材料的制备工艺，其中聚合物含量为复合体质量的 5%～15%。其工艺为先将基体作不同程度的干燥处理，然后在不同压力下浸泡在以苯乙烯或甲基丙烯酸甲酯等有机单体为主的浸渍液中，使之渗入基体孔隙，最后用加热、辐射或化学等方法，使浸渍液在基体中聚合固化。一般应用于工厂预制构件，各道工序在专门设备中进行。

4. 聚合

聚合是将渗入到混凝土中的浸渍液，由低分子单体变成高分子聚合物的过程。聚合方法有如下 3 种：①采用高能辐射聚合（简称辐射法）。所用的高能射线，有 γ 射线、X射线和电子射线等，这类方法的缺点是成本较高；②掺加引发剂的加热聚合（简称加热法）。通过加热，使引发剂以一定的速度分解产生游离基，诱导单体聚合。此法工艺简便，成本较低；③掺加引发剂和促进剂的化学聚合（简称化学法）。在掺加引发剂的同时，掺加促进剂，以降低引发剂的分解温度，促使单体在常温下聚合。此方法适用于现场或大型结构物的施工。

5.2.4　聚合物浸渍混凝土性能与应用

1. 聚合物浸渍混凝土的性能

对比普通混凝土，聚合物浸渍混凝土的性能显著变化，体现在：①延性降低；②徐变减少；③抗冻融性、抗硫酸盐腐蚀性、耐碱性等性能均提高；④抗压强度、抗拉强度、抗弯拉强度、弹性模量、冲击强度均提高；⑤对于温度较敏感，随着温度的升高，抗压强度、弹性模量等均降低。通常情况下，聚合物浸渍混凝土抗压强度较普通混凝土提高 3～4 倍，抗拉强度提高 2～3 倍，抗弯强度提高 3～4 倍，弹性模量提高 1 倍左右。

1）强度

混凝土经聚合物浸渍后强度有大幅度的提高，提高的程度与基体的种类、性质及单体的种类和聚合方式有关。研究表明，聚合物浸渍混凝土抗压及抗拉强度的提高与浸填量有关，而浸填量又取决于混凝土的孔隙率和毛细管的大小。因此，孔隙率大而强度低的混凝土用有机单体来浸渍改性，其效果显著，对于孔隙率小而强度高的混凝土，则有机单体浸渍改性的效果不大。此外，聚合物浸渍对强度的提升效果也与单体的黏性、表面张力、单体分子量大小等因素有关。

2）弹性模量

浸渍混凝土弹性模量比普通混凝土高，应力-应变曲线近似于直线，延性甚至比普通混凝土还差，原因是普通混凝土破坏时裂缝围绕着骨料展开，裂缝遇到骨料要转向绕道，因而骨料起到阻挡裂缝展开的作用，故普通混凝土表现出一点延性，而聚合物浸渍混凝土破坏时的裂缝是通过骨料展开，上述作用很小或不存在，特别在受拉时，聚合物浸渍混凝土无任何预兆就会破坏。可通过在浸渍单体里添加丙烯酸丁酯或添加钢纤维的办法来增加聚合物浸渍混凝土的延性，但前者可能使强度有所降低。

3）吸水率与抗渗透性

普通混凝土的孔隙在浸渍之后被聚合物填充，混凝土的密实度大大提高，使得浸渍混凝土的吸水率、渗透率显著减小，抗冻融性、抗渗性显著改善。

4）抗磨性

聚合物浸渍混凝土的抗磨性与单体类型、骨料类型及水灰比有关。在以苯乙烯为基本单体的浸渍混凝土中，引入类似甲基丙烯酸丁酯这样的共聚单体，其聚合物有良好的弹性，可以提高聚合物浸渍混凝土的抗磨性能；较高的水灰比有利于共聚单体的浸渍，从而获得高抗磨性的聚合物浸渍混凝土。

2. 聚合物浸渍混凝土的应用

目前聚合物浸渍混凝土由于生产工艺比较复杂，造价较高，实际应用尚不普遍。主要应用在管道内衬、隧道衬砌、活动钢桥、桥面板、铁路枕轨、混凝土船、海港建筑、海上采油平台以及旧混凝土的维修加固领域等，如图 5.2 所示，随着制作工艺的简化和成本的降低，还可以作为防腐蚀材料、耐压材料以及在水下或海洋等方面应用的材料。部分浸渍混凝土早期主要用于处理高速公路、桥面的抗冻融、防止氯离子的浸入及大坝建筑等方面。这类制品造价较高，而且制品的设备投资较大，制约商品化和大量生产。

图 5.2　聚合物浸渍混凝土的应用

5.3 聚合物改性混凝土

5.3.1 聚合物改性混凝土定义与机理

1. 聚合物改性混凝土的定义

聚合物改性混凝土是用聚合物乳液拌和水泥及粗、细骨料而制得的一种有机无机复合的混凝土材料（其中聚合物的硬化和水泥的水化、凝结硬化同时进行，最后二者相互胶合和填充，并与骨料胶结成为整体）。

2. 聚合物改性混凝土的机理

聚合物改性混凝土机理可以分为 3 种：水泥混凝土中聚合物形成过程、聚合物与水泥的相互作用以及聚合物的减水作用。接下来将分别对三种机理进行说明。

1）水泥混凝土中聚合物形成过程

第一阶段：以乳液形式掺加到水泥混凝土中的聚合物，在水泥混凝土搅拌均匀后，聚合物乳液颗粒会相当均匀地分散在水泥混凝土体系中。

第二阶段：随着水泥的水化，聚合物乳液逐渐被限制在毛细孔隙中。随着水化的继续进行，毛细孔隙中的水量在减少，聚合物颗粒絮凝在一起。

第三阶段：随着水化过程的不断进行，聚集在一起的聚合物颗粒之间的水分逐渐被全部吸收到水化过程的化学结合水中去，最终聚合物颗粒完全融合在一起形成连续的聚合物网结构。

2）聚合物与水泥的相互作用

聚合物颗粒与水泥水化产物之间产生离子键型的化学结合，形成黏结强度，而且这种化学作用对于聚合物成膜以及水泥水化过程（如水化速度）均有明显的影响。聚合物与水泥水化产物之间也可通过氢键、范德华力相互作用，从而对于水泥硬化浆体及水泥混凝土的结构强度起一定的加强作用。

3）聚合物的减水作用

大部分聚合物掺入水泥混凝土后可以改善其流动性。原因有 2 个：①聚合物颗粒在混凝土体系中的轴承效应；②聚合物乳液中的表面活性物质（类似减水剂）可以改善流动性。故聚合物掺入后，可以降低水灰比，减小混凝土中的孔隙率。

5.3.2　聚合物改性混凝土原材料

聚合物改性混凝土的原材料组成为水泥、骨料、水、聚合物、助剂。

1. 聚合物改性混凝土所用聚合物类型

聚合物包括：聚合物乳液，如橡胶乳液、树脂乳液和混合分散系。水溶性聚合物（单体）：如纤维衍生物、聚丙烯酸盐等。液体聚合物：如不饱和聚酯、环氧树脂等。

1）聚合物乳液

聚合物乳液聚合物粒子很小，直径为 $0.05 \sim 5\mu m$。根据乳液中粒子所带电荷的类型将其分为 3 类：阳离子型乳液（粒子带正电）、阴离子型乳液（粒子带负电）和非离子型乳液（粒子不带电）。通常，聚合物乳液的固体含量为 $40\% \sim 50\%$，其中包括了聚合物和其他助剂。水泥混凝土中最常用的水溶性聚合物分散体乳胶是丁苯胶乳（SBR）、丙烯酸酯乳液（PAE）、聚偏二氯乙烯（PVDC）等。

2）水溶性聚合物

水溶性聚合物主要用来改善水泥混凝土的工作特性，可以以粉末或水溶液的形式使用。当以粉末形式使用时，一般先将其与水泥和骨料进行干混，然后加水进行湿拌。使用粉末状水溶性聚合物时，应选择易于在冷水中溶解的品种。水溶性聚合物可以提高水相的黏度，对于大流动性的混凝土，能提高其黏度而避免或减轻骨料的离析和泌水，但又不会影响其流动性。另外，水溶性聚合物还会形成一层极薄的薄膜，从而提高砂浆和混凝土的保水性。一般来说，水溶性聚合物对硬化砂浆和混凝土的强度没有大的影响。

3）液体聚合物

将液体聚合物用于水泥砂浆和混凝土改性时，聚合物的固化反应和水泥的水化反应需同时进行，从而形成聚合物与水泥凝胶互穿的网络结构。这种结构能使骨料黏结得更为牢固，还提高了砂浆和混凝土的性能。与聚合物乳液改性相比，使用液体聚合物时聚合物的用量要更多，因为聚合物不亲水，分散不是很容易。所以目前用液体聚合物改性比其他类型聚合物要少得多。

无论何种类型的聚合物，用于水泥混凝土中一般应满足以下要求：①对水泥水化和硬化无负影响；②水泥水化过程中释放的高活性离子（如 Ca^{2+} 和 Al^{3+}）有很高的稳定性；③自身有很好的储存稳定性；④有很高的机械稳定性，不因计量、运输和搅拌时的高剪切作用而破乳；⑤低引气性；⑥在混凝土或砂浆中能形成与水泥水化产物和骨料有良好黏结力的膜层，且最低成膜温度要低；⑦形成的聚合物膜应有极好的耐水性和耐碱性；⑧水泥的碱性介质不被水解或破坏。

2. 助剂

通常使用的助剂包括：

1）稳定剂。稳定剂的主要作用是使聚合物与水泥混合均匀，并能有效地结合。常用的稳定剂有 OP 型乳化剂、均染剂 102、农乳 600 等。

2）抗水剂。有些聚合物，如乳胶树脂及其乳化剂和稳定剂，耐水性差，使用时需加入抗水剂。

3）促凝剂。当乳胶树脂等掺量较多时，会延缓聚合物水泥混凝土的凝结，因此需加入促凝剂。

4）消泡剂。乳胶与水泥拌和时，会产生许多小泡，致使混凝土孔隙率增加，因此需加入消泡剂。常用的消泡剂有醇类、脂肪酸酯类、磷酸酯类以及有机硅类。

5.3.3 聚合物改性混凝土配合比设计与施工工艺

普通混凝土与丁苯橡胶水泥混凝土、聚丙烯酸酯水泥混凝土以及聚醋酸乙烯酯水泥混凝土在不同的水灰比和聚灰比下其相对强度和强度比的变化见表 5.1。可以看出，聚合物水泥混凝土的配合比是影响其技术性能的主要因素，对聚合物水泥混凝土的技术性能产生影响的因素较多，如聚合物的种类、聚合物与水泥比、水灰比、消泡剂及掺量等。在确定聚合物水泥混凝土的配合比时，除考虑混凝土的和易性和抗压强度外，还需考虑抗拉强度、抗弯强度、黏结性、防水性和耐腐蚀性等。决定上述这些性能的关键是聚合物和水泥在整个固体中的质量比。在考虑其他组成材料时，可按普通水泥混凝土进行计算。

表 5.1 数种水泥在不同聚灰比和水灰比下的相对强度

名称	聚灰比（%）	水灰比（%）	相对强度			
			抗压	抗剪	抗拉	剪切
普通混凝土	0	60.0	100	100	100	100
丁苯橡胶水泥混凝土（SBR）	5	53.3	123	118	126	131
	10	48.3	134	129	154	144
	15	44.3	150	153	212	146
	20	40.3	146	178	236	149
聚丙烯酸酯水泥混凝土（PAE-1）	5	40.3	159	127	150	111
	10	33.6	179	146	158	116
	15	31.3	157	143	192	126
	20	30.0	140	192	184	139
聚丙烯酸酯水泥混凝土（PAE-2）	5	59.0	111	106	128	103
	10	52.4	112	116	139	116
	15	43.0	137	167	219	118
	20	37.4	138	214	238	169
聚醋酸乙烯酯水泥混凝土（PVAE）	5	51.8	98	95	112	102
	10	44.9	82	105	120	106
	15	42.0	55	80	90	88
	20	36.8	37	62	91	60

影响聚合物改性混凝土力学状态的主要因素是聚合物的品种、性能、掺量及其相应的助剂。聚合物掺量过小，则对混凝土性能的改善也小；聚合物掺量加大，则混凝土各项强度亦随之提高，但当掺量增大到超过一定范围时，则混凝土强度、黏结性、干缩等性能反而向劣质转化，在选择配合比时，首先应着重考虑"聚灰比"，其次再选定混凝土的其他组分。通常聚灰比在 5％～20％ 的范围内选用，其他组分可同于普通混凝土。多种聚合物混凝土在不同聚灰比的相对强度和强度比见表 5.2，其中所添加的减水剂为1％，消泡剂为 0.25％。

表 5.2　聚合物混凝土配合比设计以及其 28d 抗折抗压强度

组名	材料用量（kg/m³）			聚灰比（％）	强度（MPa）	
	水泥	石	砂		抗折	抗压
A1	670	948	623	8	9.16	56.5
A2	670	948	623	10	9.81	52.5
A3	670	948	623	15	10.08	50.5
A4	670	948	623	20	10.29	40.0
B1	670	948	623	8	8.16	55.0
B2	670	948	623	10	7.50	54.5
B3	670	948	623	15	8.61	38.0
B4	670	948	623	20	9.20	43.0
C1	670	948	623	8	8.46	50.5
C2	670	948	623	10	8.97	42.0
C3	670	948	623	15	8.34	40.7
C4	670	948	623	20	8.40	39.0
D1	670	948	623	8	9.08	56.5
D2	670	948	623	10	9.12	53.5
D3	670	948	623	15	9.42	52.5
D4	670	948	623	20	10.26	51.0

注：表中 A—纯苯乳液；B—苯丙乳液；C—丙烯酸乳液；D—羧基丁苯乳液。

5.3.4　聚合物改性混凝土性能与应用

1. 聚合物改性混凝土的强度

对于强度的影响：大部分聚合物对于混凝土的抗折强度及抗拉强度有非常明显的改善效果，对于抗压强度仅有少量的改善效果，但可以提高水泥混凝土的抗折强度与抗压强度的比值、混凝土与其他材料的黏附强度。影响强度的因素包括聚合物品种和掺量、水泥品种以及养护条件等。聚灰比是聚合物和水泥在整个固体中的质量比。下面主要分析聚灰比对混凝土强度的影响。

（1）抗压强度

抗压强度是评定混凝土强度等级的重要指标，由图 5.3 中曲线可知，聚合物改性混凝土的抗压强度随着聚灰比的增加先增大后降低，与普通混凝土相比，掺加聚合物后确实能够提高混凝土的抗压强度。另外，聚合物改性混凝土的抗压强度不仅与混凝土整体结构有关，还与所掺加聚合物的性质有关。

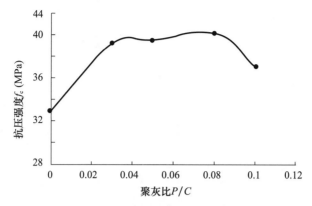

图 5.3 抗压强度与聚灰比关系曲线

（2）抗拉强度

普通混凝土抗拉强度低，脆性大，易开裂，这不利于工程应用。从图 5.4 可以看出，混凝土中加入聚合物乳液后，聚合物与水泥或水泥水化产物发生相互作用，当在拉应力作用下产生裂缝时，聚合物能够跨越裂缝并且抑制或减缓裂缝的扩展，聚合物所形成的聚合物结构膜的抗拉强度较大，使混凝土的抗拉强度得到提高，可见聚合物的掺入改善了混凝土的宏观抗拉性能。

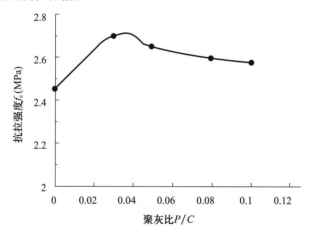

图 5.4 抗拉强度与聚灰比关系曲线

（3）抗折强度

从图 5.5 看出，聚合物水泥混凝土的抗折强度随聚合物掺量的增加而增大。在混凝土中加入适量聚合物，有利于形成三维空间网状结构，而水泥水化硬化后会形成连续的空间网状结构，这两种网状结构相互交错缠绕，从而提高混凝土的抗折强度。

（4）弹性模量

弹性模量是衡量材料抵抗变形能力的一个重要指标，是结构设计重要的参数之一，弹性模量越大，材料越不易变形。从图 5.6 可以看出，随着聚合物掺量的增加，混凝土的弹性模量呈现逐渐减小的趋势，表明在普通混凝土中加入适量聚合物有利于降低混凝土的弹性模量。随着聚合物掺量的增加，使得混凝土在荷载作用下不是突然产生破坏，而是逐渐发生破坏，使混凝土柔性增加，从而从弹性模量方面提高了其变形性能。

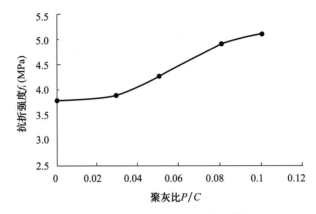

图 5.5 抗折强度与聚灰比关系曲线

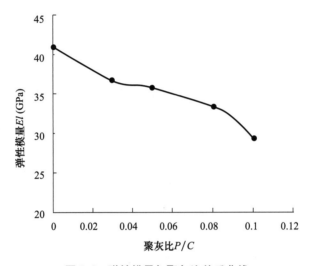

图 5.6 弹性模量与聚灰比关系曲线

2. 聚合物改性混凝土的变形

（1）应力应变曲线。掺入聚合物后，水泥混凝土的应力-应变曲线斜率减小。破坏时的应变增加，由脆性破坏变为柔性破坏。

（2）干缩。取决于聚合物的类型和掺量，其干缩率可能大于或小于普通水泥混凝土的干缩率。

（3）温度胀缩系数。一般大于普通的水泥混凝土。

3. 聚合物改性混凝土的耐久性

聚合物连续膜填充或封闭了混凝土内部较大的孔隙，这种效应随聚合物掺量的提高而越加显著；这些特性使得聚合物改性混凝土的吸水性降低，抗渗透能力提高。因此，一般认为，聚合物的掺入可以显著提高混凝土的耐久性，具体体现在：

（1）防水性及水稳定性。由于掺入聚合物以后更加密实，所以提高了防水性和水稳定性。

（2）温度稳定性。温度升高时，聚合物改性混凝土的强度会明显降低。特别是温度高于聚合物的玻璃化温度时强度降低更为明显，因为此时聚合物塑化了。

（3）化学稳定性。取决于掺加聚合物的性质及掺量。大部分聚合物改性混凝土能被有机酸、无机酸及硫酸盐所侵蚀，抗压强度影响大（表 5.3）。但对于碱性及盐类有良好的抗腐蚀性。

表 5.3 水溶性聚合物（WSP）改性混凝土试样在 5%HCl 溶液浸泡后的抗压强度

编号	WSP 掺量（%）	浸泡前抗压强度	7d 后		14d 后		28d 后	
			抗压强度（MPa）	变化率（%）	抗压强度（MPa）	变化率（%）	抗压强度（MPa）	变化率（%）
1	0	35.71	33.39	6.5	30.50	14.6	29.39	17.7
2	1	35.72	34.86	2.4	34.76	2.7	34.61	3.1
3	3	35.80	35.12	1.9	34.83	2.7	34.73	3.0
4	5	35.83	35.44	1.1	35.40	1.2	35.40	1.2
5	7	35.82	35.35	1.3	35.35	1.3	35.28	1.5

表 5.3 中结果反映出水溶性聚合物粉末掺入混凝土后，随着配合比内水溶性聚合物含量的增加，各个阶段的强度变化明显降低。将 5%水溶性聚合物混凝土配比的试样放在 5%$MgSO_4$ 溶液、5%$NaSO_4$ 溶液和 5%Na_2SO_4 的混合溶液中浸泡 14d、30d、60d、90d、120d 后的抗压强度结果如图 5.7 所示。

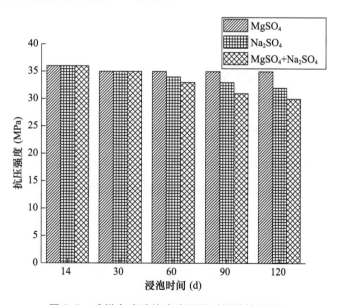

图 5.7 试样在硫酸盐溶液不同时间的抗压强度

从图 5.7 中可以看出，在三种硫酸盐溶液中浸泡 120d 后试样的强度都有所降低。同比一般混凝土试样在同样环境下几近完全受侵蚀而破坏来看，水溶性聚合物粉末掺入混凝土中后很好地改善了耐硫酸盐腐蚀性能。

（4）抗冻融性。由于结构密实，抗冻性提高。普通混凝土中掺入水泥改性用聚合物可以改变其原本的孔隙结构、形状、孔径分布等性质，而且封堵了连通孔隙，使得其耐久性均获得较大的提高。聚合改性混凝土中连续的聚合物网状与膜状结构和聚合物颗粒在水泥硬化浆体与粗细骨料间产生较大的化学黏结力和填充混凝土固有缺陷的作用，从而提高了混凝土抗渗性与抗冻融性。从表 5.4 和图 5.8 及图 5.9 可以看出，不同聚合物掺量的混凝土冻融时，试件中出现较多的裂缝，导致动弹性模量迅速下降，达到标准破坏，而掺量为 15％ 和 20％ 的试件在冻融循环过程中基本没有裂缝出现，原因是聚合物掺量的增加改善了混凝土的变形性能，使得混凝土的抗冻融性提高，抗冻融循环次数增加。工程中运用聚合物改性水泥混凝土考虑其抗冻融性能影响，建议聚合物掺量 15％～20％ 范围内，此时混凝土的抗冻融性改善效果最好。

表 5.4　冻融试验所用试件配合比

编号	聚合物掺量（％）	组分				消泡剂（％）	水灰比
		水泥	水	砂	石		
1	0	392	176	633	1266	0	0.45
2	5	392	166	633	1266	1	0.45
3	10	392	156	633	1266	1	0.45
4	15	392	147	633	1266	1	0.45
5	20	392	137	633	1266	1	0.45

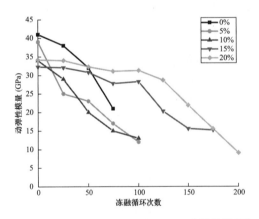 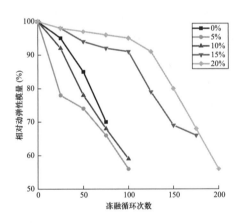

图 5.8　动弹性模量与冻融循环次数的关系

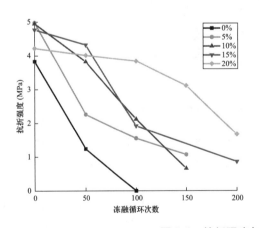 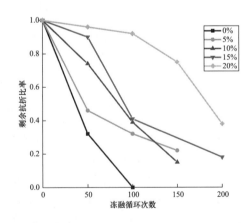

图 5.9　抗折强度与冻融循环次数关系

5.3.5 聚合物改性混凝土的应用与展望

聚合物改性混凝土的实际应用较多，如图 5.10 所示，聚合物改性混凝土常应用于高等级公路的水泥混凝土路面；修补工程时，聚合物会渗透到旧混凝土的孔隙中，新混凝土硬化及聚合物成膜后，在新旧混凝土之间形成穿插于新旧混凝土之间的聚合黏结，大大增加了黏结强度。

图 5.10　丁苯橡胶水泥混凝土路面

随着经济社会与科学技术的发展，人们对构建资源节约型、环境友好型社会的愿望越加强烈。为了适应社会的发展，聚合物改性混凝土将会面临更高的要求。欧美、日本等发达国家对聚合物改性混凝土做了大量研究，并形成了自己的特色。聚合物改性混凝土研究新方向主要有以下 4 个方面：①废弃物回收利用，如利用废弃橡胶颗粒对水泥混凝土进行改性处理；②不同种类的聚合物复掺，对混凝土进行复合改性处理；③可持续发展及环境友好聚合物改性复合材料，如冷混合沥青混凝土；④在聚合物改性混凝土中应用纳米技术，如纳米材料改性聚合物，用于进一步增强水泥浆体与聚合物之间的黏结，进一步提高其性能。

5.4　树脂混凝土

5.4.1　树脂混凝土的定义与增强机理

1. 树脂混凝土的定义

树脂混凝土又称聚合物混凝土，是以合成树脂为黏结材料，以砂石为骨料的混凝土。由于其黏结材料仅用聚合物，所以也称纯聚合物混凝土。树脂混凝土的研究始于1950 年，之后，无论是基础研究还是应用研究均取得显著进展，尤其是德国、日本、美国和苏联等国对树脂混凝土进行了大量的研究和试制工作，并有一定的商业应用。

2. 树脂混凝土的性能和增强机理

树脂混凝土在性能上与普通混凝土相比，树脂混凝土具有强度高、耐化学腐蚀、耐磨、抗冻性好等优点，但硬化时收缩大，耐久性差。表 5.5 是几种树脂混凝土与普通混凝土的性能。树脂混凝土的原理是用树脂代替硅酸盐水泥来强化胶凝材料和提高胶凝材料与骨料之间界面黏结力。

表 5.5　几种树脂混凝土与普通混凝土性能

混凝土种类	密度 (kg/m³)	压缩强度 (MPa)	拉伸强度 (MPa)	弯曲强度 (MPa)	弹性模量 (GPa)	吸水率 (%)
呋喃树脂混凝土	2000～2100	49.0～137.2	5.8～58.8	15.6～31.3	19.6～29.4	0.1～1.0
不饱和聚酯树脂混凝土	2200～2400	78.4～156.8	8.8～13.7	13.7～34.3	14.7～34.3	0.1～1.0
环氧树脂混凝土	2100～2300	78.4～117.6	9.8～10.7	16.6～30.3	14.7～34.3	0.2～1.0
聚氨酯树脂混凝土	2000～2100	63.7～70.5	7.8～8.8	19.6～22.5	9.8～19.6	0.1～0.3
普通混凝土	2300～2400	9.8～58.8	0.98～3.9	1.9～3.9	19.6～39.2	4.6～6.0

5.4.2　树脂混凝土原材料

制备树脂混凝土的原材料有聚合物、骨料、填充材料以及外加剂等。

1. 聚合物

树脂混凝土所用的聚合物主要是各种树脂，目前最常用的有环氧树脂、不饱和聚酯树脂、呋喃树脂、脲醛树脂及甲基丙烯酸甲酯单体、苯乙烯单体等。其中不饱和聚酯树脂的价格较低，对聚合物混凝土的固化控制较容易。采用甲基丙烯酸甲酯时，由于其黏度低，聚合物混凝土的和易性好，施工方便，其低温（－20℃）固化性能也较优良。

在选择胶结料时，应考虑以下要求：①在满足使用要求的前提下，尽可能采用价格低的树脂；②黏度较低，并且可进行适当的调整，便于同骨料混合；③硬化时间可适当调节，硬化过程中不会产生低分子物质及有害物质，固化收缩小；④固化过程受现场环境条件如温度、湿度等的影响要小；⑤与骨料黏结性好，有良好的耐水性和化学稳定性，耐老化性能好。

2. 骨料

树脂混凝土所用的骨料与普通混凝土骨料相同，最大粒径在 20mm，且应满足以下要求：

（1）骨料要干燥，含水率应在 0.1% 以下，使骨料能与树脂牢固黏结。有研究表明，树脂混凝土的强度随骨料及粉料含水量的增加而显著下降。强度下降的原因主要是骨料表面极易被水浸润，不同程度地形成水膜，严重地影响了骨料与树脂之间吸附效应和黏结效果。填料中含有水分，可造成树脂的不完全交联，甚至影响聚合反应的正常进行，从而导致树脂混凝土的强度显著下降。同时，填料含水量增加时，拌和物失去黏性，流动性差，施工比较困难。此外，硬化后的混凝土的收缩也随含水量的增加而增大；

（2）骨料要有一定的强度；

（3）骨料要有一定级配和密实度，以减少树脂的用量；

（4）不允许含有阻碍树脂固化反应的杂质及其他有害杂质。

3. 填料

为减少树脂的用量，改善树脂混凝土的工作性能，应加入粒径很小的惰性材料，如粉砂、硅石粉、碳酸钙、石灰石粉等。

4. 外加剂

外加剂改善了树脂混凝土的某些性能，可加入一些外加剂，如消泡剂、浸润剂、增塑剂、减缩剂、防老剂、阻燃剂、偶联剂、固化剂等。消泡剂和浸润剂主要用来排出混合时包裹的空气和减少聚合物的含量（当配制要求聚合物用量少的树脂混凝土时）；增塑剂用于减小弹性模量和增加韧性；减缩剂是为了降低树脂固化过程中产生的收缩，因为过高的收缩率容易引起混凝土内部的收缩应力，导致收缩裂缝的产生，从而影响混凝土的性能；防老剂是用于防止树脂在紫外线的作用下产生老化；阻燃剂是为了提高树脂的阻燃性能；偶联剂是为了提高胶结料与骨料界面间的黏合力，以利于提高树脂混凝土的耐久性并提高其强度。为使液态树脂固化，需要加入适合树脂的固化剂及固化促进剂，其用量要依据施工现场环境温度进行适当调整，一般只能在规定的范围内变动

5.4.3 树脂混凝土生产工艺

树脂混凝土的生产方式通常有搅拌、浇注和成型 2 种。

（1）搅拌。树脂混凝土与水泥混凝土不同，树脂混凝土黏性较大，如不快速搅拌，就会发生硬化反应，以至无法混合均匀。为此，树脂混凝土最好使用强制式搅拌机。树脂混凝土的搅拌可采用 2 种方法：一种是先将骨料和填充材料投入搅拌机中，搅拌约 2min。随后投入预先（约提前 2min）已混合好的液态树脂和硬化剂，再搅拌 3min；另一种是先在搅拌机中加入液态树脂和硬化剂，搅拌约 2min，随后投入骨料和填充材料的混合物，再搅拌 3min。树脂混凝土不能像普通水泥混凝土那样在搅拌后置放一段时间，而应在搅拌后在尽可能短的时间（允许时间）内全部用完，更不能置留在搅拌机内，而应立即送到施工现场铺开，使其反应热尽快散发。

（2）浇注和成型。树脂混凝土对各种材料有良好的黏结性，用模型浇注时，应根据树脂的种类选择适当的脱模剂（硅酮等），预先将其涂在模型上面，否则就不易脱模，致使表面损伤，影响外观质量。树脂混凝土的浇注、抹平及装修所用工具与水泥混凝土相同，工具用完后，应立即清除黏附在上面的拌和物。

5.4.4 树脂混凝土性能与应用

1. 树脂混凝土的性能

与普通混凝土相比，树脂混凝土是一种具有极好耐久性和良好力学性能的多功能材料，因此得到广泛的重视和应用。制备树脂混凝土常用树脂有环氧、呋喃、丙烯酸酯、不饱和聚酯等。为了改善性能或得到特定功能的树脂混凝土，利用多种聚合物作为黏结

剂制备树脂混凝土的技术也得到发展。目前环氧树脂混凝土的应用和相关试验比较多，下面以环氧树脂混凝土为例来介绍树脂混凝土的力学性能和物理化学性能。

1）力学性能

抗压强度是指混凝土在受到压力作用时能够抵抗压碎的能力。抗折强度是指混凝土在受到弯曲作用时能够抵抗折断的能力。抗折强度与混凝土的配合比、材料的性质以及施工工艺等因素密切相关。一般来说，抗折强度较高的混凝土更能够承受外力的作用，抵御变形和破坏。表5.6为普通混凝土与环氧树脂混凝土的抗压、抗折强度对比，可以看出树脂混凝土的抗压、抗折强度均大于普通水泥混凝土的抗压、抗折强度，说明环氧树脂的掺入对混凝土力学性能的提高比较明显。

表5.6　普通混凝土和树脂混凝土的抗压、抗折强度

测试类别	7d 龄期强度（MPa）		28d 龄期强度（MPa）	
	抗压	抗折	抗压	抗折
普通混凝土	28.12	5.28	38.2	7.2
树脂混凝土	30.23	6.01	39.9	7.9

冻融循环作为一种温度变化的具体形式，对混凝土的物理力学性质有着强烈的影响。图5.11为冻融循环对环氧树脂混凝土抗压（折）应力-应变曲线的影响以及冻融循环对抗压（折）强度降低率的影响。可以看出，抗压强度降低率随冻融循环次数增加均呈近似线性增长，同时可以看出环氧树脂混凝土抗压强度降低速率更小，耐冻融性能更好。上述变化产生的原因是，环氧树脂混凝土在受冻融作用时通过环氧树脂基体的变形可以较好地保持混凝土外观形态，但因为试件内部自由水不断地受冻膨胀和融化收缩，使环氧基体网络结构发生疲劳损伤，导致抗压强度降低，极限变形量增加，抗压弹性模量降低。虽然环氧基体网络的损伤导致了环氧树脂混凝土抗压性能的劣化，但其劣化速率远低于水泥基的普通混凝土（表5.6）。随冻融循环次数增加，环氧树脂混凝土的抗折强度降低率呈近似线性增长，而普通混凝土的抗折强度降低率呈指数增长，表明环氧树脂混凝土抗折强度随冻融循环次数增加而降低较慢，耐冻融性能较好。冻融作用下环氧树脂混凝土抗折性能变化趋势与抗压性能变化趋势基本一致，其原因也基本相同：混凝土中自由水不断地受冻膨胀和融化收缩，导致环氧基体网络结构发生疲劳损伤，进而引起环氧树脂混凝土力学性能的劣化。

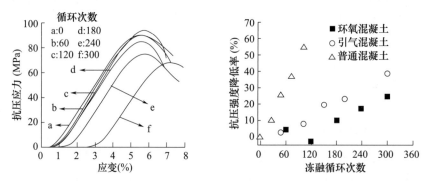

图 5.11　冻融循环对环氧树脂混凝土抗压应力-应变曲线的影响和对抗压强度的影响

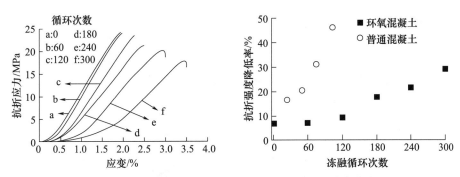

图 5.12　冻融循环对环氧树脂混凝土抗折应力-应变曲线
的影响和对抗折强度的影响

2）物理化学性能

（1）耐冻融性能。耐冻融性是指材料在吸水饱和状态下，能经受反复冻融循环作用而不破坏，强度也不显著降低的性能。材料吸水后，在负温作用条件下，水在材料毛细孔内冻结成冰，体积膨胀所产生的冻胀压力造成材料的内应力，会使材料遭到局部破坏。随着冻融循环的反复，材料的破坏作用逐步加剧，这种破坏称为冻融破坏。与普通混凝土相比，经冻融循环作用后，环氧树脂混凝土的外观形态、质量损失、抗压性能、抗折性能等的变化幅度均最低且差距明显，表明环氧树脂混凝土具有更加优异的耐冻融性能。这是由于树脂混凝土的吸水率很小，一般为1%（质量百分比）或更小，新拌和的所有液体组分在固化时都聚合成为固体，不产生初始毛细孔，因此其抗渗性、抗冻性都很好。

（2）抗火性能。混凝土抗火性能是指混凝土在火灾中所承受的热、压力、变形等综合作用下的能力。图 5.13 和图 5.14 分别为各混凝土轴心抗压强度和抗压弹性模量随温度变化拟合曲线。可以看出，常温下环氧树脂混凝土的抗压强度与水泥混凝土大致相当，但抗压弹性模量明显低于水泥混凝土，表明其在相同荷载下的变形远远大于普通水泥混凝土，即环氧树脂混凝土的韧性明显优于水泥混凝土。与水泥混凝土相似，环氧树脂混凝土的抗压强度和弹性模量随受热温度升高而先提高后下降，表明 100℃ 左右的高温可进一步加强环氧树脂体系的固化，进而提高其力学性能。与水泥混凝土相比，在整个 100～900℃ 的温度范围内，环氧树脂混凝土的抗压强度和弹性模量下降趋势趋于一致，各温度间隔内测试指标值的衰减幅度也较均匀，在 500℃、700℃ 和 900℃ 高温下，环氧树脂混凝土的力学性能优于水泥混凝土。

由于水泥混凝土中含有大量的结晶水，高温下极易产生较大的蒸汽压，在 300～600℃ 的条件下便易破裂（具体温度及程度取决于强度等级），故不宜将普通水泥混凝土用于结构修复。常温下环氧树脂混凝土的韧性明显优于水泥混凝土，高温下环氧树脂混凝土的力学性能优于水泥混凝土，故环氧树脂混凝土可应用于结构修复与补强工程中，但其高温下的其他性能需通过进一步研究确定。

（3）收缩性。温度收缩系数是反映材料热胀冷缩特性的参数。同样以环氧树脂混凝土为例，有研究表明，温度从 30℃ 降至 20℃ 左右时，沥青混凝土的温缩应变随着温度的降低基本成线性增大，而环氧树脂混凝土和水泥混凝土的应变变化基本为零，表现出良好的温度稳定性能；从 20～-10℃ 变化过程中，温缩应变随着温度的降低基本成线性增大，环氧树脂混凝土的最终应变为水泥混凝土的 1.39～1.79 倍。

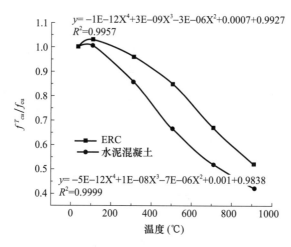

$y= -1E-12X^4+3E-09X^3-3E-06X^2+0.0007+0.9927$
$R^2=0.9957$

$y= -5E-12X^4+1E-08X^3-7E-06X^2+0.001+0.9838$
$R^2=0.9999$

图 5.13　各混凝土轴心抗压强度随温度变化拟合曲线（ERC-环氧树脂混凝土）

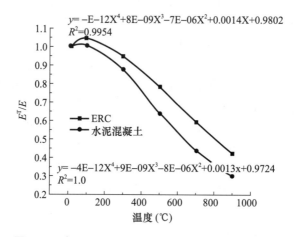

$y= -E-12X^4+8E-09X^3-7E-06X^2+0.0014X+0.9802$
$R^2=0.9954$

$y= -4E-12X^4+9E-09X^3-8E-06X^2+0.0013x+0.9724$
$R^2=1.0$

图 5.14　各混凝土抗压弹性模量随温度变化拟合曲线

2. 树脂混凝土的应用

树脂混凝土外形美观，可以代替花岗石、大理石等用作地面砖、桌面、浴缸等，如图 5.15 所示。但由于树脂成本高，目前仅用于特殊工程，如耐腐蚀性工程，修补混凝土构件及堵漏材料等。

(a) 树脂混凝土的制作的电机连接座　　(b) 树脂混凝土水沟槽成品线性排水沟下水道

图 5.15　树脂混凝土的应用

5.5　习题

1. 请根据所学的知识分析聚合物浸渍混凝土（PIC）、聚合物改性混凝土（PMC）以及树脂混凝土（PCC）三种聚合物混凝土之间的区别。

2. 请概括制备聚合物改性水泥混凝土所需的材料有哪些？请重点介绍所使用的聚合物的种类。

3. 请概括聚合物浸渍混凝土具有哪些性能，并举例说明其实际应用。

4. 请列举出一些工程上聚合物混凝土的运用案例，并尝试说出其属于哪一类聚合物混凝土？优点又有哪些？

参考文献

[1] 王继娜，徐开东. 特种混凝土和新型混凝土 [M]. 北京：中国建材工业出版社，2021.

[2] 赵昆璞，徐晓沐，毛继泽，等. 我国聚合物混凝土的研究现状 [J]. 化学与黏合，2016，38（3）：199—206.

[3] 王鹏刚，隋晓萌，田玉鹏，等. 老化和表面磨损对硅树脂表面浸渍混凝土防水效果的影响 [J]. 硅酸盐学报，2021，49（11）：2478-2485.

[4] 黄志强，张二芹，吕晨曦，等. 聚合物改性混凝土抗冻耐久性试验研究 [J]. 混凝土，2016（4）：50-53＋56.

[5] 刘兆瑞，马苗苗. 聚合物改性混凝土研究进展及展望 [J]. 中国建材科技，2017，26（1）：42-44＋85.

[6] 刘克非，徐志胜. 环氧树脂混凝土的抗火性能研究 [J]. 混凝土与水泥制品，2015（9）：6-9.

[7] 申力涛. 环氧树脂混凝土冻融性能试验研究 [J]. 中外公路，2018，38（1）：244-248.

[8] 张秀林，任光明. 关于 WSP 聚合物混凝土耐久性能的若干研究 [J]. 河北建筑工程学院学报，2010，28（2）：45-48.

[9] 李仲玉，李奥然，李欢. 聚灰比对聚合物改性水泥混凝土耐久性能研究 [J]. 河北建筑工程学院学报，2020，38（2）：14-19.

6

3D 打印混凝土

6.1 3D 打印技术发展简介

6.1.1 3D 打印技术发展背景

信息化和数字化是当今各个行业发展的必然趋势，如今全世界正面临历史上的第 3 次工业革命的浪潮。3D 打印技术被评为第 3 次工业革命最具标志性的生产工具。3D 打印是一种以数字模型为基础，运用粉末状金属或非金属材料，通过逐层打印的方式来构造物体空间形态的快速成型技术。由于其在制造工艺方面的创新，被认为是"第 3 次工业革命的重要生产工具"。3D 打印是通过逐层增加材料来制造所设计的三维产品的制造技术，综合了数字建模技术、机电控制技术、信息技术、材料科学与化学等诸多领域的前沿技术，被誉为"第三次工业革命"的核心。近 2 年来，3D 打印技术在打印房屋的应用中得到了突破，新型的、智能化的建筑 3D 打印技术在行业类的关注度也不断提高（图 6.1）。

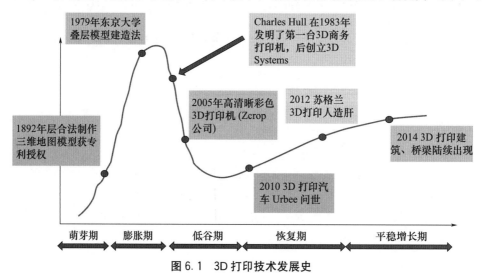

图 6.1 3D 打印技术发展史

6.1.2 3D打印技术的现状与应用领域

3D打印技术主要可以分为以下3大领域。

1. 工业制造领域

3D打印技术由于其突出的技术特点，已迅速融入现代制造体系中。既可以独立发展，在直接整体成型方面独树一帜，又能与铸造、机加工等传统制造工艺交叉融合，改造和提升传统的制造业，如图6.2和图6.3是在航空航天领域应用于航天发动机部件和飞机零件。

图6.2　3D打印航天发动机部件　　　　图6.3　3D打印飞机零件

2. 生物医疗领域

如图6.4所示，为3D打印制作的义肢，这仅仅是3D打印技术在医疗行业的开始，现在科学家正在研究打印人体心脏瓣膜和肾脏等人体器官和药物等，如图6.5所示。

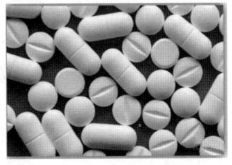

图6.4　3D打印的义肢　　　　图6.5　3D打印医药

3. 建筑设计行业

与传统的手工制作模型相比，3D打印模型更可展现拥有复杂曲线的建筑设计，能被进一步处理以做上色或精加工，还更加坚强耐用。使用3D打印模型最大的好处是，它们可以准确展现建筑设计的形态，大大提高团队与客户之间的沟通效率。对于拥有复杂曲率的建筑模型，3D打印省去了使用传统方法制作的时间和成本，也可重复尝试不同弧度的设计。

根据成型原理的不同，3D打印技术主要可以分为以下 4 种类型：

（1）选择性烧结技术（SLS）

SLS 技术采用激光根据软件所设计的模型选择性的分层烧结固体粉末，并通过烧结成型的固化层逐层叠加生成所需的零件，这是一种由离散点一层层堆积成三维实体的工艺方法（图 6.6）。

图 6.6　选择性烧结技术

（2）熔丝成积成型技术（FDM）

FDM 技术以石蜡、金属、塑料、低熔点合金丝等丝状材料为原料，将丝材加热至略高于熔点，通常控制温度比熔点高 1℃。打印头根据计算机提供的截面信息作平面运动，将熔融的材料涂覆在工作台上，冷却后即形成零件的一层截面；此后打印头上移一定高度，进行材料的下一层涂覆，这样逐层堆积即可形成三维零件（图 6.7）。

（3）逐层光固化成型技术（SLA）

如图 6.8 所示，SLA 技术主要是利用特定强度的激光聚焦照射在光固化材料的表面（材料主要为树脂），使之点到线、线到面的完成一个层上的打印工作，一层完成之后进行下一层，依此方式循环往复，直至最终成品的完成。

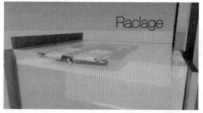

图 6.7　熔丝成积成型技术　　　图 6.8　逐层光固化成型技术

（4）连续液体界面提取技术（CLIP）

CLIP 主要是通过从底部投影，达到使光敏树脂固化的目的，如图 6.9 所示。

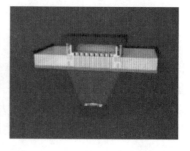

图 6.9　连续液体界面提取技术

6.1.3　建筑 3D 打印的研究现状

3D 打印技术在建筑领域的应用目前可分为 2 个方面。一个是建筑设计方面，另一个就是建筑施工方面。建筑施工方面主要是利用 3D 打印技术建造足尺建筑，通俗地说，就是用机器人盖房子。在建筑施工领域，3D 打印建造技术的应用还处于探索阶段，国外在这方面开展了很多实践，国内在这方面也处于领先地位。从建筑 3D 打印技术的形式上来划分，主要有以下 3 种技术形式。

1. 黏结沉降成型工艺 "D-Shape"

D-shape 是由意大利工程师发明的一种大型 3D 打印机，该打印机利用含有镁元素的黏合剂将分散的砂土颗粒黏结起来，形成具有类岩石物理力学性质的材料，如图 6.10 所示。

图 6.10　D-Shape 工艺

2. 轮廓工艺 "Contour Crafting (CC)"

1998 年，美国南加州大学的 B. Khoshnevis 教授发明了一种水泥基材料增材制造的方法，被称为"轮廓打印"。借助由起重机驱动控制的喷头连续地挤出混凝土材料，逐层堆积进而成型，不需要外部模板支撑，如图 6.11 所示。

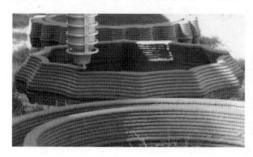

图 6.11　轮廓打印工艺

3. 蜂窝制造 "C-Fab"

2015 年，美国田纳西州的 Branch 科技公司建造了名为蜂窝制造的自由式 3D 打印机。该打印机底端铺设有相应的导轨，可以极大提高打印的空间范围。C-Fab 使用打印材料为碳纤维增强塑料材料，如图 6.12 和图 6.13 所示。目前国内外的 3D 打印构件及小型的建筑大多是基于"轮廓工艺"技术。

图 6.12　蜂窝制造（C-Fab）自由式 3D 打印机

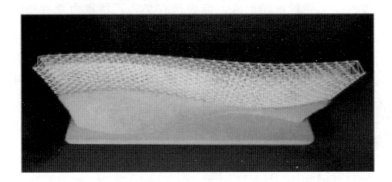

图 6.13　蜂窝制造（C-Fab）自由式 3D 打印机模式图

6.2　3D 打印混凝土制备要求

6.2.1　建筑 3D 打印工艺对打印材料的性能要求

建筑 3D 打印工艺对打印材料的性能要求主要有以下 4 个方面。

1. 凝结时间

3D 打印材料应该具有初凝时间可调，初、终凝时间间隔小的特点；初凝时间可调是指可根据打印长度和高度大小以及打印速度的快慢调整材料达到初凝的时间；初、终凝时间间隔小，是为了保证打印材料有足够的强度发展速率，保证材料具有在不同高度材料自重作用下不变形的承载力。

2. 强度

打印混凝土应该具有足够的早期强度，特别是 1～2h 内的早期强度应该发展较快，要保证建筑结构整体在连续 3D 打印施工过程中具有足够的承载力，保证打印结构的稳固不变形。建筑 3D 打印材料的后期强度保持一定的增长，从而满足建筑物本身对材料强度的要求。

3. 工作性

首先，打印材料在被输送系统输送过程中应该具有一定的流动性，避免输送管路的堵塞。其次，打印材料从打印头挤出后能够具有承受荷载不变形的能力，能够支撑自重以及打印过程中的动荷载的性能，这也就是要求建筑 3D 打印材料具有一定的触变性。

4. 层间黏结性

应该具有良好的层间黏结力，保证成型墙体的各项差异性小，保证层间的连接和打印的建筑物致密、稳固。

6.2.2 建筑 3D 打印工艺对设备的要求

如图 6.14 所示，打印材料和打印系统需要相互协调，可以从流动性、挤出性、建造性、凝结性和早期刚度 5 个方面与打印系统进行协调。

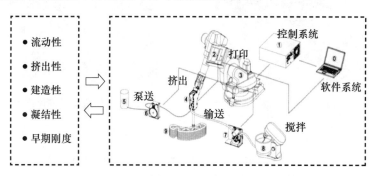

图 6.14 混凝土材料性能和打印控制参数协调相兼容示意

（1）流动性是保证打印材料在输送系统内易于输送、易于挤出的重要控制指标。保持良好的流动性主要有 3 个方法：提高水胶比、使用高效减水剂和合理优化颗粒级配。测试流动性的常用方法有：坍落度实验、V 形漏斗试验以及跳桌试验，如图 6.15 所示。

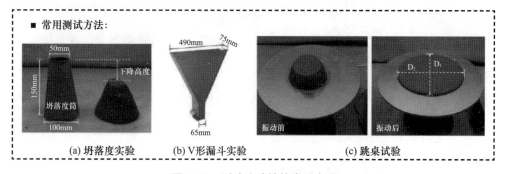

图 6.15 测试流动性的常用方法

（2）挤出性是指打印材料顺利通过打印头出口而不发生中断的能力。保持良好的挤出性也主要有以下 3 个方法：①选取圆形的、粒径较小的原材料；②配制材料所有颗粒的最大直径建议小于打印头口径的 1/10；③合理优化颗粒级配。用粉末胶凝材料填充细砂的孔隙，细砂和粗砂填充骨料的间隙。挤出性的测试指标为打印材料被连续挤出而不发生中断和堵塞的长度，如图 6.16 所示。

（3）建造性指打印材料从打印头挤出后保持其被挤出时形状的能力。建造性的控制措施有：①提高砂胶比或细骨料的用量；②缩短初凝时间，提高早期刚度；③控制水胶比，降低流动性，以提高其体积稳定性。测试指标为打印一定高度的结构观测其坍落、倾斜等现象，或量测其变形的大小，如图 6.17 所示。

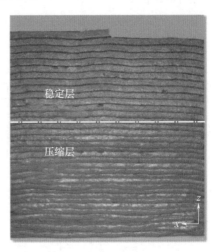

图 6.16　挤出性评价示意图　　　　　图 6.17　建造性评价示意图

（4）凝结性是指控制打印材料在有效打印时间内具有良好流动性和挤出性。

（5）早期刚度是指打印材料承受后续打印结构自重荷载而不发生变形和坍塌。早期刚度的控制措施有：①添加缓凝剂，保证材料在打印输送过程中无堵塞；②快硬性水泥、早强剂、速凝剂等，提高打印材料的早期刚度。常用的早期刚度的测试方法有维卡计或者超声波投射检测等，如图 6.18 所示。

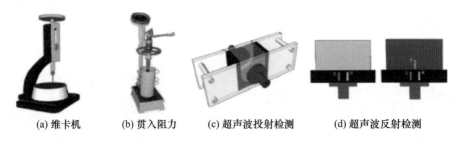

(a) 维卡机　　　(b) 贯入阻力　　　(c) 超声波投射检测　　　(d) 超声波反射检测

图 6.18　常用的早期刚度测试方法

6.3　3D 打印混凝土材料配制

6.3.1　水泥基 3D 打印混凝土

水泥是制备建筑材料不可缺少的原料，经过 100 多年的发展，现在水泥主要有硅酸盐水泥、铝酸盐水泥和硫铝酸盐水泥 3 大品种系列。这 3 种水泥各有特点，应用范围也有所不同。硅酸盐水泥是目前建筑材料中应用范围最广的胶凝材料，具有强度稳定、成本较低等优点，但凝结时间较长。而铝酸盐水泥和硫铝酸盐水泥因为其凝结时间较短，早期强度高的特点主要用在耐火、抢修等特种工程材料中。

中国建筑股份有限公司技术中心研发团队采用普通硅酸盐水泥和硫铝酸盐水泥作为主要胶凝材料，制备硅酸盐以及硫铝酸盐水泥基 3D 打印材料。

1. 水泥基打印混凝土的基本配合比

硫铝酸盐水泥在中国已成功地应用于各种建筑工程（尤其是冬期施工工程）、海港工程、地下工程，各种水泥制品和预制构件，其应用技术成熟，各项性能满足工程需要。硫铝酸盐水泥具有凝结时间短，早期强度较高，而且后期强度不断增长的特点。这些性能特点满足建筑 3D 打印的工艺对材料的要求，通过不同外加剂对硫铝酸盐水泥凝结时间和工作性能等的调节优化，开发了硫铝酸盐水泥基 3D 打印混凝土，并对其性能进行了研究。

普通硅酸盐水泥是目前工程中应用最广泛的水泥品种，具有成本低、生产厂家分布广、性能稳定等优点。所以利用普通硅酸盐水泥制备建筑 3D 打印材料，对建筑 3D 技术的推进具有重要意义。但因为其水化速度慢，凝结时间较长、早期强度低的特点，制约了其作为建筑 3D 打印材料的应用。

水泥基 3D 打印混凝土是对传统混凝土的改性和优化，使其符合 3D 打印要求的工作性及其他性能，材料组成不需做大的改变，所需要的各项性能主要通过添加外加剂实现。研究 2 种水泥体系的 3D 打印材料，分别利用硫铝酸盐水泥和普通硅酸盐水泥为主要胶凝材料，通过不同的外加剂去调节水泥的凝结时间，使其工作时间和早期强度满足 3D 打印工艺要求。

有研究表明灰砂比为 1∶1 左右时，砂浆兼具较好的工作性和力学性能。同时添加减水剂降低材料的用水量，使其后期的力学性能符合建筑结构的要求。最后通过添加矿物掺和料以及复合体积稳定剂等外加剂改善材料的工作性能和黏结性能，使其满足打印工艺的技术要求。表 6.1、表 6.2 分别为硫铝酸盐水泥基 3D 打印混凝土（SAC-3D）和普通硅酸盐水泥基 3D 打印混凝土（OPC-3D）的基本配比。

表 6.1　硫铝酸盐水泥基 3D 打印材料基本配合比

水灰此	SAC42.5（%）	矿粉（%）	级配机制砂（%）	聚羧酸 PC（%）	复配调凝剂 JH（%）	复合稳定剂 VS（%）	PVA 纤维（%）
0.35～0.38	40～50	0～10	47～50	0.05～0.10	0.1～0.6	2～3	0.3

表 6.2　普通硅酸盐水泥基 3D 打印材料基本配合比

水灰比	OPC42.5（%）	级配机制砂（%）	聚羧酸 PC（%）	调凝组分 PS（%）	复合稳定剂 VS（%）	PVA 纤维（%）
0.35～0.38	40～45	47～50	0.05～0.10	5～10	2～3	0.3

2. 水泥基 3D 打印混凝土的性能

1）水泥基 3D 打印的力学性能

建筑 3D 打印技术作为一种新型的建造技术，其目的是为建造符合使用要求的建筑物。所以建筑 3D 打印材料在硬化后的力学性能、耐久性能等应能满足建筑物对材料性能的要求。

3D 打印材料的力学性能是材料本身一项重要的性能指标。从实际打印的墙体构件中切割试件和实验室试模成型的试件对比研究的角度，来评价开发的水泥基 3D 打印材料抗压强度、抗折强度、抗拉强度、各项异性和对钢筋的握裹力等力学性能，能为今后的结构设计提供数据支持。

（1）抗压和抗折强度

在此主要以硫铝酸盐水泥基 3D 打印材料为对象研究，3D 打印工艺对材料抗压抗折等力学性能的影响。按表 6.3 试验配合比，研究不同的复合调凝剂对 SAC-3D 打印材料的凝结时间和抗压强度的影响规律。材料的抗压强度的发展规律如图 6.19 和图 6.20所示。

表 6.3　不同复合调凝剂对材料抗压强度的影响

编号	使用的调凝剂 JH 组成	促凝剂掺量 J1（%）	缓凝剂掺量（%）			抗压强度（MPa）			
			H5	H2	H3	2h	1d	3d	28d
A-1	JH-1	0.1	0.1	—	—	24.4	41.2	54.6	59.5
A-2	JH-2	0.1	0.2	0.1	—	15.8	38.7	50.5	64.7
A-3	JH-3	0.1	0.2	0.1	0.1	5.3	40.3	52.3	62.3
A-4	JH-4	0.05	0.1	—	—	19.3	43.5	51.9	62.9
A-4	JH-5	0.05	0.2	0.1	—	10.9	40.0	53.7	63.6
A-5	JH-6	0.05	0.2	0.1	0.1	3.0	35.6	53.5	64.8

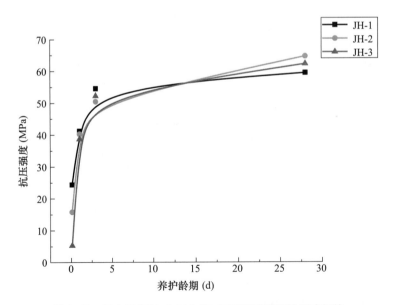

图 6.19　复合调凝剂对 SAC-3D 打印材料强度的影响规律

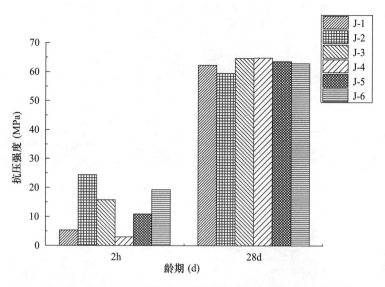

图 6.20 SAC-3D 打印材料早期强度和后期强度的发展规律

由图 6.19 和图 6.20 可以看出，不同的促凝剂和缓凝剂掺量对 3D 打印材料抗压强度的影响主要体现在早期强度上。早期抗压强度的发展与材料凝结时间的影响是相对应的。凝结时间越短的材料在 1d 内的早期强度也越高。添加 JH-1 调凝剂的打印材料早期强度发展最为迅速，其 2h 抗压强度达到 24.4MPa。添加 JH-6 调凝剂的 A-6 材料具有最低早期强度，2h 抗压强度为 3.0MPa。另外，可以看出，在相同的缓凝剂掺量下，改变促凝剂的掺量可以改变材料的凝结时间和早期强度，这对控制 SAC-3D 打印材料的工作时间和材料的早期强度非常重要。促凝剂对环境温度、水泥批次和水灰比较为敏感，需要根据实际情况确定合适的用量。通过复合调凝剂的调节，可以制备满足 3D 打印工艺要求的硫铝酸盐水泥基 3D 打印材料，其 2h 的抗压强度即可达到 10~20MPa；3d 抗压强度为 40~50MPa；28d 抗压强度为 60MPa 左右的高强度，能够满足 3D 打印建筑的承重墙和柱的强度要求，也能使打印的构件具有好的力学性能。

实际墙体构件的打印，材料凝结时间控制不宜太短，要考虑到具体打印过程中所需的工作时间。墙体打印试验选取用 JH-2 调凝剂的材料进行墙体打印。表 6.4 为利用模具成型的标准试件测试的抗折、抗压结果。

表 6.4 试模成型试件的 SAC-3D 打印材料强度

强度	抗折强度（MPa）		抗压强度（MPa）	
	2h	28d	2h	28d
试模成型试件	2.4	8.3	13.5	58.6

由表 6.4 结果看到水泥基 3D 打印材料 2h 的抗压强度大于 10MPa，早期强度比较高，完全可以满足材料逐层叠加起的墙体自重。28d 养护龄期材料的抗压强度也很高，到达 58.6MPa。图 6.21 和 6.22 为对打印墙体不同方向截取的试件进行抗压强度测试，图 6.23 为对截取的抗压强度试件进行测试。图 6.24 显示在竖向截取的抗折强度测试断裂形貌。

图 6.21　横向切割试件的抗折

图 6.22　竖向切割试件的抗折

图 6.23　切割试件抗压强度测试

图 6.24　竖向切割试件的抗折断面

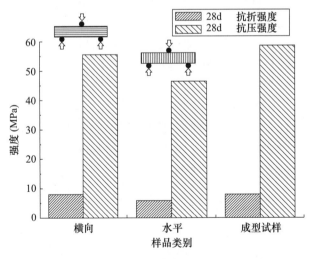

图 6.25　切割试件与成型试件的强度对比

　　由图 6.25 分析可知，对从打印墙体上截取的不同的试件和模具成型的试件的抗折抗压强度对比，打印墙体截取的横向试件的抗折强度是 8.0MPa，抗压强度平均强度为 55.7MPa。在截取的竖向试件抗折抗压试件的强度分别能达到 6.1MPa 和 46.5MPa，并且图 6.27 显示抗折断面没从层间黏结处断裂，说明材料的层间的黏结力良好。截取的横向试件的抗折和抗压强度能达到标准成型试件 95％左右的强度，而截取的竖向试件的抗折强度和抗压强度能达到标准成型试件 75% 左右的强度。由此可见，打印墙体不同方向上的 3D 打印材料的力学性能存在较大的差异，在水平打印面上材料具有良好的抗折和抗压性能，而打印竖向方向的抗折和抗压性能较差，说明打印层间黏结性相比一体浇筑还是有一定的黏结缺陷，导致强度相比标准成型试件有较大幅度的降低。虽然在层间黏结性能相较标准试件低，但截取的竖向试件 44.6MPa 的抗压强度仍然保证了结构的安全性。

（2）单轴抗拉强度

混凝土是弹性模量较高而抗拉强度较低的材料，如普通混凝土的抗拉强度仅为 1～4MPa，在受约束条件下只要发生少许收缩，产生的拉应力往往会大于该龄期混凝土的抗拉强度，导致混凝土开裂。表 6.5 为相关研究采用单抽抗拉试验测得的不同强度等级的混凝土的抗拉强度。

表 6.5 不同强度等级的混凝土抗拉强度

混凝土强度等级	C30	C40	C50	RPC
抗拉强度（MPa）	2.5～3.0	3.17～3.97	3.68～4.35	5.9～14.57

3D 打印建筑是通过打印材料的逐层叠加制造而成，所以打印层之间的黏结性能是否良好直接影响材料的一体性和打印建筑的安全性。根据材料在实际打印墙体以及在水泥对外加剂的适应性，确定了打印材料黏结力的试验配合比，主要是将用水量适当的提升，使其工作状态更好地进行打印。从打印的墙体中截取 40mm×40mm 左右的端面具有 3 个打印层的试验柱体试件，在试件的两端利用 AB 胶与拉拔模具相连，待胶完全硬化后再利用万能试验机进行单轴抗拉试验，按照式（6-1）计算材料的抗拉强度：

$$F_t = N/S \qquad\qquad (6\text{-}1)$$

式中　F_t——抗拉强度；

　　　N——拉应力；

　　　S——破坏截面面积。

图 6.26 和图 6.27 分别为拉拔试件和试件的抗拉试验。

图 6.26 黏结力拉拔试件图

图 6.27 层间黏结力抗拉

由于试样尺寸和测试模具的限制，只能用 AB 胶黏结的方式测试。通过尝试不同的高强度胶，试验发现一般的 AB 胶无法承受打印材料拉断所需要的拉应力而在胶模界面直接断裂。通过对多组抗拉试件的拉拔试验，试件多数都是从 AB 胶和模具的黏结处断裂，但少数从打印层间处断裂的试件测的拉应力为 3774N，破坏面积为 1312mm²，按照式（6-1）计算得到打印层间破坏时的抗拉强度为 2.88MPa，处于 C40 左右的混凝土的抗拉强度值范围。为获得更准确的试验数据，下一步计划尝试利用夹具测试打印材料的层间黏结力。图 6.28 和图 6.29 分别为抗拉试验不同的断裂型式。

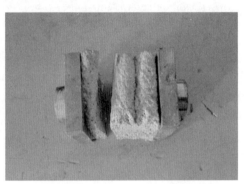

图 6.28　拉拔断面 1-黏结胶处　　　　图 6.29　拉拔断面 2-打印层间

（3）对钢筋的握裹强度

将打印的构件按照图 6.30 的形式切割成钢筋握裹强度的测试试件，通过与模具成型试件的对比，分析逐层堆积的 3D 打印工艺对 3D 材料钢筋握裹强度的影响。图 6.31 为实际切割的试样，图 6.32 为钢筋握裹力试验，图 6.33 为试件的拉拔破坏形式。

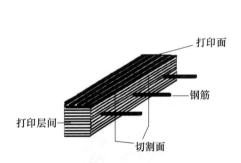

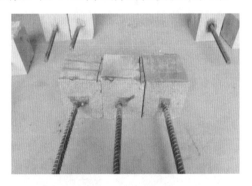

图 6.30　切割示意图　　　　　　　　图 6.31　实际切割试样

图 6.32　打印体钢筋握裹力　　　　　　图 6.33　试件的拉拔破坏形式

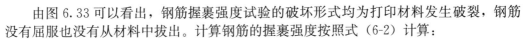

由图 6.33 可以看出，钢筋握裹强度试验的破坏形式均为打印材料发生破裂，钢筋没有屈服也没有从材料中拔出。计算钢筋的握裹强度按照式（6-2）计算：

$$\tau = P/\pi DL \qquad (6-2)$$

式中　τ——钢筋握裹强度（MPa）；
　　　P——破坏时的拉拔力（kN）；
　　　D——钢筋的公称直径（mm）；
　　　L——钢筋埋入的长度（mm）。

表 6.6 为钢筋握裹强度试验结果。

表 6.6 水泥基 3D 打印材料钢筋握裹强度试验结果

试验编号	拉拔力（kN）	握裹长度（mm）	计算打印体钢筋握裹力（MPa）	打印体平均握裹力 F_{w1}（MPa）	成型试件平均握力 F_{w2}（MPa）	F_{w2}/F_{w1}（%）
SAC-3D	67.0	165.3	6.45	6.49	6.74	96.3
	69.2	162.8	6.77			
	62.8	160.1	6.25			
OPC-3D	63.1	161.3	6.23	6.29	6.90	91.2
	62.2	169.5	5.84			
	74.8	175.0	6.80			

由表 6.6 可以看出，2 种水泥基的 3D 打印材料的钢筋握裹强度值离散性较小，说明钢筋和材料的结合比较紧密，能够比较真实地反映 3D 打印工艺下材料和钢筋的黏结情况。2 种打印材料的钢筋握裹强度均小于利用模具形成的试件的握裹强度，其中 SAC-3D 打印材料的钢筋平均握裹强度略高于 OPC-3D 材料的钢筋握裹强度。其中 SAC-3D 材料钢筋握裹强度是成型试件的 96.3%，而 OPC-3D 材料的钢筋握裹强度是成型试件的 91.2%。

2）水泥基 3D 打印材料的耐久性能

水泥基 3D 打印材料的耐久性能是有效地抵抗外界环境的有害物质进入材料的微裂缝和空隙而导致材料的劣化和破坏能力。包括抗氯离子渗透性能、抗冻融循环损伤性能、抗渗性能、抗碳化性能和收缩性能。

（1）抗氯离子渗透性能

钢筋锈蚀是引起钢筋混凝土结构劣化的主要问题之一。一般的钢筋混凝土结构中有氯离子侵入时，钢筋会发生局部锈蚀，继而导致钢筋混凝土结构膨胀开裂破坏。虽然建筑 3D 打印技术暂时没有有效地解决在打印过程中的配筋问题，但是随着技术的进步这一问题也将会逐步解决。所以水泥基 3D 打印材料对氯离子侵蚀的抵抗能力也是评定材料性能的一个重要方面。快速氯离子渗透试验法（电通量法）是常用的测定抗氯离子渗透性能的方法，通过混凝土试件电量的多少来检验评价氯离子在材料中的迁移能力。表 6.7 为电通量法测试表征一般混凝土抗氯离子渗透性的性能指标。

表 6.7 一般混凝土抗氯离子渗透性的性能指标

通过的电通量（C）	氯离子渗透性	典型混凝土
>4000	高	高水灰比（0.6）
2000~4000	中	中水灰比（0.4~0.5）
1000~2000	低	低水灰比（0.3~0.4）

通过的电通量（C）	氯离子渗透性	典型混凝土
100~1000	非常低	乳液改性、内封闭、硅灰混凝土
<100	可忽略	聚合物或其浸渍混凝土

电通量法将氯离子在混凝土中的渗透划分为高、中、低、很低、忽略5个等级。根据表6.7一般混凝土电通量和氯离子渗透性对应关系和表6.8电通量试验结果显示，2种水泥基3D打印材料其氯离子渗透性处于中等偏低水平，相当于水灰比为0.4左右的混凝土在振动成型后的氯离子渗透性。由于在逐层叠加的打印过程中材料中的一些气孔无法像混凝土一样的被振动排除，但是依靠材料本身良好的匀质性，材料依然具有良好的抗氯离子渗透能力。

表 6.8　水泥基 3D 打印材料电通量试验结果

编号	SAC-3D	OPC-3D	氯离子渗透性
电通量（C）	2332	2249	中等

（2）抗冻融循环性能

试验采用快速冻融循环法来检验和评价3D打印材料的抗冻性能，以200次冻融循环次数下材料的质量损失和相对动态弹性模量来评价材料的抗冻性能。

由表6.9和表6.10的试验结果显示，2种水泥基3D打印材料在100次和200次冻融循环的测试过程中，其质量和动态弹性模量的降低幅度较小。OPC-3D和SAC-3D打印材料在经过200次的快速冻融循环后其相对动弹模分别为97.3%和92.7%，说明OPC-3D材料的内部密实度较SAC-3D材料好一些。不过在经过200次冻融循环后其相对动弹模都大于90%，并且在冻融循坏后试件的质量损失很小，都说明2种水泥基的打印材料的抗冻融能力良好，能够满足北方地区的冻融环境的抗冻融性能要求。如果在材料中添加适量的引气剂会使其抗冻融循环破坏能力进一步提升。另外，OPC-3D在冻融循环过程中其质量没有下降反而略有上升，主要原因可能有2个方面：首先，冻融试验前要求的4d的泡水时间偏短，材料的外表面不能有效地饱水。其次，3D打印材料中添加纤维，当冻融循环一定次数后，材料的表面的孔隙会在冰晶压力下破坏，而连通孔增多并进入一些水，但是材料外表面并没有脱落，导致冻融循环过程中质量会有所增加。所以标准里评定冻融循环破坏采用质量损失或者相对动弹模量2种方式。

表 6.9　冻融循环的质量损失

编号	初始质量（g）	冻融循环质量损失率（%）	
		100 次	200 次
SAC-3D	8795	0.79	0.90
OPC-3D	9171	−0.17	−0.33

表 6.10　冻融循环的相对动态弹性模量

编号	初始相对动态弹性模量（GPa）	冻融循环相对动态弹性模量（%）	
		100 次	200 次
SAC-3D	30.25	94.9	92.7
OPC-3D	33.39	98.4	97.3

（3）抗渗性能

根据混凝土试件在抗渗试验时所能承受的水压力，将混凝土的抗渗等级分为 P4、P6、P8、P10、P12 及大于 P12 六个等级。试验采用渗水高度法来评价 3D 打印材料的抗水渗透性能。

通过图 6.34 抗渗试验结果显示，2 种 3D 打印材料抗渗等级能大于 P12 级。并且在 P12 级抗渗等级压力下，硫铝酸盐水泥基 3D 打印材料的平均渗水高度 24.5mm，普通硅酸盐水泥基 3D 打印材料的平均渗水高度为 13mm，所以 OPC-3D 材料的抗渗较 SAC-3D 优。因为 3D 材料具有较低的水灰比，材料中除了无法振捣排除的一些较大气孔外，微孔和有害孔比大水灰比的水泥基材料少，所以 3D 打印材料具有较好的抗渗性能。

图 6.34　P12 级抗渗压力下的深水高度

（4）抗碳化性能

材料的抗碳化性能是来表征阻止环境中的二氧化碳向内部扩散可与水泥中的碱性物质进行反应的能力。一般水泥基材料利用碳化深度来评价材料的抗碳化性能。图 6.35 和图 6.36 分别为 SAC-3D 打印材料和 OPC-3D 打印材料的碳化深度。

图 6.35　SAC-3D 打印材料的碳化

通过图 6.35 和图 6.36 的抗碳化试验结果显示，普通硅酸盐水泥基 3D 打印材料经过 28d 的快速碳化试验后，其碳化深度还是为 0，说明材料具有良好的抗碳化性能。硫铝酸盐水泥 3D 打印材料的 28d 碳化深度为 8～10mm。硫铝酸盐混凝土碳化的相关研究显示，水灰比为 0.35～0.38 的碳化深度为 10～15mm。因为硫铝酸盐水泥属于低碱水泥，所以其抗碳化能力较普通硅酸盐水泥弱。

图 6.36　OPC-3D 打印材料的碳化

3）水泥基 3D 打印材料的微观性能

（1）微观结构

硫铝酸盐水泥和普通硅酸盐水泥中的主要矿物相有所区别，硫铝酸盐水泥主要是无水硫铝酸钙 $C_4A_3\bar{S}$ 和硅酸二钙 C_2S，在普通硅酸盐水泥中主要为硅酸三钙 C_3S、硅酸二钙 C_2S、铝酸三钙 C_3A、铁相固溶体通常以铁铝酸四钙 C_4AF。2 种水泥体系的 3D 打印材料水化产物的微观形貌如图 6.37 和图 6.38 所示。

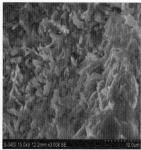

图 6.37　硫铝酸盐水泥基 3D 打印材料微观结构

图 6.68　普通硅酸盐水泥基 3D 打印材料微观结构

通过 2 种体系中不同点的水化产物的形貌也可以看出明显的区别。在硫铝酸盐水泥基材料中，可以比较普遍的观察到这种针柱状的钙矾石，它是硫铝酸盐水泥中的主要成分无水硫铝酸钙 $C_4A_3\bar{S}$ 的水化产物。在针柱状的钙矾石间隙里也填充的水化氧化铝凝胶和水化硅酸钙凝胶。在普通硅酸盐水泥基的材料的微观形貌中看不到明显的针状钙矾石，最主要的是成紧密堆积在一起的水化硅酸钙凝胶相（图 6.39）。

(a) 早期：形成网络结构　　(b) 中期：网络结构被C-S-H填充　　(c) 后期：紧密堆积C-S-H凝胶

图 6.39　水泥基 3D 打印材料水化模型

2 种 3D 打印材料具有较短的凝结时间，是因为在水化早期水化反应生成的 AFt 能够在水泥浆体中形成相互搭接的网络结构，使材料逐渐失去流动性，而随着水化的快速进行，材料很快达到了初凝状态。材料凝结后前期形成的网络结构被继续水化生成的凝胶相填充密实，材料早期强度不断上升。后期随着水化的进行，材料体系逐渐密实，材料的强度也达到了一个稳定的范围。

（2）水化物相

根据 X 射线衍射分析可以看出，硫铝酸盐水泥基 3D 打印材料的水化相中有明显的钙矾石 AFt 衍射峰，而对应的普通硅酸盐水泥基材料中钙矾石的衍射峰不明显，说明在硫铝酸盐水泥中生成了大量的钙矾石，而在普通硅酸盐水泥虽然在早期生成了一些钙矾石，但是后期会被 C-S-H 凝胶填充，所以衍射峰不明显。另外可以看出，在普通硅酸盐水泥基材料中的氢氧化钙的衍射峰是硫铝酸盐水泥材料所不具有的，因为硫铝酸盐水泥水化产物中不含氢氧化钙。硫铝酸盐在 X 衍射峰中可以明显地看到 $CaSO_4$ 的衍射峰，这是普通硅酸盐水泥基材料所不具有的，因为在普通硅酸盐水泥中的少量二水石膏缓凝剂会在早期参与水化反应，所以没有明显衍射峰。在 2 种水泥基的材料中可以看到未水化的完全的矿物相 $C_4A_3\bar{S}$、C_2S 和 C_3S 的衍射峰，由于生成的 C-S-H 凝胶属于无定形矿物相，不能被 X 射线衍射所反映，所以其衍射峰也不明显（图 6.40）。

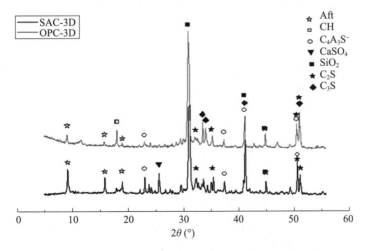

图 6.40　水泥基 3D 打印材料水化物相

（3）微观孔结构

水泥凝结硬化后，孔结构是影响材料强度和耐久性的主要因素。试验采用氮吸附的方法测试材料中的孔径分布，对比分析2种水泥基3D打印材料的围观结构的差异。表6.11为2种水泥基3D打印材料的孔径分布数据，图6.41和图6.42为材料的孔体积孔径分布曲线。

表6.11　两种水泥基3D打印材料的孔径分布

样品	平均孔直径（nm）	总孔体积（mL/g）	比表面积（m²/g）	孔径分布百分率（%）			
				<10nm	10~30nm	30~50nm	>50nm
OPC-3D	23.91	0.0395	6.61	15.06	38.12	38.59	8.23
SAC-3D	11.97	0.0378	12.63	34.40	37.59	18.92	9.09

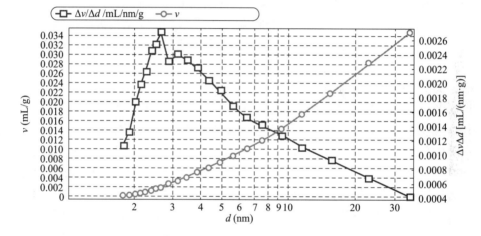

图6.41　SAC-3D 孔径分布曲线

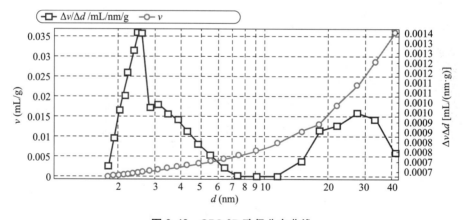

图6.42　OPC-3D 孔径分布曲线

从表6.11中可看出，普通硅酸盐水泥3D打印材料、硫铝酸盐水泥3D打印材料试件28d龄期的孔结构中，总孔体积均低于0.04mL/g，处于一个比较低的水平，说明3D打印材料内部结构密实，因此3D打印材料具有较好的力学性能和耐久性。

6.3.2 地质聚合物 3D 打印混凝土

地质聚合物（Geopolymer）是以黏土、工业废渣或矿渣为主要原料，经适当的工艺处理，在较低温度条件下通过化学反应得到的一类新型无机聚合物材料。

1. 地质聚合物 3D 打印材料的力学性能

1）碱激发剂比例对力学性能的影响

按照表 6.12 中的配合比，在水胶比为 0.35 时，复合碱激发剂掺量为矿粉、钢渣及尾矿砂总质量的 5%，但是调节碱激发剂 Na_2SiO_3：NaOH 的掺加比例为 10：0、9：1、8：2、7：3、6：4、5：5 进行抗压强度的测试，测试结果如图 6.43 所示。

表 6.12 基本配合比及变化量范围

Na_2SiO_3：NaOH	W/B	S95 矿粉	钢渣	机制砂	复合碱激发剂	复合稳定剂 VS
10：0～5：5	0.35	28.2%	28.8%	46%	5%	2%

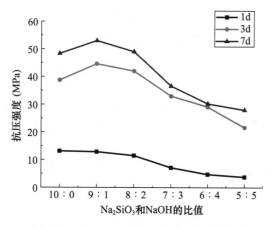

图 6.43 Na_2SiO_3：NaOH 对抗压强度的影响

通过图 6.43 可以看出，制备的地质聚合物的抗压强度没有随着凝结时间的缩短而增加。在 20℃温度养护下，地质聚合物 1d 的抗压强度为 10MPa 左右；养护 3d 和 7d 后抗压强度有较大的增长。其中 Na_2SiO_3：NaOH 为 9：1 时，地质聚合物材料的 7d 的抗压强度最高，为 53MPa。随着 Na_2SiO_3：NaOH 比例的降低，地质聚合物 3d 和 7d 的抗压强度有较大幅度的降低，当 Na_2SiO_3：NaOH 为 5：5 时，材料的 7d 抗压强度为 32MPa。通过材料凝结时间和抗压强度的综合考虑，Na_2SiO_3：NaOH 为 9：1 或 8：2 的掺量制备 3D 打印材料较为合适。

2）矿粉-钢渣比例对力学性能的影响

选用 Na_2SiO_3 和 NaOH 掺量分别为胶凝材料和砂总质量的 4% 和 1%。根据表 6.13 配合比，在矿粉和钢渣总质量不变的条件下，研究矿粉和钢渣不同配合比对地质聚合物的凝结时间和抗压强度的影响。矿粉：钢渣为 9：1、8：2、7：3、6：4、5：5，测试结果如图 6.44 所示。

表 6.13　基本配合比及矿粉：钢渣变化范围

矿粉：钢渣	水灰比	矿粉＋钢渣	机制砂	Na₂SiO₃	NaOH	复合稳定剂 VS
10：0～5：5	0.35	47%	46%	4%	1%	2%

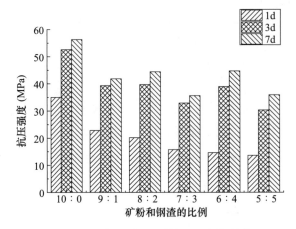

图 6.44　矿粉：钢渣对抗压强度的影响

　　但是由图 6.44 可以看出，矿粉和钢渣的不同比例对地质聚合物抗压强度有一定的影响。当矿渣作为单一的胶凝材料时，在碱性激发的促进下，强度增长速率极快，1d 强度即可达到 20MPa，随着龄期的增长，强度的增长速率变化较慢，从 3d 强度到 7d 强度变化仅为 3%。矿渣碱性激发后早期强度发展较快，但后期强度的发展几乎不变。当钢渣与矿渣复配时，前期强度的增长速率不及矿粉单独使用，但仍具有良好的激发效果，同时 3d 和 7d 具有较高的增长率。矿粉的掺量较大时，地质聚合物的 1d 抗压强度较高。当矿粉的掺加比例降低时，1d 抗压强度也随着降低。但是养护龄期 3d 和 7d 地质聚合物的抗压强度都有较大的增长，其中矿粉：钢渣为 6：4 时，7d 抗压强度最高为 45MPa。

　　3）水胶比对力学性能影响

　　根据表 6.14 试验配比，研究水胶比对抗压强度影响。试验选取 W/B 分别为 0.33、0.34、0.35、0.36、0.37、0.38，测试结果如图 6.45 所示。

表 6.14　基本配合比及 W/B 变化范围

水灰比	矿粉	钢渣	尾矿砂	Na₂SiO₃	NaOH	复合稳定剂 VS
0.33～0.38	28.2%	28.8%	46%	4%	1%	2%

　　由图 6.45 可以看出，当水胶比越小时，地质聚合物的抗压强度越大，其中早龄期的强度差别最为明显。当水胶比为 0.33 和 0.34 时，1d 和 3d 抗压强度分别达到了 20MPa 和 35MPa。其他 4 组水胶比的地质聚合物的 1d 和 7d 抗压强度为 10MPa 左右和 20MPa 左右。但随着养护龄期的增加，这 4 组水胶比的地质聚合物的抗压强度有较大的增加。当养护龄期为 7d 时，6 组不同水胶比的地质聚合物抗压强度差别不大，强度都为 45～53MPa 之间。当养护龄期继续增大至 28d 时，地质聚合物的抗压强度相比 7d 时没有明显的增加。

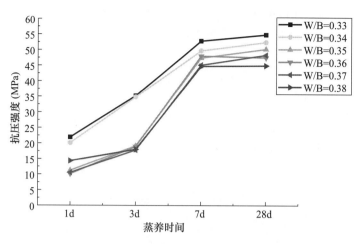

图 6.45　*W/B* 对抗压强度的影响

4）胶砂比对力学性能的影响

从图 6.46 可知，随着胶砂比的增加，试样的抗折强度总体趋势是先增长，达到最大值后降低；试样的抗压强度先表现为增长的趋势，达最大值后降低。在试样的抗压强度中，4h 和 6h 的抗压强度随着胶砂比的增加而增大，当胶砂比达到 0.9 时到达最高峰。3d 和 7d 的抗压强度随着胶砂比的增加，其趋势为先下降，在 0.9 时达到最低点，接着增大。28d 的抗压强度在胶砂比为 0.9 时达到最大。对于试样的抗折强度每个龄期的发展趋势相同，都是在胶砂比为 0.9 时取得最大值。

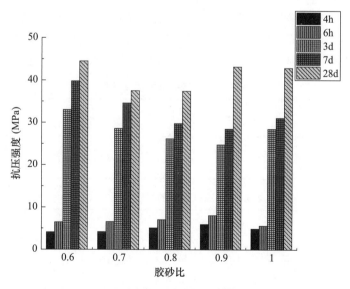

图 6.46　胶砂比对抗压强度的影响

从图 6.47 可以看出，抗折强度和抗压强度总存在一个最佳值，无论砂率低于还是高于这个值，强度均有所下降。这主要是由于在砂率低于这个值时，砂石之间的空隙未被填充密实，随着砂率的提高，空隙率减少，浆体更加密实，使强度得到提高；而砂率高于这个值以后，随着胶砂比的提高，导致砂石较多，而胶凝材料用量却没有变化，胶凝材料不能将砂石很好地包裹起来，从而使砂浆本身的密实程度降低。同时胶砂比对于3D打印建筑材料的施工性能也有很大的影响。

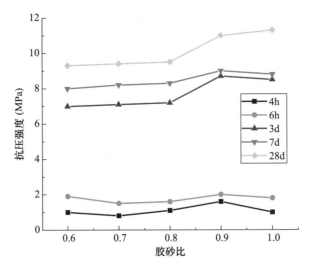

图 6.47　胶砂比对抗折强度的影响

2. 地质聚合物 3D 打印材料的耐久性能

1）抗冻融循环性能

3D 打印的建筑材料在饱和水的状态下，由于冻融循环所带来的破坏简称为冻融破坏，抗冻性是指 3D 打印建筑材料对于冻融循环的抵抗能力。发生冻融破坏必要的因素为处于饱和水状态和冻融循环交替，并且主要带来冻胀开裂和表面剥离等危害。以不同胶凝材料为原料进行抗冻性试验，表 6.15 和表 6.16 分别为不同胶凝材料的抗冻性试验结果的质量损失和弹性模量的损失。表 6.17 为 3D 打印建筑材料渗透性评价。

表 6.15　冻融循环的质量损失

编号	0 次 m（g）	50 次 Δm（%）	75 次 Δm（%）	100 次 Δm（%）
矿渣	8654	4.28	6.96	破坏
矿渣＋钢渣	8770	2.08	4.24	4.52

表 6.16　冻融循环的弹性模量损失

编号	0 次 f	50 次 Δf	75 次 Δf	100 次 Δf
矿渣	22.66	92.7	83.49	80.27
矿渣＋钢渣	32.68	92.8	87.54	85.25

从表 6.15 可知，矿渣的质量损失最大，矿渣与钢渣的复配质量损失最小。随着冻融循环次数的增加，矿渣的质量损失增长较快，当冻融循环达 75 次时，质量损失已达6.96%，超过规定的 5% 视为破坏。但钢渣与矿渣的复配时，从质量损失来看具有良好的抗冻性能。从表 6.16 可知，矿渣与钢渣复配时具有良好的抗冻性能，同时，其相对弹性模量的损失也较其他胶凝材料较小。

表 6.17 3D 打印建筑材料渗透性评价表

电通量（C）	0～1000	1000～2000	2000～4000	4000～10000
渗透性评价	极低	低	中	高

2）抗氯离子渗透性能

从表 6.18 中可以看出单纯利用矿渣粉作为胶凝材料的地聚物、矿渣粉和钢渣粉复合的地聚物的电通量都处于 2000～4000C 这个等级，属于中等渗透性。从具体的电通量数据来看，矿渣地聚物的电通量比矿渣钢渣复合略高。

表 6.18 电通量测试试验结果

编号	龄期：28d	
	电通量（C）	渗透等级
矿渣	2527	中
矿渣＋钢渣	2190	中

3）收缩性能

因配方和工艺的不同有着不同的孔结构和孔分布，较大的孔对干缩的影响不大，较小的孔分为毛细孔和凝胶孔，这些孔内吸附有一定量的自由水，在干燥的环境中，这些小孔中的自由水在失去时会引起体积干燥收缩。图 6.48 为制备的地质聚合物 3D 打印材料在标准养护和干空养护条件的缩率曲线。

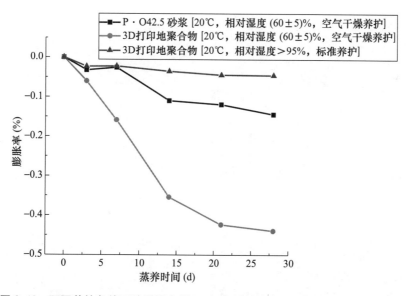

图 6.48 不同养护条件下地质聚合物 3D 打印材料的收缩率随养护时间发生变化

由图 6.48 可以看出，在室温 20℃，湿度 RH＝（60±5）％的干燥空气养护条件下，水泥标准砂浆和地质聚合物的收缩率随着养护龄期的增加而增加，地质聚合物的收缩率大于标准水泥砂浆的收缩率。在 28d 养护龄期时，地质聚合物的干燥收缩趋于平稳，收缩率为 0.439％，而 OPC-3D 的收缩率为 0.172％。在干空养护条件下，水泥标准砂浆和地质聚合物的收缩主要是自收缩和干燥收缩的叠加作用。但是在 20℃，RH＞95％的标准养护条件下，地质聚合物 3D 打印材料的收缩主要是自身的化学反应收缩，地质聚合物 3D 打印材料的收缩率明显小于干燥空气条件下的收缩率。在 3d 的收缩较大，后期收缩增加幅度较小，28d 的自收缩率为 0.045%。相比传统的混凝土技术，利用建筑 3D 技术打印的墙体构件一般具有模块式、体积较小的特点，能够在一定程度上克服由于材料的收缩引起的裂缝。通过覆膜或洒水等养护措施减少材料的干缩，地质聚合物 3D 打印材料具有一定的应用前景。

3. 地质聚合物 3D 打印材料的微观性能测试

1）地质聚合物打印材料的微观结构

通过以上扫描电镜照片可以观察到，无论是纯矿粉胶凝材料体系还是矿粉和钢渣复合胶凝材料体系的地聚物，在水化 1d 后形成了大量的无定型凝胶体，这些凝胶相包裹着还未水化的矿物相，并且相互交织在一起。当水化龄期达到 28d 时，在硬化浆体中主要的微观形貌就是图 6.50 和图 6.52 中这种紧密堆积在一起的凝胶相。在地质聚合物中未观察到针柱状的 AFt 和 Ca(OH)$_2$ 水化物相，主要水化产物是沸石类矿物相和 C-S-H 凝胶相。矿渣等在碱性激发剂溶液中溶解度很高，在溶液中大量溶解出 OH$^-$ 阴离子，形成碱金属阳离子和 OH$^-$ 离子胶体溶液，这些离子键力很快就将 Si-O-Si、Si-O-Al 等共价键解体。由于单位体积内的胶体大量增加，多胶体缩聚就形成水化产物，进一步聚合结晶形成水泥硬化浆体结构，由疏松逐渐密实强化，孔隙中不断有凝胶填入，结构密实性提高，强度增加，使地质聚合物胶凝材料具有较高的强度和耐久性。

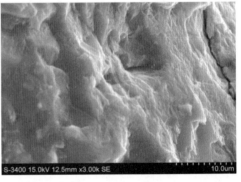

图 6.49　矿粉地质聚合物 1d 水化 SEM　　　　图 6.50　矿粉地质聚合物 28d 水化 SEM

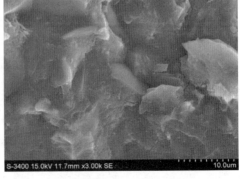

图 6.51　矿渣＋钢渣地聚物 1d 水化 SEM　　　图 6.52　矿渣＋钢渣地聚物 28d 水化 SEM

2）地质聚合物打印材料的水化物相分析

通过图 6.53 的 X 射线衍射分析结果可以看出，仅利用矿粉和利用矿粉-钢渣复合制备地质聚合物中可观察到物相的种类基本一样。

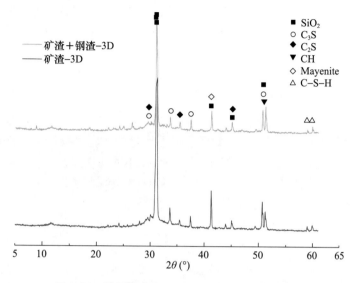

图 6.53　地质聚合物 3D 打印材料 XRD 衍射分析

3）地质聚合物打印材料的微观孔结构分析

2 种不同的地聚物 3D 打印材料 1d 龄期时的孔结构测试结果见表 6.19，从表 6.19 中可知，只有矿渣粉的 3D 打印材料总孔体积和比表面积最小，材料内部结构最密实。这是因为矿渣粉中含有一定的 Ca^{2+}，更容易受到激发作用形成稳固、密实的框架结构，实测矿渣基地聚物 3d 打印材料 1d 龄期的抗压强度最高，这与孔结构测试结果是相符的。

表 6.19　地质聚合物 3D 打印材料氮吸附孔径分析结构

样品	平均孔直径 (nm)	总孔体积 (mL/g)	比表面积 (m²/g)	孔径分布（%）			
				<10nm	10~30nm	30~50nm	>50nm
矿渣	13.13	0.0747	22.76	38.38	34.26	7.87	19.49
矿渣＋钢渣	13.73	0.1752	51.04	35.73	35.08	9.15	20.04

6.3.3　其他种类的 3D 打印混凝土

随着建筑 3D 打印技术研究的深入开展，打印设备和材料方面都需要根据具体的使用环境进行多元化的研究，而目前打印混凝土主要研究是添加骨料的砂浆材料。除了前面章节介绍的水泥基 3D 打印混凝土和地质聚合物 3D 打印混凝土外，还有以下几种类型的 3D 打印混凝土在未来的具有广阔的应用前景和需求。

1. 粗骨料打印混凝土

在一般混凝土中，粗骨料在混凝土中可以起到骨架作用，且所占比例最大，对混凝土的强度与配合比都有重大影响。目前国内外建筑 3D 打印机普遍采用螺杆输料方式以及打印挤出头尺寸比较小，所以国内外的 3D 打印建筑所采用的混凝土材料大多是砂浆材料，骨料的颗粒粒径小于 5mm。骨料粒径小，骨料堆积后比表面积大，所对应的水泥用量也大。水泥用量的增加虽然可以提高混凝土的工作性能，但是水泥增加会导致混凝土在水化过程中更容易出现收缩开裂的问题，还会导致材料的成本较高。

目前只有北京陆海华商、辽宁格林普 2 家 3D 技术研究企业尝试利用含有粗骨料的低坍落度混凝土打印了示范建筑房屋（图 6.54 和图 6.55）。虽然目前试验进行的粗骨料混凝土在强度、外观质量、层间黏结等方面相比砂浆类打印材料还是略有不足，但是含粗骨料的打印混凝土的开发及应用技术研究是推进建筑 3D 技术发展的一个重要的方向。

图 6.54　粗骨料混凝土示范建筑房屋打印面　　图 6.55　低坍落度混凝土打印示范建筑房屋

粗骨料打印混凝土的制备可以在现有细骨料砂浆类打印材料的基础上，通过骨料最大粒径和粗细骨料级配的确定，通过试验研究确定合适的配合比。粗骨料打印混凝土本身的打印性能同砂浆类的打印材料类似，可以通过坍落度桶和维勃稠度仪等现有的测试手段确定合适的取值范围，而粗骨料打印混凝土真正应用所面临的难题是目前建筑 3D 打印机输料系统不适于带骨料的混凝土的泵送。搅拌泵送的一体化、泵送设备类型的选择、较粗泵送管的布置以及打印头挤出形式和尺寸等问题，需要根据所加粗骨料的粒径和打印混凝土的工作性进行改进和解决。如果解决了设备问题，粗骨料混凝土将成为未来建筑 3D 打印的主力材料。

2. 轻骨料 3D 打印混凝土

轻骨料混凝土具有轻质、高强、保温和耐火等优点，轻骨料混凝土作为 3D 打印材料应用在房屋建筑、构件中，可减轻结构自重，节约材料用量，提高构件运输和吊装效率，减少地基荷载及改善建筑物功能等。目前中高层建筑一般采用钢筋混凝土浇筑的框架结构来满足建筑结构抗承力和抗震性能，而内部分割结构广泛应用轻质隔墙板材料。我国一般建筑隔墙板主要有玻璃纤维增强多孔隔墙条板，石膏空心条板，加气混凝土隔墙板以及纤维增强钙硅板等。建筑 3D 打印目前施工现场整体打印房屋一般只适用于低矮层小型建筑，而中高层建筑由于结构安全性和打印机的限制目前看来应用有难度。但是在中高层建筑结构中的隔墙板可以采用多个小型墙体打印机器人在建筑中开展打印施工，配合开发的适合于隔墙板材打印的轻质高强的 3D 打印混凝土（图 6.56 和图 6.57），实现建筑建造过程中的智能化，这也可能是未来智慧建造的一个发展趋势。

图 6.56 轻质混凝土

图 6.57 轻质混凝土隔墙

中建技术中心也进行了高强轻质骨料的打印混凝土试验研究（图 6.58）。其中原材料采用了普通硅酸盐水泥、石英石、页岩陶粒（粒径 5mm）、复合外加剂等原材料制备。

图 6.58 轻骨料打印混凝土自立良好

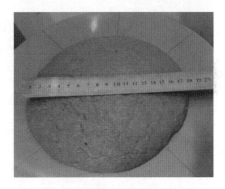

图 6.59 跳桌流动度

轻骨料打印混凝土跳桌流动度为 180mm（图 6.59），工作性能够满足打印需求。材料湿密度 1985kg/m³，干密度为 1897kg/m³。轻骨料打印混料土沿着界面断开的（图 6.60）。轻骨料打印混凝土的 28d 抗折、抗压强度分别为 9.2MPa 和 66.4MPa（图 6.61）。从材料性能的研究来看能够满足打印需求，下一步通过改进打印头将进一步进行构件验证打印。

图 6.60 轻骨料打印混凝土抗折破坏界面

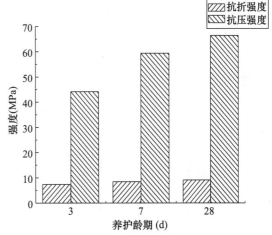

图 6.61 轻骨料打印混凝土的力学性能

179

3. 彩色装饰打印混凝土

混凝土 3D 打印一个潜在的应用途径就是打印经过设计师设计的特殊形状的市政景观部品，甚至是大型的混凝土雕塑轮廓的打印（图 6.62 和图 6.63）。这些特殊的应用也能够体现出混凝土 3D 打印的特点和优势。同时，在市政景观部品和设计的特殊造型的构件一般要求具有一定的色彩和装饰效果，常规混凝土的颜色比较单调，而彩色 3D 打印混凝土能满足这样要求。

图 6.62　适合彩色混凝土打印的部品

图 6.63　适合彩色混凝土打印的景观部品

6.4　习题

1. 请简述建筑 3D 打印工艺对打印材料性能的要求有哪些。
2. 请简述建筑 3D 打印工艺对打印材料的设备有哪些要求。
3. 请概括水泥基 3D 打印混凝土具有哪些性能，并举例说明其实际应用。
4. 请列举出一些工程上 3D 打印混凝土的运用案例，并尝试说出其优点。

参考文献

［1］霍亮，蔺喜强，张涛. 混凝土3D打印技术及应用［M］. 北京：地质出版社，2018.

［2］ALEXANDROS S，VLADIMIR M，MARIA F. Principles and materials for scaffold 3D printing. Micro electronic Engineering，2015（132）：83-89.

［3］MUKESH A，DAVIDBOURELL，JOSEPH B. Direct selective lasers intering of metals. Rapid Prototyping Journal，1995，1（1）：26～36.

［4］GALANTUCCI L M，Lavecchia F，PERCOCO G. Innovative developments in design and manufacturing advanced research in virtual and rapid protoyping［C］. Leiria：The 4th International Conference on Advanced Research in Virual and Rapid Prototyping，2009，435-440.

［5］芦令超，常钧，叶正茂. 硫铝酸盐与硅酸盐矿物合成高性能水泥［J］. 硅酸盐学报，2005，33（1）：57-61.

［6］黎良元，石宗利，艾永平. 石膏-矿渣胶凝材料的碱性激发作用［J］. 硅酸盐学报，2008，36（3）：405-410.

［7］史才军，何富强. 碱激发水泥的类型与特点［J］. 硅酸盐学报，2012，40（1）：69-75.

［8］张景福，丁虹，代奎. 矿渣-粉煤灰混合材料水化产物、微观结构和性能［J］. 硅酸盐学报，2007，（5）：633-637.

［9］PALOMO A，FERNA'NDEZ-JIME'NEZ A，CRIADO M. Same basic chemistry different microstructure［J］. Mater Constr，2004，54：77-91.

7

>>>>>

碱激发混凝土

7.1 碱激发混凝土概述

7.1.1 碱激发混凝土的发展历史

水泥混凝土作为最大宗的人造结构材料，已逐渐遍布于人类生活的各处。在当今的建筑材料市场中，混凝土价格低廉、数量庞大、品类繁多。房屋建筑、公路桥梁、港口码头、石油平台、机场、大坝、隧道、海上、海下等工程的建设都离不开这种人造建筑材料，在现代化城市建设中混凝土发挥着不可替代的作用。

然而，由于混凝土所用的硅酸盐水泥在生产过程中消耗大量的资源和能源，且排放出较多污染环境的物质，使其面临可持续发展的挑战。同时，由于全球的气候变化，当前全世界水泥生产工业的焦点主要集中在如何减少 CO_2 的产生。因此，发展低能耗、低污染、低碳水泥已成为目前研究和开发的热点，研制开发新的胶凝材料，弥补硅酸盐水泥的不足，势在必行。

寻找和发展替代的胶凝材料，可以使用工业、农业、城市建设以及日常消费后的废弃物，例如高炉矿渣、钢渣、赤泥、粉煤灰以及稻壳灰、煤灰等，作为部分或全部替代硅酸盐水泥的原材料，生产可替代的水泥基材料，减少硅酸盐水泥的利用。同时，利用这些可替代的水泥基材料制备更耐久的混凝土，减少温室气体的排放。碱激发胶凝材料就是其中的一种。

碱激发胶凝材料是一种新型胶凝材料，一般指利用磨细的高炉矿渣、粉煤灰、磷渣、锂渣、钢渣等工业固体废弃物或火山灰等天然矿物为主要胶凝组分，并用碱化合物或含碱工业废料为激发剂制得的水硬性胶凝材料。一些固体废弃物及工业副产品具有火山灰活性或潜在的水硬性，但在常温下很难发生水化，需要碱激发其活性而产生胶凝材料。常见的碱激发剂有碱硅酸盐、氢氧化物、硫酸盐或碳酸盐以及它们的复合物等。

用碱作为胶凝材料的组分可追溯到 1930 年，当时德国的 Kuhl 研究了磨细矿渣粉和氢氧化钾溶液混合物的凝结特性。法国的 Chassevent 于 1937 年用氢氧化钠和氢氧化钾的溶液测试了矿渣的活性。比利时的 Purdon 于 1940 年首次对由矿渣和氢氧化钠或由矿渣、碱及碱性盐组成的无熟料水泥进行了广泛的试验室研究。

碱激发胶凝材料可消化大量对环境不利的废弃物或副产品，生产过程中 CO_2 的排放量能降低 40%～80%，且和硅酸盐水泥相比，在力学性能、抗冻性、抗渗性、耐高温性能、耐化学侵蚀性、降低成本和能源消耗等方面都具有绝对的优势。因此，碱激发胶凝材料已然成为一种新型的硅酸盐水泥的替代产品，并正引起国内外学者和水泥生产商的广泛关注。按碱激发胶凝材料的定义，其涵盖的范围很广，包括矿渣-碱、粉煤灰-碱、黏土-碱、碱-石灰-火山灰、矾土-波特兰水泥、波特兰水泥-高炉矿渣及火山灰水泥等。碱激发胶凝材料通常可以分为 5 大类：矿渣碱水泥、地聚水泥、粉煤灰碱水泥、碱波特兰水泥和碱-铝酸盐水泥。这尽管不是碱激发胶凝材料的全部，但也包括了这类胶凝材料的大多数。碱激发胶凝材料的研究与开发主要是为配制碱激发水泥砂浆和混凝土服务的。目前，碱激发水泥砂浆和混凝土制备生产的方法主要有如下几种：

（1）类似硅酸盐水泥，将干燥的胶凝材料和激发剂提前混合，然后再将其与水、骨料及其他组分混合制备成砂浆或混凝土；

（2）当碱性激发剂为浓缩物时，一般将激发剂溶液单独添加到胶凝材料中，然后再与水、骨料和其他的组分混合，制备成砂浆或混凝土；

（3）为了方便施工，将碱性激发剂和水提前按照一定的比例混合成所需要的碱溶液，然后再与胶凝材料、骨料和其他的组分混合；

（4）直接将胶凝材料、激发剂、水、砂、碎石和其他外加剂或掺和料混合生产砂浆或混凝土。

不同的生产过程和方法既要考虑原材料的特性，同时也应考虑工程的实际情况，在保证砂浆和混凝土性能的同时，又要方便施工，以有利于碱激发水泥砂浆和混凝土的工程应用。总之，水泥混凝土作为一种传统的建筑材料，今后的发展方向必然是既要符合社会建设需要，又要满足现代环保要求，减轻地球环境负荷，尽可能减少占用资源，降低能耗，减少废弃物排放，符合可持续发展和循环经济模式。碱激发胶凝材料正是顺应这一发展潮流，其机理、性能的持续、深入研究对推动其将来的应用具有非常重要的意义。

7.1.2　碱激发混凝土国内外研究现状

碱激发水泥混凝土作为一种新型胶凝材料，至少在 1908 年前就已被人们所知。同时，碱激发水泥和混凝土良好的耐久性已经在苏联、中国、比利时、芬兰以及澳大利亚等国家得到证明。自 20 世纪 90 年代以来，碱激发水泥的基础研究在国际上蓬勃发展，得出大量的研究成果，但其一直无法像硅酸盐水泥一样在实际工程中得到大量的推广应用，主要是由于以下原因：

（1）缺乏深入系统的理论研究和技术实践以及稳定的原材料供应。硅酸盐水泥基材料的研究和应用已经超过 150 年，有着深厚的理论基础和实践经验；同时，生产硅酸盐水泥的石灰石、黏土等资源丰富，价格低廉，方便了硅酸盐水泥的生产。而碱激发水泥的理论基础相对薄弱、应用技术也很有限，且所用的原材料，如矿渣、粉煤灰和锂渣等，在地域上分布不均衡，性能也不稳定；

（2）缺乏有效的外加剂改善碱激发水泥基材料的性能。自 20 世纪 70 年代以来，外加剂的迅速发展极大地改善了现代硅酸盐水泥基材料的性能，而这些先进的外加剂在碱激发水泥基材料中仍无法发挥作用。

（3）缺乏充分了解实际工程中服务的碱激发水泥基材料的长期性能。大部分的研究都集中在碱激发水泥的水化机理和微观结构上，对其长期耐久性、服役寿命以及和工程性能的结合关注度不够。尽管已有的试验表明，碱激发水泥混凝土和硅酸盐水泥混凝土相比，其耐久性更好。但是，在实验室里对耐久性的测试和服务寿命的预测不能完全代表工程应用实际情况，对实际工程中长期耐久性观察与记录的缺乏，导致碱激发水泥基材料难以完全进入市场。

（4）缺乏适合于碱激发水泥和混凝土的标准。现有的大多数研究都是参照现行的硅酸盐水泥标准或规范进行，对碱激发水泥基材料的设计标准或规范方面的研究不够充分，当碱激发水泥进入市场时，硅酸盐水泥标准不一定适合碱激发水泥，这使得碱激发水泥基材料进入市场具有很大的挑战。

显然，如果将碱激发水泥基材料像硅酸盐水泥材料一样，在市场上大量地推广和应用，将面临巨大的困难。然而，与硅酸盐水泥相比，碱激发水泥又具有一系列优异的性能，例如其需水量小、水化热低、强度高、耐久性好；同时，它还能消纳大量固体废弃物，大幅度减少 CO_2 的排放等，这也正是大量研究工作者们一直坚持研究这种材料的原因。近几年，随着环保理念深入人心，国内外的学者们对碱激发水泥基材料的研究信心十足，研究的热情有增无减。目前，每年有大量的关于碱激发水泥基材料的研究成果被发表，研究论文的数量呈指数级增长，且有些论文出现在国际顶尖期刊上。

7.2 碱激发混凝土的配制

7.2.1 碱激发混凝土的前驱体

1. 矿渣

1）矿渣的产生

粒化高炉渣简称矿渣，是在高炉炼铁过程中，铁矿石中的酸性脉石和燃料（焦炭）成分中的酸性氧化物（SiO_2 和 Al_2O_3）与助熔剂石灰石或白云石中存在的碱性氧化物（CaO 和 MgO）结合，在高温下氧化铁还原成金属铁，并生成以硅酸盐和硅铝酸盐为主要成分的熔融物，浮在铁水表面，定期从排渣口排出，经空气或水急冷处理，形成质地疏松、多孔的粒状物。

熔融矿渣在空气中缓慢冷却后，结晶形成惰性硅酸镁钙，例如黄长石，镁硅钙石，钙镁橄榄石和少量的硅酸盐〔如硅酸二钙（C_2S）、硅钙石（C_3S_2）和假硅钙石（CS）〕，只能用作骨料。因此，为获得潜在的水硬性并成为有用的矿物掺和料，矿渣必须快速冷却（水淬）以形成玻璃态的铝硅酸钙。水淬可按两种工艺进行：粒化或造粒。

在常规条件下，矿渣-水浆体并不具有水硬性，矿渣的水硬活性只有在碱性条件下才能被激发。依据国家标准《用于水泥、砂浆和混凝土中的粒化高炉矿渣粉》（GB/T 18046），矿渣活性可通过质量系数〔$K = (CaO + MgO + Al_2O_3) / (SiO_2 + MnO + TiO_2)$〕、碱性系数〔$M_o = (CaO + MgO) / (SiO_2 + TiO_2)$〕和活度因子（$M_n = Al_2O_3 / SiO_2$）这3个指标来衡量。矿渣活性随各系数的增大而增加。碱激发矿渣水泥中的矿渣活性在很大程度上取决于玻璃相的含量，玻璃相的含量大于90%效果较好。

此外，根据目前大多数的文献研究发现，用于碱激发矿渣水泥中的矿渣一般要满足以下特点：①矿渣应该是通过粒化或者造粒工艺产生，且玻璃相含量至少85%～95%；②矿渣的结构应具有无序性，因为玻璃相的聚合程度越低，其水化活性越高；③矿渣应该是碱性的，即（$CaO + MgO$）/（$SiO_2 + TiO_2$）>1，因为矿渣中的氧化钙含量控制其活性，所以碱性矿渣具有较高的水化活性；④矿渣的细度对激发反应的速度和强度起着重要的作用。因此，矿渣的粒径不能太粗，一般应研磨至比表面积为400～600m²/kg。

2）矿渣的化学组成与结构

（1）矿渣的化学组成。矿渣是一种熔融物质，分布在熔炉底部的生铁之上。它由铁矿石的尾矿、焦炭的燃烧残留物、石灰石以及其他添加材料组成。因此，矿渣的化学成分随着铁矿石种类、燃料的成分以及炼铁方法的不同而有所不同。矿渣的主要成分有 CaO（含量35%～40%）、SiO_2（含量5%～35%）、MgO（含量5%～10%）和 Al_2O_3（含量5%～15%），其中含有少量的 S、Fe_2O_3、MnO 和 K_2O（含量<1%）。矿渣中含有可以形成网络结构的阴离子 Si、Al 和 Mg 和改善其网络结构的阳离子 Ca^{2+}、Al^{3+} 和 Mg^{2+}。总体而言，矿渣中90%～95%成分都属于玻璃质，其余为少量结晶相的固溶体，包括钙铝黄长石、镁黄长石和黄长石族晶体等。不同产地的矿渣的化学组成变化也很大。表7.1列出了我国不同钢铁企业所排放矿渣的化学成分，表7.2为国外高炉矿渣的化学成分。

表7.1 我国钢铁企业所排矿渣的化学成分（质量分数,%）

来源	SiO_2	Al_2O_3	Fe_2O_3	CaO	MgO	MnO	SO_3	TiO_2
鞍钢	40.00	7.58	0.54	42.41	7.30	0.12	1.63	—
本钢	40.06	7.70	0.37	42.86	6.92	—	1.06	—
首钢	37.45	9.76	1.09	39.70	11.02	0.59	—	—
太钢	36.39	10.99	1.85	38.33	8.92	0.45	—	—
马钢	33.92	11.11	2.15	37.97	8.03	0.23	0.93	—
武钢	36.24	12.32	1.40	37.56	10.46	0.24	0.14	—
杭钢	36.58	12.53	0.86	41.36	7.84	—	—	—
酒钢	36.38	10.47	1.62	39.26	8.87	1.06	2.22	—
重钢	31.72	10.30	1.80	42.70	5.40	1.60	—	1.59

表 7.2　国外高炉矿渣的化学成分（质量分数,%）

产地	CaO	SiO₂	Al₂O₃	MgO	Fe₂O₃	MnO	S
苏联	39	34	14	9	1.3	1.1	1.1
美国	41	34	10	11	0.8	0.5	1.3
加拿大	40	37	18	10	1.2	0.7	2.0
英国	40	35	16	6	0.8	0.6	1.7
德国	42	35	16	7	0.3	0.8	1.6
法国	43	35	16	8	2.0	0.5	0.9
日本	43	34	12	5	0.5	0.6	0.9
南非	34	33	16	14	1.7	0.5	1.0

（2）矿渣的结构。矿渣由多数连续的富钙相和少数不连续的富硅相组成，富硅相被富钙相严密包裹，形成矿渣玻璃体的主要特征结构。富钙相化学稳定性差，是化学活性的主要来源，其中的 Ca-O，Mg-O 键比富硅相中的 Si-O 键弱得多，同时，矿渣形成的 β-C_2S 晶相也具有一定的化学活性，因此，矿渣是一种分相玻璃体。这种玻璃体是由网架形成体、改性体和中间体组成。网架形成体是指网络的骨架元素，Si 和 P 是典型的网络形成体；网架改性体是指改变网络结构并平衡电荷的那些元素，其中 K、Na 和 Ca 是玻璃体矿渣中典型的网络改性体；矿渣中的 Al^{3+} 和 Mg^{2+} 不仅是网架的形成体，而且又是网架的改性体，称为中间体。由于炼铁过程中有足够的 CaO 存在，一部分 Ca 平衡了 Al 取代 Si 而形成了负电荷，多余的 Ca 则促进了网状玻璃体的解聚，这意味着玻璃体的稳定性降低，反应活性提高。

图 7.1 是矿渣玻璃质结构示意图，一般认为玻璃体是由不同的氧化物形成的向各个方向发展的空间网络，表现为近程有序，远程无序。在矿渣玻璃质中，Ca^{2+}、Mg^{2+} 等完全不规则地、统计地分布在网络的空间内。当矿渣水淬急冷时，玻璃质的网络结构就被固定下来，但铝硅酸盐网络中在硅氧断裂处的硅氧四面体 Si 和 Al^{3+} 代替 Si^{4+} 形成的铝氧四面体 Al 是不稳定的，在激发剂的作用下，使玻璃体结构解离，Si、Al 重新排列，形成水化硅酸钙、水化铝酸钙等水化产物，从而产生胶凝作用。

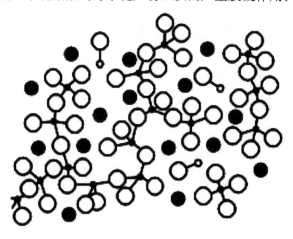

图 7.1　矿渣玻璃质结构示意图

2. 钢渣

（1）钢渣的产生

钢渣是氧气顶吹转炉（BOF）炼钢或在电弧炉（EAF）炼钢的副产品。在氧气顶吹转炉中，加入从高炉流出来的铁水、废钢铁以及含石灰（CaO）和白云石的熔剂，导管插入转炉中以注入高压氧气［图7.2（a）］。通过化学反应，氧气将原料中的杂质氧化并将它们除去，这些杂质包括一氧化碳、硅、镁、磷以及铁的液态氧化物等，它们和石灰及白云石一起形成钢渣。在最后的精炼过程中，钢液倒入钢水包引出，而钢渣仍留在炉中，然后被倾入另一个独立的渣槽中。

电弧炉是一个壶状炉子，上有可移动的盖子，如图7.2（b）所示。三个石墨电极穿过盖子加热炉膛，电流通过电极产生电弧而发热使废钢熔化。在熔融过程中，往电炉中加入其他金属（合金元素）以提供所需的化学组成。同样，氧气被吹到电炉中纯化钢。在炉中取样检测钢的化学组成后，将电弧炉倾斜，倒出浮于钢液表面的熔渣。然后将电弧炉倾斜到另一个方向，将钢水倒入钢水包中。

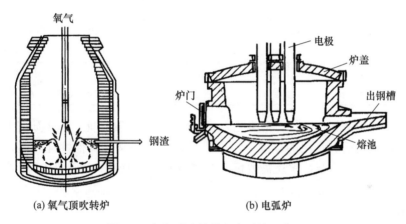

(a) 氧气顶吹转炉　　　　　　(b) 电弧炉

图7.2　氧气顶吹转炉和电弧炉示意图

（2）钢渣的化学组成

钢渣的化学组成变化范围很大，因为钢渣的化学组成取决于原材料、钢的品种、炉膛内环境等等，所以即使是在同一个炼钢厂，每一批钢渣的化学组成都不一样。表7.3列出了不同种类钢渣的化学组成范围。用电弧炉生产碳钢时的钢渣和氧气顶吹转炉生产碳钢时的钢渣还比较相似。然而，用电弧炉冶炼合金或不锈钢所生产的钢渣差别就很大，FeO含量较低，但是Cr的含量高，美国和加拿大将这种钢渣列为有毒害的工业废弃物。

表7.3　不同钢渣的化学成分组成范围（质量分数,%）

组分	氧气顶吹转炉渣	电弧炉渣（碳钢）	电弧炉渣（合金钢）	钢包渣
SiO_2	8～20	9～20	24～32	2～35
Al_2O_3	1～6	2～9	3.0～7.5	5～35
FeO	10～35	15～30	1～6	0.1～15
CaO	30～55	35～60	39～45	30～60

组分	氧气顶吹转炉渣	电弧炉渣（碳钢）	电弧炉渣（合金钢）	钢包渣
MgO	5～15	5～15	8～15	1～10
MnO	2～8	3～8	0.4～2	0～5
TiO_2	0.4～2.0	—	—	—

（3）钢渣的胶凝性能

钢渣中的 C_3S、C_2S、C_4AF 和 C_2F 使钢渣具有一定的胶凝活性，表 7.4 总结了钢渣碱度、主要矿物相和水硬活性的关系。从中可以看出，钢渣的活性随其碱度的增加而提高。然而，钢渣中游离 CaO 的含量也随着其碱度的增加而增加。钢渣中 C_3S 的含量远比波特兰水泥中 C_3S 的含量低。所以，钢渣可以被看成是一种低品位的水泥熟料。

表 7.4 钢渣的矿物组成、活性和碱度

水化活性	矿物种类	碱度		主要矿相
		CaO/SiO_2	$CaO/(SiO_2+P_2O_5)$	
低	橄榄石	0.9～1.5	0.9～1.4	橄榄石，RO 相和镁蔷薇辉石
	镁硅钙石	—	1.4～1.6	镁蔷薇辉石、C_2S 和 RO 相
中	硅酸二钙	1.5～2.7	1.6～2.4	C_2S 和 RO 相
高	硅酸三钙	>2.7	>2.4	C_2S、C_3S、C_4AF 和 RO 相

当选用的碱激发剂合适时，钢渣能表现出相当好的胶凝性能。众多研究都表明，使用碱激发剂能提高钢渣水泥的强度，特别是早期强度和某些其他性能。生产钢渣水泥时，为解决其安定性问题，常还需要配合矿渣和粉煤灰使用。碱激发钢渣-高炉矿渣水泥具有很高的强度和良好的抗腐蚀能力。

3. 火山灰

（1）火山灰材料的定义

火山灰 "Pozzolan" 是英语 "Pozzolana" 的缩写，它源自意大利地名 Pozzuoli。在那里，罗马人发现了一种具有活性二氧化硅的火山喷出物质，被称为 "Pulvisputeolanus"。如今，Pozzolan 和 "Pozzolana" 都在被使用。根据 ASTMC618（2003）标准，火山灰是指"硅质或硅铝质材料，它们本身具有很小的或没有胶凝性，但磨细后又有水分存在时，常温下能与 $Ca(OH)_2$ 发生化学反应形成具有胶凝性的产物"。典型的例子包括火山玻璃体材料，凝灰岩、粉煤灰和硅灰等。据估计，地球表面约有 5％ 的面积被火山灰质岩石和火山流出物覆盖。同时，每年都有大量的工业固体废弃物，如粉煤灰、矿渣和硅灰等产生。

（2）火山灰材料的分类

火山灰的分类方法有多种，通常分成天然和人造火山灰 2 种，如图 7.3 所示。天然火山灰是一种不需要处理而本身具有火山灰活性的物质，它们又可以被分为 3 类。

其中，根据其产生过程，人造火山灰可分为"工业副产品"和"煅烧材料"2 类。高炉矿渣、粉煤灰、硅灰、铜渣和镍渣是冶金工业、电厂、炼铜厂和炼镍厂产生的典型工业副产品；"煅烧材料"是指那些只有在煅烧后才具有火山灰活性的物质，如烧黏土、烧页岩、稻壳灰和烧矾土等。

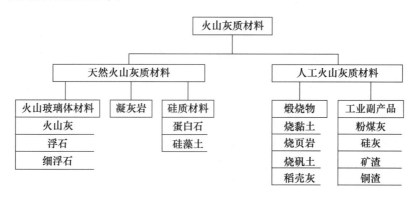

图 7.3 火山灰材料的分类

（3）火山灰材料的化学组成

火山灰材料的化学成分主要由 SiO_2 和 Al_2O_3 组成，SiO_2 和 Al_2O_3 的总含量一般都在 70％以上。火山灰物质中其他的氧化物包括 Fe_2O_3、CaO、MgO、Na_2O 和 K_2O 等。在一些沸石中，K_2O 和 Na_2O 的总含量可高达 10％以上。

4. 粉煤灰

（1）粉煤灰的产生和特性

粉煤灰是火力发电过程中的副产品，它是通过袋式除尘器或者静电除尘器来去除烟气中的颗粒而收集到的，使除尘后的烟气更干净，减少对环境的危害。粉煤灰是由不同尺寸细小的球状玻璃颗粒组成的，其化学组成主要为 SiO_2、Al_2O_3、Fe_2O_3 和 CaO。粉煤灰的化学组成取决于燃煤的种类，为了减少烟气污染物而喷入炉膛的物质种类和气流以及提高除尘器的颗粒收集效率等因素。当用石灰石或白云石作为尾气的脱硫物质时，粉煤灰中的 CaO 和 MgO 含量将增加。粉煤灰中也含有一些不规则或有棱角的未完全燃烧的炭粒和矿物颗粒。国内现通常根据 CaO 的含量将粉煤灰分为 F 级粉煤灰（CaO 含量大于 10％）和 C 级粉煤灰（CaO 含量小于 10％），2 种粉煤灰均为球形颗粒，其大小和外形没有明显的区别，但 F 级粉煤灰具有光滑的表面，如图 7.4（a）所示，而有时碱和硫化物沉积在 C 级粉煤灰颗粒的表面，如图 7.4（b）所示。

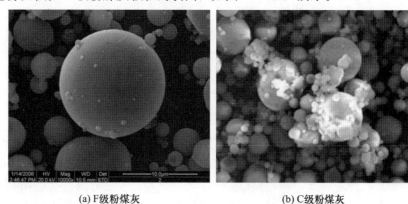

(a) F级粉煤灰　　　　　　　　　(b) C级粉煤灰

图 7.4 F 级和 C 级粉煤灰的 SEM 照片

粉煤灰中含量最多的物相是玻璃体。粉煤灰中的晶体化合物有石英、莫来石、赤铁矿、尖晶石、磁铁矿、黄长石、钙黄长石、钾霞石、硫酸钙和碱的硫酸盐等，总共约占5%～50%。高钙灰中含有一定的游离 CaO、C_3A、C_2S、$CaSO_4$、MgO 和 $4CaO \cdot 3Al_2O_3 \cdot SO_3$。X 射线衍射技术能准确地鉴别出粉煤灰中的晶相物质。粉煤灰 X 射线图谱中的弥散峰是由玻璃相引起的，它的位置取决于粉煤灰中的石灰含量。

（2）粉煤灰的火山灰特性和胶凝性能

F 级粉煤灰的 CaO 含量较低，因此它基本上不具有（或是有很小的）水硬性。它的火山灰反应活性主要由铝硅酸盐玻璃特性和粉煤灰细度决定。影响粉煤灰火山灰反应活性的因素和影响火山灰玻璃活性的因素相同。C 级粉煤灰，除了玻璃相外，还有一定量的晶体，如 CaO、C_3A、C_2S、$CaSO_4$ 和 MgO，因此 C 级粉煤灰本身具有一定的水硬性。粉煤灰中 C_3A 和 C_2S 的水化行为与波特兰水泥中的相同。许多研究人员认为 C 级粉煤灰的水硬性缘于其所含晶相。实际上，具有高石灰含量的玻璃相具有较高的水硬活性，并表现为自行硬化的胶凝性。

5. 偏高岭土

（1）偏高岭土的生产

偏高岭土由高岭土煅烧而成，其化学过程如式（7-1）所示：

$$Al_2(Si_2O_5)(OH)_4 \xrightarrow{560\sim580℃} Al_2O_3 \cdot 2SiO_2 + 2H_2O \tag{7-1}$$

在 600～900℃煅烧的高岭土具有很高的火山灰反应活性。当煅烧温度高于 900℃时，会形成莫来石晶体或尖晶石和无定形的氧化硅，使偏高岭土的活性降低。

（2）偏高岭土的火山灰反应活性

偏高岭土与熟石灰反应生成 C-S-H 和水化钙黄长石见式（7-2）：

$$Al_2O_3 \cdot 2SiO_2 + 3Ca(OH)_2 + nH_2O \longrightarrow C\text{-}S\text{-}H + C_2ASH_8 \tag{7-2}$$

偏高岭土的粒径为 0.5～20.0μm，是一种高活性的火山灰物质。在混凝土中用偏高岭土代替部分水泥能增加其强度，减小其渗透性及提高其耐久性。添加 Na_2SO_4 能明显地加速偏高岭土和石灰之间的火山灰反应。

7.2.2 碱激发混凝土的激发剂

碱激发剂是碱激发水泥混凝土的重要组成部分。根据化学组成，碱激发剂主要包括苛性碱（MOH）、非硅酸盐的弱酸盐（例如 M_2CO_3、M_2SO_3、M_3PO_4、MF 等）、硅酸盐（$M_2O \cdot nSiO_2$）、铝酸盐（$M_2O \cdot nAl_2O_3$）、铝硅酸盐以及非硅酸盐的强酸盐等。目前应用最多的碱激发剂是 NaOH、水玻璃、硫酸钠、碳酸钠及其他们的复合激发剂。除了介绍常用的几种碱激发剂的生产、成分、性能、激发机理及其应用等外，还介绍了废碱的来源和组成。

1. 水玻璃

水玻璃俗称"泡花碱"，是一种重要的硅化工产品，不仅可以直接使用，还可以对其进行深加工，生产出一系列产品，应用在各行各业。水玻璃是一种可溶于水的碱金属硅酸盐，根据其碱金属氧化物的不同，可分为硅酸钠水玻璃、硅酸钾水玻璃、硅酸锂水玻璃、硅酸盐季胺水玻璃和钾钠硅酸盐水玻璃等。目前，硅酸钠水玻璃的应用最为广泛。

1）水玻璃的生产

生产水玻璃的方法有湿法和干法 2 种。湿法生产又分为传统湿法工艺和活性 SiO_2 常压生产工艺 2 种。传统湿法工艺是将石英砂和苛性钠溶液在压蒸锅（2～3 个大气压）内用蒸汽加热并搅拌，使其直接反应而成液体水玻璃；活性 SiO_2 常压生产工艺是在常压下利用工业副产品或者下脚料中的活性 SiO_2 加热与烧碱反应生成硅酸钠。干法（碳酸盐法）生产是将石英砂和碳酸钠磨细拌匀，在熔炉内于 1300～1400℃ 温度下熔化，按反应生成固体水玻璃，然后在水中加热溶解而成液体水玻璃。反应方程式如式（7-3）：

$$Na_2CO_3 + nSiO_2 \longrightarrow Na_2O \cdot nSiO_2 + CO_2 \uparrow \tag{7-3}$$

$Na_2O \cdot nSiO_2$ 分子式中的 n 值为硅酸钠中氧化硅和氧化钠的分子比，称为水玻璃的模数，用 M_s 来表示，一般为 1.5～3.5，是水玻璃的重要参数。模数越大，水玻璃在水中的溶解能力越低，胶体组分含量相对增多，黏结能力、强度、耐酸性和耐热性也越高，但难溶于水，不易稀释，不便施工。建筑工程中常用的水玻璃是硅酸钠水玻璃和硅酸钾水玻璃，常用的模数为 2.6～3.0。

2）水玻璃的水解及性能

（1）水玻璃的水解。根据 M_s（水玻璃模数）的大小，水玻璃分中性和碱性水玻璃。$M_s \geqslant 3.0$ 为中性水玻璃，$M_s < 3.0$ 为碱性水玻璃，但不管是中性还是碱性水玻璃，水解后的水溶液均呈碱性，pH 在 11～12 之间。水玻璃的水解产物多硅酸又较难电离，因此，反应比较强烈，反应式如下：

$$Na_2O \cdot nSiO_2 + yH_2O \longrightarrow 2NaOH + nSiO_2 \cdot (y-1) H_2O \tag{7-4}$$

由于低 M_s 的水玻璃中氧化钠的含量较高，其中的硅酸根离子易溶解出来与水发生水解反应。因此，低模数的水玻璃易水解，但浓度太高时则不利于发生水解反应。这是因为当溶液的浓度太高时，相应的 NaOH 含量就较高，会与水解所生成的硅酸反应，生成新的硅酸钠，所以，硅酸钠水解就会被抑制。

（2）水玻璃的性能。与普通的钠盐相比，水玻璃有着特殊的物理和化学性质。例如，熔点和沸点高、硬度大，具有一定的化学稳定性，水解呈碱性，在高温高压下才能溶于水，其水溶液具有一定的黏性等。

3）水玻璃的应用

水玻璃的用途非常广泛，可用于肥皂及洗涤剂工业、硅制品工业、造纸及助染、漂白、浆纱等轻纺工业和铸造工业中。同时，也可用作黏结剂和填充剂、用在耐火材料、陶瓷材料及其制品中以及涂料工业、制糖工业、冶金工业等各行各业的各个领域。

2. 氢氧化钠

氢氧化钠，俗称火碱或烧碱，其纯品为无色透明四方晶系晶体，因常含少许氯化钠和碳酸钠而不透明，是一种常见的化工原料。

1）氢氧化钠的生产

氢氧化钠是化学实验室中一种必备的化学品，亦为常见的化工产品之一。工业上生产烧碱的方法有苛化法、隔膜电解法和离子交换膜法 3 种。

（1）苛化法

用纯（碳酸钠）溶液和石灰为原料，于 99～101℃ 进行苛化反应，生成氢氧化钠溶液和碳酸钙沉淀。化学反应式如下：

$$Na_2CO_3 + Ca(OH)_2 \xrightarrow{\hspace{1cm}} 2NaOH + CaCO_3 \downarrow \qquad (7-5)$$

滤去碳酸钙沉淀等不溶物后，将溶液蒸发浓缩至 40% 以上，制得液体烧碱。将浓缩液进一步熬浓固化，制得固体烧碱成品。

（2）隔膜电解法

隔膜电解法是目前电解法生产烧碱最主要的方法之一。利用多孔渗透性的隔膜材料作为膜层，把阳极产生的氯气与阴极产生的氢氧化钠和氢气分开。具体反应式如下：

$$2NaCl + 2H_2O \; [电解] \xrightarrow{\hspace{1cm}} 2NaOH + Cl_2 \uparrow + H_2 \uparrow \qquad (7-6)$$

该法生产强度较小、产品纯度较低，环境污染也较大。

（3）离子交换膜法

电解食盐水，即应用化学性能稳定的全氟磺酸阳离子交换膜，将电解槽的阳极室和阴极室隔开。具体反应式如下：

$$2NaCl + 2H_2O \xrightarrow{\hspace{1cm}} 2NaOH + H_2 \uparrow + Cl_2 \uparrow \qquad (7-7)$$

该法所制的烧碱纯度高，投资小，对环境污染小。离子膜法是电解法生产烧碱的发展方向。除了液态产品外，生产的烧碱有块状、片状、棒状、粒状四种固态形式。这些不同形态的氢氧化钠，化学组成相同，但颗粒尺寸不同。

2）氢氧化钠的性质

氢氧化钠的熔点为 318.4℃，密度为 2.13g/cm³，易溶于水，溶解度随温度的升高而增大，溶解时能释放出大量的热，水溶液呈强碱性，易溶于甲醇、乙醇和甘油，不溶于丙酮、乙醚和苯等溶剂。其水溶液是一种无色、有涩味和滑腻感的液体，具有强烈的刺激性和腐蚀性，易吸收空气中的 CO_2 变为 Na_2CO_3，与酸作用生成盐。

氢氧化钠能溶解某些金属氧化物和非金属氧化物，例如玻璃、陶瓷中含有 SiO_2，容易被 NaOH 腐蚀，NaOH 也能溶解铝、锌、硼、硅等单质。NaOH 吸湿性强，极易潮解，对皮肤、纸张、丝棉织物和玻璃等都有腐蚀性，宜密闭储存于不受腐蚀的容器中。

3）氢氧化钠的应用

氢氧化钠的用途极广，可用于造纸、纺织、医药、染料、人造丝，冶炼金属、石油精制、煤焦油产物的提纯，以及食品加工、木材加工及机械工业等方面，还可以用来加速水泥的水化以及碱激发水泥中的激发剂。

3. 硫酸钠

硫酸钠（Na_2SO_4）是一种高纯度、颗粒细的无水物，称为元明粉，又名精芒硝，属无色正交晶系晶体，100℃时转化为单斜晶系晶体，500℃时转化为六方晶系晶体。硫酸钠通常以无水芒硝和十水芒硝的形式存在，作为碱性激发剂使用时，其生产过程耗能较小，耗资较低，具有良好的环保性。

（1）硫酸钠的生产

硫酸钠可以是天然矿物，天然存在的硫酸钠矿分布很广，通常是硫酸镁（钙）的复盐及芒硝。天然硫酸钠主要存在于硫酸钠的卤盐或干旱地区盐湖的次表层沉积晶体中。天然硫酸钠矿物主要分布在中国、墨西哥、加拿大、美国、西班牙和俄罗斯，阿根廷、智利、伊朗和土耳其等地区也有少量的天然硫酸钠。我国的内蒙古、青海、西藏以及新疆的某些地区盐湖较多，里面也存在着大量的硫酸钠。其十水合物 $Na_2SO_4 \cdot 10H_2O$ 通称为芒硝，是自然界中硫酸钠的重要矿物质。

硫酸钠也可以是合成而来，如图7.5所示为无水硫酸钠（俗称元明粉）的生产工艺流程。原料十水芒硝送入热熔槽，使十水芒硝转变为带有 Na_2SO_4 颗粒的 Na_2SO_4 饱和溶液，然后经加热器升温后，泵入中压蒸发器进行循环加热闪蒸，蒸发部分水，形成 Na_2SO_4 过饱和溶液，结晶析出的无水 Na_2SO_4 沉积在中压蒸发器的底部，再由中压蒸发器出料泵送入旋液分离器增稠；旋液分离器底流物料进入离心机送料槽，顶流物料回入中压蒸发器，离心机进料槽内无水 Na_2SO_4 盐将进入离心机脱水形成产物元明粉；离心母液泵回热熔槽，在中压蒸发器内闪蒸形成的二次蒸汽，经除沫后，由冷凝器冷凝成冷凝水，不凝气则由水环式真空泵抽出，从而形成并维持中压蒸发器内真空环境，实现真空蒸发。

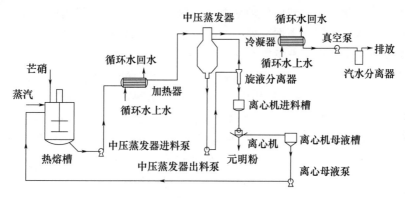

图7.5　无水硫酸钠生产工艺流程

（2）硫酸钠的性质

硫酸钠是白色、无臭、有苦涩味的结晶或粉末，有吸湿性，暴露于空气中易吸湿，转变成粉末状含水硫酸钠覆盖于表面。硫酸钠外形为无色、透明、大的结晶或颗粒性小结晶，其性质稳定，熔点884℃，沸点1404℃，相对密度 $2.68g/cm^3$，溶于甘油而不溶于乙醇。硫酸钠能溶于水，其水解过程如下所示：

$$SO_4^{2-} + H^+ \Longrightarrow HSO_4^- \tag{7-8}$$

$$Na_2SO_4 + H_2O \Longrightarrow NaHSO_4 + NaOH \tag{7-9}$$

水解过程吸热，有凉感；水解生成 OH^-，水溶液呈弱碱性。

（3）硫酸钠的应用

硫酸钠是重要的轻工、化工工业原料，广泛应用于化工、轻工、印染、纺织、建材、医药、化肥、合成纤维等各个行业。研究证明，硫酸钠也可作为碱激发水泥的激发剂以及硅酸盐水泥基和石灰基胶凝材料的激发剂，在硅酸盐水泥体系中添加硫酸盐通常有早强作用，促进早期及后期形成钙矾石。

7.2.3　碱激发混凝土的骨料

混凝土中的骨料分为粗骨料和细骨料，是混凝土的主要组成材料之一，其质量为整个混凝土质量的85%～90%，主要起骨架支撑作用和减小由于胶凝材料在凝结硬化过程中干缩湿胀所引起的体积变化，同时还作为胶凝材料的廉价填充料。此外，骨料的加入还能提高混凝土的弹性模量，改善混凝土的耐久性等。骨料有天然骨料和人造骨料之分，前者如碎石、卵石、浮石、天然砂等；后者如矿渣、煤渣、陶粒、膨胀珍珠岩等。

　　碱激发水泥混凝土中所用的骨料无特别的要求，其技术性能指标，如强度和坚固性、级配、含泥量、有害物质的含量及针片状颗粒的含量等，能满足硅酸盐水泥混凝土技术要求的碎石或卵石都可以作为其骨料。由于碱矿渣水泥体系中存在的碱组分能与黏土类物质反应生成如水霞石型、方沸石型、钠沸石型及白云母型等水化产物，成为混凝土中的补充类胶凝物质，因此，骨料中的含泥量也可放宽到 5%，粗骨料中的粉状物质可放宽到 20%。

　　据统计，全球混凝土行业每年消耗砂石 400 多亿吨，而天然砂石资源非常有限，且价格不断上升。因此，开发利用各种废渣、废料代替天然砂石配制混凝土是目前研究的热点。碱激发矿渣水泥混凝土本身因其低碳、绿色环保具有无可比拟的优势，如再利用再生骨料配制混凝土，将具有重大意义。

　　建筑废弃物在许多国家的废弃物中占有很大的比重，处理这些废弃物要关乎社会、经济和环境等各个方面。将建筑废弃物作为混凝土中的骨料被认为是绿色建筑的一个重要组成部分。硅酸盐水泥中的硅、铝组分可作为碱激发材料的原料重新使用，使硅酸盐水泥的水化产物水化硅酸钙（C-S-H）和水化硅铝酸钙（C-A-S-H）碳化脱钙转化为硅和铝凝胶，然后用 NaOH/水玻璃溶液激发制备砂浆，在 65℃ 条件下养护 3d 后，其力学性能稳定，抗压强度超过 10MPa，这表明富含硅酸盐水泥组分的建筑废弃物再生利用的可能性。

　　在传统的混凝土中，骨料形成的骨架对混凝土的抗压强度影响很大，而在碱激发水泥基材料中，抗压强度与基质的特性密切相关。碱激发水泥是能固定各种有害元素的良好材料，且不易引起碱硅反应膨胀；同时，碱激发水泥也能减少再生骨料中的杂质对混凝土性能的影响。这些都表明，碱激发水泥可以更好地与再生骨料结合制造混凝土。相关数据表明，用低等级骨料（包括再生骨料）可生产出 28d 抗压强度为 20~99MPa 的碱激发混凝土。使用 5%~30% 的矿渣和高钙粉煤灰与再生混凝土骨料相结合，在不使用硅酸盐水泥的情况下，可生产出可控低强度材料。除了水硬活性之外，矿渣和高钙粉煤灰的火山灰反应被再生混凝土骨料残余浆料中的碱和氢氧化钙激发，使可控低强度材料强度能充分发展。

7.2.4　碱激发混凝土的施工与养护

1. 新拌碱激发水泥混凝土的生产

　　为了生产碱激发水泥混凝土拌和物，混凝土搅拌站或预制构件厂需要另增加一套用于碱激发剂溶液的设备。拌和物的组分，像矿渣、骨料、碱激发剂和水，在称量时应精确至 1%，并且采用强制性搅拌机进行搅拌，重力自落式搅拌机可用于无细骨料混凝土的搅拌。

　　所需搅拌时间应根据实验室的试拌而确定。在夏期，搅拌完后，从出料口出来的混凝土拌和物的温度不应高于周围的空气温度并且不应低于（20±5）℃。碱激发矿渣水泥混凝土拌和物的输送方法与普通水泥混凝土拌和物相似。碱激发水泥混凝土拌和物不允许与其他任何品种的混凝土拌和物进行混合。

2. 新拌碱激发水泥混凝土的浇筑

混凝土模板的准备（清洁和抹隔离油）、钢筋的捆扎固定和放置、浇筑和抹面这些步骤都与传统的混凝土构件预制厂方法一样。麦秆油、石蜡油、机油（黄油）或其他经测试过的润滑油，可用于模板的脱模油。

碱激发水泥混凝土拌和物可采用普通水泥混凝土拌和物样的捣实方法，普通密度的碱激发矿渣水泥混凝土的密实系数（真实密度与理论计算密度的比率）不应低于 0.98，对于细骨料混凝土不应低于 0.97。混凝土拌和物密实所用的静压、振动加压或其他形式的压力，不应高于 0.025MPa 的规范推荐值。在浇筑和表面抹平时不允许与其他任何混凝土混合。

3. 碱激发水泥混凝土的养护

养护制度对碱激发水泥混凝土的强度和体积稳定性都有影响，蒸汽养护能提高用酸性高炉矿渣和纯碱配制的碱激发矿渣水泥混凝土的强度（增幅达 70%）和弹性模量。对某些混凝土配合比，加入 4% 的水泥熟料后，蒸汽养护就不那么重要了。事实上，在室温养护下的强度和弹性模量要更好一些。

当用硅酸钠作为碱激发剂时，不管是否掺加硅酸盐水泥熟料，常温下养护的碱激发水泥混凝土的弹性模量比升温条件下养护的要好。蒸汽养护制度对混凝土的性能有很大的影响。但是，不管采用何种蒸汽养护制度，都必须有静停时间，而且养护温度要逐渐升高，静停时间的长短取决于碱激发水泥的种类，当混凝土的放热率达到最高时，是开始升温的最佳时间。当碱激发水泥用的是碱性高炉矿渣时，建议采用以下的蒸汽养护制度：

（1）当构件厚度不小于 20cm，碱激发剂为纯碱或可溶性硅酸钠（$2 \leqslant Ms \leqslant 3$）时，应使用 4h+3h+6h+3h 的蒸汽养护制度（4h 静停、3h 升温、6h 恒温和 3h 降温），最高温度为 80～95℃内。

（2）当构件厚度小于 20cm，碱激发剂为可溶性硅酸钠（$1 \leqslant Ms \leqslant 2$）时，使用 2h+3h+0h+3h 的蒸汽养护制度，最高温度为 75～85℃。

（3）当碱激发矿渣水泥用的是中性或酸性高炉矿渣或磷矿渣时，养护时间应通过试验来确定。

碱激发水泥混凝土拌和物可以在 0℃ 以下使用，其中一例为某仓库的地基和墙壁是在 -8℃ 时浇筑的，在 -12～-8℃ 的温度区间下经过 20d 后，其混凝土强度达到设计强度的 30%。对该结构的 7 年监测表明：相对于那些在控制条件下养护的混凝土，其混凝土强度增加了两倍（20～25MPa）。对于需在 -15～0℃ 硬化的混凝土，应该采用由苛性碱或硅酸钠作碱激发剂的碱激发水泥。对于在拆模或搬运预制构件到仓库时，混凝土和周围环境的温差规定与普通硅酸盐水泥混凝土要求一样。

7.3 碱激发混凝土的反应机理

水泥化学中的水化是指水泥与拌和水之间的化学反应，而本书所说的水化则是指磨细的前驱体原料在有激发剂的条件下与水之间的化学反应。碱激发剂的加入方式有 3

种：①预先溶解到拌和水中；②与前驱体原料共同粉磨；③先和磨细前驱体原料干混再加拌和水。当磨细前驱体原料与拌和水或溶有激发剂的溶液混合时，前驱体原料颗粒在水中分散，并形成浆体。目前在有关碱激发水泥混凝土的研究中，矿渣是碱激发混凝土中最主要使用的前驱体原料，有关碱激发矿渣混凝土的反应机理和宏观性能等方面的研究也最为充分和全面。因此，以碱激发矿渣水泥混凝土为例来详细说明碱激发水泥混凝土的反应机理、水化进程和微观结构特性。

7.3.1　碱激发胶凝材料的水化进程

1. 水化进程

矿渣的碱激发水化反应过程同普通硅酸盐水泥类似，主要可以分为 5 个阶段：快速反应期、诱导期、加速期、减速期和稳定期，如图 7.6 所示。矿渣被认为是一种低水化热的材料，矿渣的水化热低于普通硅酸盐水泥。碱激发矿渣混凝土的水化过程可概括为：①玻璃体颗粒的溶解；②初始固相的形核和长大；③新相在界面上的机械结合和相互作用；④养护初期反应产物的扩散和化学平衡。首先是碱从矿渣中的玻璃体开始溶解出可溶性的硅铝，然后在玻璃体表面逐渐开始形成硅铝胶体，同时碱液扩散进入玻璃体内部继续溶解，随着反应的进行，低聚态的胶体通过凝聚作用逐渐形成碱激发地聚物三维网络状结构，最后体系进一步脱水形成碱激发矿渣混凝土硬化体。大量研究表明，矿渣的组成、碱激发剂的种类和用量以及养护条件对碱激发矿渣混凝土的水化过程有很大的影响。

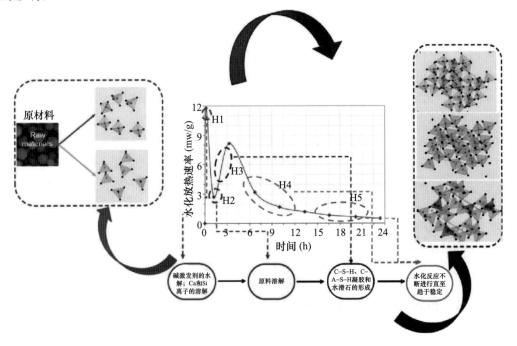

图 7.6　碱激发矿渣混凝土水化进程

H1—快速反应期；H2—诱导期；H3—加速期；H4—减速期；H5—稳定期

2. 矿渣组分对水化过程的影响

矿渣的成分组成会直接影响碱激发矿渣混凝土的水化过程和水化产物。虽然不同矿渣的化学成分相似，但具体的化学成分含量却有很大的差异。研究发现，不同国家的矿渣中 SiO_2 和 CaO 的含量是相似的，而 Al_2O_3、MgO 和 TiO_2 的含量却有很大不同。相关研究表明，m（CaO+MgO）/m（SiO_2+Al_2O_3）比值可作为反映矿渣反应性能的有效指标。m（CaO）/m（SiO_2）比为 $0.5\sim2.0$，m（Al_2O_3）/m（SiO_2）比为 $0.1\sim0.6$ 的玻璃渣被认为是碱激发矿渣混凝土最合适的前驱体。

矿渣中 Al_2O_3 含量越高，SiO_2 等组分的溶解速度越慢，早期水化热越低。但第 2 个水化峰的强度和时间也与碱激发剂有一定的关系。研究了渣中不同的 Al_2O_3 含量（7.0%、14.1%和16.7%）对渣的水化过程的影响，如图 7.7 所示。无论是用 Na_2SiO_3 还是 NaOH 作为碱激活剂，Al_2O_3 含量越高的矿渣，其累积放热越低。用 Na_2SiO_3 作碱激活剂时，第 2 水化反应峰延迟，而用 NaOH 作激活剂时则相反。

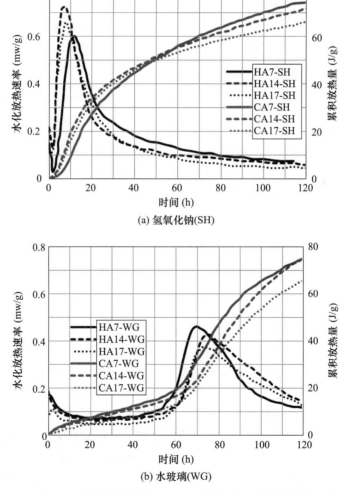

图 7.7　激发剂对不同 Al_2O_3 含量的矿渣水化演化过程

（图中编号：H 表示水化放热速率；C 表示累积放热量；A 表示 Al_2O_3；数字表示 Al_2O_3 的含量）

3. 碱激发剂对水化过程的影响

碱激发剂的种类和用量通过影响初始溶液的 pH 来影响矿渣的水化过程。此外，碱激活剂可以为水化过程提供不同的离子，从而影响特定水化产物的生成，进而影响水化过程。矿渣的水化与普通硅酸盐水泥的水化有很大的不同。对于某些类型的碱激发剂，矿渣的水化放热曲线与普通硅酸盐水泥的水化放热曲线相似，但峰值时间和峰值强度明显不同。

当碱当量相同时，用 NaOH 作碱激发剂，溶液的 pH 较高，从而可以更快地溶解矿渣，缩短诱导期，加速矿渣的早期水化过程。有人比较了 NaOH 和 Na_2SiO_3 对矿渣水化过程的影响。当使用 NaOH 作为碱激活剂时，得到了矿渣的累积放热比 Na_2SiO_3 更高的结论。

由于 Na_2SO_4 或 Na_2CO_3 溶液呈近中性，延迟了矿渣的第 2 水化反应峰，导致渣的溶解速度较慢。试验发现，对于相同的碱当量，用 Na_2SO_4 作为碱激发剂时，矿渣的第 2 水化反应峰明显延迟，峰强度低，活化性差。研究表明，用 Na_2SO_4 或 Na_2CO_3 作碱激发剂时，矿渣的水化诱导期比用 Na_2SiO_3 和 NaOH 时要长。

碱激发剂对矿渣水化过程的影响可概括如下：对于相同的碱当量，氢氧化钠溶液的 pH 值和矿渣的溶解速度都较高。因此，矿渣的诱导期较短，峰值强度较大。Na_2SiO_3 溶液的 pH 值、第 2 水化峰强度和累积放热均低于 NaOH 溶液。Na_2CO_3 和 Na_2SO_4 为近中性盐类，不利于矿渣溶解，这限制了水化产物的初始固相形核和生长。因此，当采用 Na_2CO_3 或 Na_2SO_4 作为碱激发剂时，矿渣的早期峰值强度低于前两者，而第 2 个水化峰值被推迟。此外，用 Na_2CO_3 作碱激活剂时，分解出的 $CO_3{}^{2-}$ 会与 Ca^{2+} 结合形成 $CaCO_3$ 沉淀，然后生成水化硅酸铝钙（C-A-S-H），从而延缓矿渣的水化过程。随着 $CO_3{}^{2-}$ 的消耗，孔溶液的 pH 值升高，后续水化过程加快。可见，碱激发剂的种类和用量是影响矿渣碱激发水化过程的重要因素。

7.3.2 碱激发混凝土的微结构特性

1. 碱激发混凝土的孔结构

与传统的硅酸盐水泥相比，碱激发矿渣混凝土具有更高的硅利用率和更低的 m（Ca）/ m（Si）比。水化产物颗粒尺寸较小，较好地填充了孔隙，优化了孔结构。因此，碱激发矿渣水泥混凝土基体的孔结构要好于传统的硅酸盐水泥基体。

已有研究表明，大毛细孔和大孔对混凝土的抗压强度、抗折强度等力学性能具有重要影响。凝胶孔和微毛细孔对混凝土的收缩性能有很大的影响，特别是对于干燥收缩较差的矿渣混凝土。因此，分析碱激发矿渣水泥混凝土的孔结构对进一步研究碱激发矿渣水泥混凝土的力学性能、收缩性能、耐久性等性能具有重要意义。然而，不同组成的矿渣会产生不同的水化产物，从而影响碱激发矿渣水泥混凝土的孔结构。因此，有必要分析矿渣成分对孔结构的影响。

在不同镁含量、不同龄期的矿渣对碱激发矿渣混凝土孔结构的影响研究中发现，低镁的矿渣（LMg）会导致碱激发矿渣混凝土在 $1\sim50nm$ 孔径范围内的孔隙率较低。然而，平均孔径较大，这表明当矿渣中的镁含量较低时，矿渣中的凝胶含量较低，如图7.8所示。在研究矿渣中 TiO_2 含量对碱激发矿渣混凝土孔结构的影响过程中发现，矿渣中 TiO_2 含量越高，碱激发矿渣混凝土的总孔隙率越低，因此使得混凝土具有更好的孔径分布。此外，不同 CaO 含量的矿渣也会对碱激发矿渣混凝土孔结构产生影响，随着矿渣中 CaO 含量的增加，混凝土的孔隙率降低，这可能是由于 CaO 能促进矿渣的水化，产生了更多的水化产物，减少了微孔的数量，使孔结构变得更加致密。研究表明，当矿渣和粉煤灰的掺量比为 4：1 时，碱激发矿渣混凝土中大于 $30\mu m$ 的孔洞数量大大减少。这是因为粉煤灰颗粒比矿渣颗粒更小，因此可以更好地填充孔洞，优化孔结构。不同矿渣/飞灰比的碱激发矿渣/飞灰混凝土的孔径分布的研究结果表明，随着矿渣/飞灰掺量的增加，凝胶中高孔隙率的 N-A-S-H 凝胶的含量增加，致密的 C-A-S-H 凝胶含量降低，$10\sim10^4\,nm$ 孔的比例显著增加，孔隙率随矿渣/粉煤灰的增加而降低，如图7.9所示。

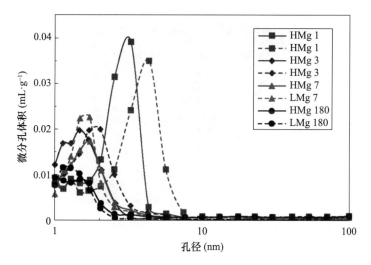

图 7.8 不同镁含量的碱激发矿渣混凝土在不同龄期的孔径分布

[HMg 表示高 MgO 含量；LMg 表示低 MgO 含量；数字表示不同的龄期（1d、3d、7d、180d）]

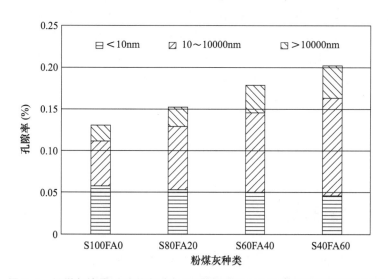

图 7.9 粉煤灰掺量对碱激发矿渣/粉煤灰混凝土孔隙率和孔径分布的影响

2. 界面过渡区

骨料与胶凝材料之间的界面过渡区（ITZ）（图 7.10）一直是混凝土科学研究的重点。在胶凝材料与骨料接触的区域中，与"基体"胶凝材料区域相比，往往具有微观结构差异，这意味着这些界面区域对于物质传输、拉伸和流动性会不成比例地影响碱激发混凝土的性能（通常是不利的）。人们认为结构的关键差异是由于骨料的存在导致更高的异质性，并且混凝土搅拌期间浆料和骨料的相对运动也会引起 ITZ 的微观结构发生大的变化。因此，ITZ 具有不同的化学性和多孔性。ITZ 通常具有较高浓度的硅酸盐晶体以及较低浓度的水化硅酸钙（C-S-H）。由于硅酸盐晶体大于 C-S-H 晶粒，并且不能紧密堆积，ITZ 的孔隙率显著高于水泥浆料的孔隙率，因此 ITZ 通常是混凝土中最薄弱的区域。ITZ 较高的孔隙率也可能导致孔隙渗透，从而使得有害物质如氯化物更容易渗透到混凝土中。

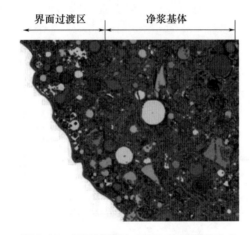

图 7.10　界面过渡区（ITZ）中的颗粒分布

对骨料和碱激发胶凝材料之间的相互作用几乎没有人进行详细的研究，人们对于该区域的性质尚未达成共识。研究结果表明，在普通硅酸盐水泥混凝土中存在界面过渡区，但与硅酸盐水泥体系的情况相比，碱激发混凝土的界面过渡区并不明显。硅酸盐水泥的化学成分容易导致在骨料颗粒周围形成含有大的机械弱化晶体的多孔区域，并且这些区域的渗透是混凝土中力学破坏和物质传输的关键途径。碱激发混凝土的碱激发剂不仅与铝硅酸盐前驱体相互作用，而且与骨料表面相互作用，并且这种相互作用容易导致水化产物在接触区宽度上的均匀度增加。这对最终碱激发混凝土的性能可能是有益的，但需要进一步的研究来验证这些观点。

7.4　碱激发混凝土的宏观性能

7.4.1　碱激发混凝土的力学性能

混凝土力学性能是钢筋混凝土结构设计和施工的基础，是保证结构安全的最基本性能。混凝土是一种非均质材料，其力学性能会受到多种因素的影响，如水胶比、骨料性能、龄期、试件尺寸、加载速度、混凝土浇筑方法和加载方式以及试验方法等。对于硅酸盐水泥混凝土而言，国内外做了大量较为详尽的研究工作，并制定了一系列的设计规范或标准，以指导工程实际；而对碱激发混凝土来说，我国目前还没有统一的规范或标准，大多的研究与测试都是参照硅酸盐水泥混凝土进行，对于混凝土基本力学性能之间关系的确定也很少，这也制约了碱激发混凝土材料的发展与应用。

强度是碱激发混凝土最基本的静态力学性能之一。相对于普通混凝土，碱激发混凝土的水化反应是在碱性环境中进行，速度较快，形成的界面过渡区密集且均匀。因此，其凝结硬化快，早期强度高。影响碱激发混凝土强度的因素有很多，包括碱激发剂的种类和用量、胶凝材料的种类和细度、原材料相对比例、养护方法及龄期等。

1. 激发剂对抗压强度的影响

碱激发剂的种类和用量对碱激发混凝土的抗压强度均有影响。常用的碱激发剂主要有 $NaOH$、Na_2CO_3、Na_2SO_4、固体或液体水玻璃以及它们的混合物，其中以水玻璃激发矿渣体系的强度最高。有研究结果表明，水玻璃溶液激发矿渣水泥比固体硅酸钠具有更高的强度。另外，激发剂（以 $Na_2O\%$ 计）的掺量对碱激发矿渣水泥砂浆、混凝土强度也有重要的影响，当采用水玻璃（$Ms=1.0$）为激发剂时，激发剂的掺量存在一个最佳值，结果见表 7.5。碱含量在 $4\%\sim12\%$ 时，随着碱含量的增加，砂浆的抗折强度和抗压强度先增大后减少，最佳的碱含量为 8%。

表 7.5　激发剂掺量对碱激发矿渣混凝土强度的影响

编号	Na_2O (%)	抗折强度 (MPa)		抗压强度 (MPa)	
		3d	28d	3d	28d
1	4	4.8	5.7	36.7	49.7
2	6	6.4	7.0	52.2	62.8
3	8	7.3	7.9	57.3	70.0
4	10	6.7	7.2	51.7	64.7
5	12	6.2	6.6	48.3	57.3

然而，由于原材料的来源不同，制备工艺、养护制度以及水玻璃的模数等不同，都会影响到最佳碱含量。图 7.11 为不同模数的水玻璃中不同 Na_2O 含量（占矿渣的质量）对碱激发矿渣浆体强度的影响。从图 7.11（a）可知，水玻璃的模数（$Ms=1.0\sim1.4$）越大、碱含量（Na_2O 含量 $3\%\sim5\%$）越高，浆体的抗压强度也越高。然而，抗折强度和抗压强度的规律并不一致，如图 7.11（b）所示，当水玻璃的模数为 1.2、Na_2O 含量为 4% 时，浆体的抗折强度最高。因此，在工程应用中，制备碱激发矿渣水泥砂浆或混凝土时，应根据实际情况确定激发剂中的碱含量，如果用水玻璃做激发剂，还应注意水玻璃模数和碱含量同时对强度的影响。

2. 养护条件对强度的影响

碱激发水泥混凝土强度的获得和发展对养护条件很敏感。研究表明，热养护能提高碱矿渣混凝土的早期强度。然而，热养护条件下混凝土的后期强度会有所降低，如图 7.12 所示。这是因为在热养护条件下，碱激发矿渣水泥的反应速度要比离子自由扩散的速度快，所生成的水化产物大多数都围绕在矿渣颗粒的周围，越来越多水化产物的沉積会阻碍内部离子的扩散，进而导致微观结构的不均匀，宏观上表现为强度的降低。此外，养护温度的升高也导致了未反应矿渣数量的增加。但也有研究结果表明，养护温度取决于激发剂的性质，当使用高浓度激发剂时，几乎和温度不相关。

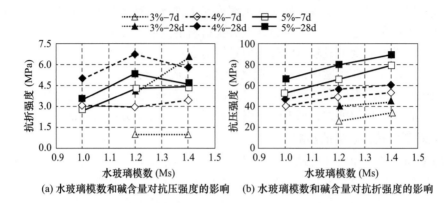

(a) 水玻璃模数和碱含量对抗压强度的影响　(b) 水玻璃模数和碱含量对抗折强度的影响

图 7.11　不同水玻璃模数和碱含量对碱激发水泥混凝土强度的影响

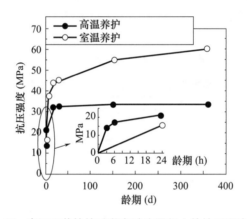

图 7.12　高温下养护的碱激发矿渣混凝土的抗压强度发展

除了养护温度对碱矿渣混凝土的强度有所影响外，不同的养护方式也直接影响到混凝土的强度。有学者研究了在相对湿度 50% 和温度 23℃ 的环境中（空气中）、23℃ 的饱和石灰水中（水浴）、将试件密封并保持在温度 23℃（密封）3 种不同养护方式的碱矿渣混凝土抗压强度随养护时间的变化规律。结果表明，在温度 23℃ 的饱和石灰水中养护的混凝土具有最高的强度，其次是密封养护的混凝土强度，在相对湿度 50% 和 23℃ 的环境中养护的混凝土的强度最低，且随着龄期的增长，这种差异也加大。此外，饱和石灰水中养护的混凝土强度一直呈增长趋势，密封养护的混凝土在 91d 后强度几乎没有变化，而在相对湿度 50%、温度 23℃ 的环境中养护的混凝土，由于后期基体中产生了细微的裂纹，而导致其 91d 后的强度有所降低。

7.4.2　碱激发混凝土的耐久性能

混凝土的耐久性是指混凝土在长期外界因素的作用下，能够抵抗外部和内部不利影

202

响的能力。用于工程中的混凝土，不仅应具有良好的力学性能，保证结构的安全，还应具有优良的耐久性，满足其所处环境及使用条件下经久耐用的要求。混凝土的耐久性涉及的影响因素较多，目前还未形成完善的理论体系和检测标准，人们常常采用混凝土的抗渗性、抗冻性、抗碳化性能、耐化学腐蚀性以及碱-骨料反应等方面来衡量混凝土的耐久性。本节重点介绍碱激发水泥砂浆和混凝土的耐久性及相关方面研究。

1. 水渗透性和氯离子渗透性

混凝土的抗渗透性在很大程度上决定了混凝土的耐久性。混凝土结构在使用过程中，周围的一些渗透性物质，如碳酸盐、氯化物和硫酸根离子等通过孔隙侵入到混凝土内部，降低了混凝土的碱性，减弱了混凝土对钢筋的保护作用，从而影响到混凝土的长期使用性能。

混凝土耐久性的衰变过程几乎都与水有密切的关系，氯离子在钢筋与混凝土界的富集往往会导致钢筋腐蚀。因此，混凝土的抗渗性和抗氯离子扩散性被认为是评价混凝土耐久性的重要指标。与普通硅酸盐水泥基材料类似，碱激发水泥混凝土也有非常复杂的孔结构，其水渗透性及氯离子扩散性和孔结构有着密切的关系。

（1）水渗透性

碱激发水泥混凝土的微观结构和特性与其所用的激发剂和胶凝材料的性能有很大关系。研究表明，当碱激发水泥混凝土的水胶比或水渣比一定时，采用水玻璃溶液激发比用氢氧化钠激发时的强度和抗渗性高。如图 7.13 所示，当水胶比固定为 0.55 时，用氢氧化钠激发的碱激发矿渣混凝土（AASCN-1、AASCN-2）与普通硅酸盐水泥混凝土（OPCC-1、OPCC-2）相比强度较低，而用模数为 1.2 的水玻璃激发矿渣水泥混凝土（AASWG-1、AASCWG-2）的 7d、28d 抗压强度最高。同时，混凝土的总孔隙率和强度也呈现一定的关系。水玻璃激发的碱激发矿渣混凝土孔隙率最小，分别为 7.6% 和 8.0%，其次是普通硅酸盐水泥混凝土，孔隙率为 16.4% 和 12.4%，用氢氧化钠激发的碱激发矿渣凝土孔隙率最大，分别为 16.8%、19.3%。大的孔隙率导致混凝土的水渗透性增大。AASCWG-1、AASCWG-2 的渗水高度都为 0，OPCC-1、OPCC-2 的渗水高度分别为 11.0mm 和 6.8mm，AASCN-1、AASCN-2 的渗水高度分别为 11.0mm、9.5mm。

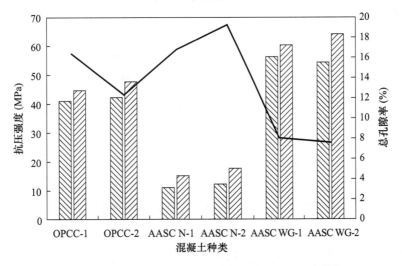

图 7.13　各种混凝土 7d、28d 抗压强度和 28d 总孔隙率

对于给定的原材料，水胶比或水渣比的增加对碱激发水泥混凝土的孔结构和渗透性影响较大。图 7.14 为不同水胶比时碱激发矿渣砂浆与普通硅酸盐水泥（OPC）砂浆的孔隙连通因子与时间的关系。孔隙连通因子表明了砂浆中孔隙的连通性，此值越大，砂浆中的孔隙越相互连通。可见，水胶比越大，孔隙连通性因子值越大，碱激发矿渣砂浆试样内部的孔隙比 OPC 砂浆内部孔隙更连通，水胶比为 0.35 的碱激发矿渣砂浆孔隙连通因子和水胶比为 0.50 的 OPC 砂浆相似，且碱激发砂浆中水渣比增大引起的孔结构变化比水胶比增大引起 OPC 砂浆的孔结构变化更为明显，主要原因是碱激发矿渣砂浆中水渣比提高时，激发剂浓度下降，碱的激发效果被减弱。但从试验结果可见，水胶比越大，两种砂浆的孔隙率也越大，当水胶比相同时，OPC 水泥砂浆的开口孔隙率比碱矿渣水泥砂浆的大。碱激发矿渣水泥材料中大于 100nm 的孔的数量比 OPC 中的要少，即有害孔的数量减少。因此，碱激发矿渣砂浆的抗渗性优于 OPC 砂浆。

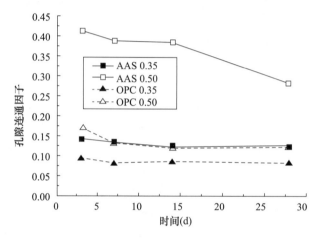

图 7.14　不同水胶比时孔隙连通因子与时间关系

（2）氯离子渗透性

氯离子侵入到混凝土内部会加速钢筋锈蚀，混凝土结构耐久性会降低或完全失效。碱激发混凝土的氯离子渗透性和所采用的激发剂有关。研究发现，水玻璃激发矿渣砂浆比 NaOH 或 Na_2CO_3 激发的矿渣砂浆具有更低的孔隙率和更细的孔隙结构。采用快速氯离子渗透试验测量碱激发矿渣水泥混凝土中的电通量，发现水玻璃激发的矿渣砂浆表现出更高的电通量，而用 NaOH 或 Na_2CO_3 激发的矿渣砂浆其电通量从 3d 到 90d 几乎没有变化。这表明，碱激发矿渣砂浆和混凝土中孔隙溶液的化学组成对导电性或电荷量的贡献大于孔结构。

采用快速氯离子渗透试验方法（ASTMC1202）研究了碱激发矿渣/偏高岭土混凝土28d 和 90d 电荷通过量，结果如图 7.15 所示。$m(SiO_2)/m(Al_2O_3)$（简记作 S/A）为 4.4 的碱激发矿渣混凝土的电通量最大，当掺入不同比例的偏高岭土后，电通量有降低的趋势，但总体通电量在 1000～2000C，属于低氯离子渗透性混凝土。

2. 抗冻性

混凝土的抗冻性是指硬化混凝土在饱水状态下，能经受多次冻融循环作用不被破坏的能力。在寒冷或严寒地区，混凝土的冻融破坏是建筑物老化病害的主要问题之一，严重影响着建筑物的使用寿命。因此，抗冻性成为混凝土耐久性一个非常重要的方面。普通水泥混凝土受冻融破坏是由于混凝土内部孔隙和毛细孔道中的水结冰产生体积膨胀和冷水迁移所导致。当水冻结时，其体积增长 9% 左右，随着外界温度的降低，混凝土内部的水冻结使混凝土发生膨胀，若随后的融化紧接着又冻结，将产生进一步的膨胀，这种反复的冻融循环所产生的作用积累下来就会导致混凝土的破坏，使混凝土内部产生裂纹，表面出现剥落，最终失效。

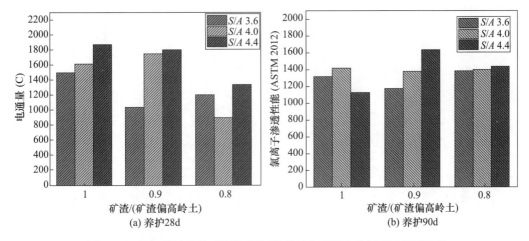

图 7.15　不同养护龄期碱激发矿渣/偏高岭土混凝土的氯离子渗透性能

　　目前，在我国还没有关于碱激发水泥混凝土抗冻性的相关试验规范与标准，采用现行国家标准《普通混凝土长期性能和耐久性能试验方法标准》（GB/T 50082—2009）中的快冻法对碱激发混凝土的抗冻性进行了研究。碱激发混凝土所用的激发剂为水玻璃，混凝土配合比为：胶凝材料 400kg/m³，溶胶比（水玻璃溶液和水与胶凝材料的比）0.542，砂子 760kg/m³，石子 1105kg/m³。所用胶凝材料及其比例见表 7.6，试验结果见表 7.7。

表 7.6　碱激发混凝土抗冻性试验配合比

编号	胶结材料含量（%）			引气剂（%）	含气量（%）	28d 强度（MPa）
	矿渣	锂渣	粉煤灰			
D1	100	0	0	0	—	70.8
D2	70	30	0	0	—	80.0
D3	70	30	0	0.12	3.8	78.6
D4	70	0	30	0	—	76.5
D5	50	0	50	0.10	3.0	73.3

　　从表 7.7 可知，在碱激发矿渣混凝土中掺入 30% 的粉煤灰和锂渣后，抗冻性略有提高。当加入复合引气剂后，碱激发矿渣混凝土的抗冻性有较大幅度的提高，即使粉煤灰的掺量增加到 50%，掺入 0.10% 的引气剂，碱激发混凝土的抗冻性也优于碱矿渣混凝土。有研究发现，用于普通硅酸盐水泥混凝土的引气剂也可用于碱激发矿渣混凝土，但要得到与硅酸盐水泥混凝土相同的含气量，引气剂的掺量需更大些。在气孔间距和大

小合适时，碱激发矿渣混凝土的抗冻性不比普通硅酸盐水泥混凝土差。

表 7.7　碱激发混凝土的抗冻性试验结果　　　　　　　　　　　　　　　　%

编号	相对动弹性模量/质量损失					
	50 次	100 次	150 次	200 次	250 次	300 次
D1	95.2	94.6	90.6	87.5	85.5	80.3
	−0.02	0.09	0.31	0.42	0.57	1.08
D2	96.3	95.0	93.3	88.5	87.1	82.0
	−0.03	0.11	0.28	0.35	0.48	0.87
D3	98.6	97.5	97.0	94.4	92.0	89.7
	0	0.03	0.18	0.28	0.40	0.75
D4	94.6	92.2	89.0	85.3	82.5	80.8
	0	0.17	0.42	0.54	0.63	0.97
D5	96.7	95.4	94.5	90.8	87.6	85.4
	−0.01	0.02	0.20	0.31	0.46	0.82

如果按照 ASTMC666 标准的试验方法来计算混凝土抗冻耐久性指标，则为式 (7-10)：

$$耐久性系数 = \frac{试验结束时的循环次数 \times 占原始模量的百分数}{300} \tag{7-10}$$

耐久性系数主要用来比较不同混凝土的抗冻性优劣。若抗冻性系数小于 40，表示该混凝土的抗冻性较差，不适用于有抗冻要求的工程；若抗冻性系数为 40~60，则混凝土属可用或不可用的范围；若抗冻性系数大于 60，则表明混凝土的抗冻性好，可用于有抗冻要求的工程。由表 7.7 可知，当冻融循环为 300 次时，碱激发混凝土的抗冻性系数都在 80 以上，据此推断，碱激发混凝土具有非常优异的抗冻性能。

3. 抗碳化性能

混凝土的碳化是指混凝土中的碱性物质与空气中的 CO_2 发生化学反应生成碳酸盐和其他物质的现象，又称作中性化。碳化使混凝土内部组成和结构发生变化，碱性降低，钢筋更易锈蚀，直接影响到混凝土结构的力学性能和耐久性。混凝土的碳化首先是空气中的 CO_2 气体向混凝土内部扩散，溶解于混凝土孔隙内的水中，形成碳酸，再与各水化产物发生反应。影响混凝土碳化的主要因素有水泥的品种和用量、外加剂和水胶比等内部因素以及 CO_2 浓度、环境湿度等外部环境条件。

碱激发水泥混凝土的碳化机理与硅酸盐水泥的碳化机理不同。在硅酸盐水泥浆体中，大气中的 CO_2 溶解在孔隙溶液中，与氢氧化钙反应生成碳酸钙，同时 CO_2 也与水化硅酸钙（C-S-H）凝胶反应生成碳酸钙和硅胶；而在碱激发水泥混凝土中，由于没有氢氧化钙，所以碳化作用是 CO_2 直接与 C-S-H 及 C-A-S-H 等凝胶发生反应，反应产物除碳酸钙外可能还残留含氧化铝的硅胶。碳化可以导致碱激发混凝土的强度损失和孔隙体积增加，但是，在大多数碱激发水泥混凝土中，水化产物水滑石相在结合碳酸根离子和延缓碳酸化进程中发挥了重要作用。

目前，碱激发混凝土的碳化试验，主要是参照硅酸盐水泥混凝土测定抗碳化性能的试验方法进行，试验条件主要是控制环境的相对湿度和 CO_2 的浓度。一个适中的相对湿度，可以缓慢地吸收大气中的 CO_2。现有的碳化试验大多采用 50%～70% 的相对湿度，此范围对于大多数混凝土（包括碱矿渣混凝土）而言，碳化速度是最快的。然而，对于碱激发水泥混凝土而言，其干缩大约是普通硅酸盐水泥的 3～4 倍，在进行加速碳化试验期间，试样暴露于较低的相对湿度环境下会增加干缩，致使混凝土表面产生微裂纹，结果必定导致其快速碳化。此外，当提高 CO_2 浓度进行试验时，由于碱-碳酸盐的平衡发生变化，进行的碳化试验结果不可能代表实际使用条件下的碳化情况。基于以上的分析可知，根据硅酸盐水泥碳化试验方法来评价碱激发水泥的碳化性能，其测试结果可能高估了这些材料在实际中碳化的风险。另外，在自然 CO_2 浓度条件下，碱激发水泥的孔隙溶液中过量的碱也会将混凝土内部 pH 值保持在足够高的水平，以保护处于不利状态的钢筋。因此，研究合适和可靠的测试方法来评价混凝土的抗碳化性能是非常必要的。

混凝土的抗碳化性能和胶凝材料的化学组成、物理性能、激发剂的类型、掺量以及外加剂等都有关。有学者研究了不同激发剂作用下，普通硅酸盐水泥砂浆和碱激发矿渣砂浆的抗碳化性能。试验中固定骨料与胶凝材料的比例为 2:1，碱激发矿渣砂浆采用 $m(Na_2O)/m(SiO_2)$ 为 0.85 的 Na_2SiO_3 溶液和 NaOH 溶液做激发剂。如图 7.16 所示，和砂浆养护 28d（未碳化）的强度相比，普通硅酸盐水泥砂浆在碳化 4 个月后，其强度增加 26%，当继续碳化到 8 个月时，强度几乎不变，仍高于 28d 的强度（A 组）。碱激发矿渣砂浆碳化后对强度的影响和激发剂及所掺的外加剂有关。当采用水玻璃为激发剂时（B 组），碳化 4 个月后强度降低 14%，继续碳化到 8 个月后未观察到强度的继续降低；当在碱激发矿渣砂浆中分别掺入 1% 的减缩剂和乙烯基共聚物时（C 组、D 组），由于碳化而引起的强度变化不明显。当采用 NaOH 溶液为激发剂时，其碳化后强度的变化趋势和普通硅酸盐水泥砂浆相似，当碳化 4 个月时，NaOH 激发矿渣水泥砂浆的强度增加 93%，继续碳化到 8 个月后，强度基本不再变化。进一步比较碱激发矿渣砂浆和普通硅酸盐水泥（OPC）砂浆碳化 4 个月时的碳化深度。结果发现，OPC 砂浆只有轻微的碳化，用 NaOH 激发的矿渣砂浆碳化深度为 3mm，而用 Na_2SiO_3 激发的矿渣砂浆碳化深度达 10mm。

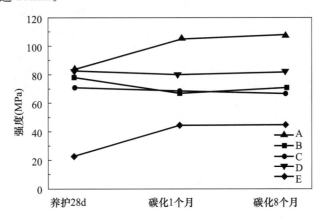

图 7.16 混凝土试件在碳化过程中的强度变化

A—普通硅酸盐水泥；B—矿渣＋水玻璃；C—矿渣＋水玻璃＋1% 减缩剂；
D—矿渣＋水玻璃＋1% 乙烯基共聚物；E—矿渣＋氢氧化钠

4. 抗硫酸盐腐蚀性

硫酸盐侵蚀是影响混凝土耐久性的重要因素之一。由于受到硫酸盐侵蚀，各类混凝土工程如公路、桥梁、水电及一些地下工程等，在使用期内发生了膨胀、开裂、剥落、解体，严重地影响了混凝土工程的使用寿命。硫酸盐对混凝土的侵蚀是一个复杂的过程，受到混凝土的渗透性、水泥类型、硫酸盐类型和浓度及暴露条件等多种因素的影响。硫酸盐侵蚀破坏是一个十分复杂的物理化学过程，机理非常复杂。碱激发水泥混凝土的水化产物主要是沸石类矿物和低碱度的水化硅酸钙，不包含抗硫酸盐侵蚀性能差的氢氧化钙和高碱性水化硅酸钙。同时，碱激发混凝土具有致密的结构和良好的孔径分布，硫酸盐也不易向其中渗透，因而具有较强的抗硫酸盐侵蚀能力。

根据标准 ASTMC1012 对碱激发混凝土的抗硫酸盐腐蚀性能进行了研究。试件采用直径 100mm，高 200mm 的圆柱体，将其养护 28d 后浸入 5％Na_2SO_4 或 5％$MgSO_4$ 溶液中，浸泡 12 个月后测定抗压强度，并与同龄期养护于水中的参考试样进行比较。结果表明，浸泡于 5％Na_2SO_4 溶液中的碱激发混凝土试样表面完整，无破坏现象，而普通硅酸盐水泥（OPC）混凝土试样表面出现了膨胀和开裂的现象，如图 7.17 所示。由图 7.18 可知，浸入在 5％Na_2SO_4 溶液中的 OPC 混凝土的强度损失率明显大于碱激发混凝土，说明碱激发混凝土抗 Na_2SO_4 溶液腐蚀的能力优于 OPC 混凝土。$MgSO_4$ 溶液的腐蚀规律和 Na_2SO_4 溶液有相似的规律，但 $MgSO_4$ 溶液对 2 种混凝土的腐蚀更大。

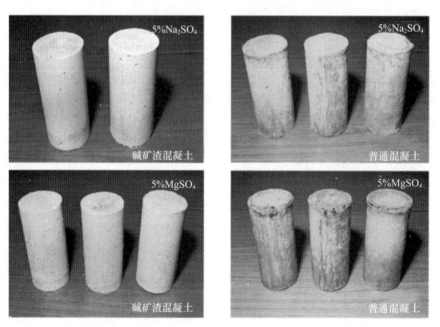

图 7.17　2 种混凝土试件浸泡于硫酸盐溶液中 12 个月后的外观形貌

也有学者认为，碱激发混凝土对硫酸盐的抗腐蚀性很大程度上取决于硫酸盐中阳离子的性质，Na_2SO_4 对碱激发混凝土的腐蚀较小，而 $MgSO_4$ 会导致其严重脱钙、石膏形成、结构完整性破坏等。图 7.19 为不同水胶比的碱激发矿渣混凝土试件在 $MgSO_4$、Na_2SO_4 溶液中浸泡 90d 后的情况。在 Na_2SO_4 溶液中碱激发矿渣混凝土的腐蚀不明显，但在 $MgSO_4$ 溶液中，碱矿渣混凝土被严重腐蚀，且水胶比越大，腐蚀越严重。

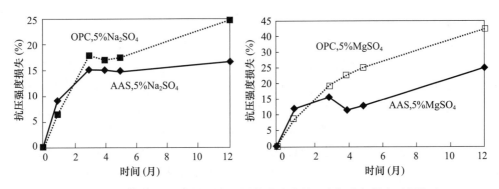

图 7.18 混凝土试件浸泡在不同硫酸盐溶液中的强度损失与浸泡时间关系

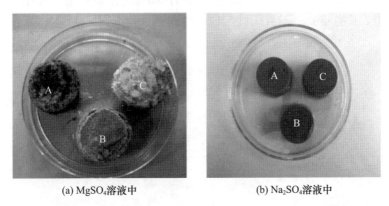

(a) MgSO₄ 溶液中 　　　　 (b) Na₂SO₄ 溶液中

图 7.19　不同水胶比碱激发矿渣混凝土试件在 $MgSO_4$、Na_2SO_4 溶液中浸泡 90d

5. 碱-骨料反应

混凝土碱-骨料反应是指混凝土中的水泥、外加剂及掺和料中的碱性氧化物与骨料中的活性二氧化硅，在一定条件下发生化学反应，产生具有膨胀性的物质，导致混凝土结构膨胀、开裂甚至破坏的现象。混凝土碱-骨料反应进行缓慢，通常需要经过若干年以后才会出现，且难以修复，是影响混凝土耐久性的重要因素之一。STANTON 是第一个提出碱硅酸盐反应的学者，其指出，碱硅酸盐反应的发生需要同时满足 3 个条件：足够的非晶质硅、足够的碱含量和有水存在。

碱激发水泥混凝土碱性很大，这使得其潜在的碱-骨料反应成为实际工程应用中一个关注的焦点。相比硅酸盐水泥中的水化产物 C-S-H，碱激发矿渣水泥水化产物 C-S-H 的钙硅比（Ca/Si）较低，可以吸附更多的碱离子，阻止碱-骨料反应。研究已证实，碱-骨料反应实际上确实发生在碱激发混凝土中。在电子显微镜下可以看到有一定量碱-骨料反应的产物，如图 7.20 所示，但这种反应比硅酸盐水泥混凝土中的弱。

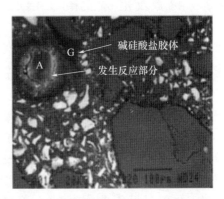

图 7.20　碱激发混凝土养护 10 个月后的情况

6. 泛碱

表面泛碱也称为泛霜，是指水泥制品或混凝土结构内孔洞溶液中的可溶性盐被水溶解后，随毛细孔水分的挥发向表面迁移，并在表面析出的一种现象。泛碱产物主要是 $CaCO_3$、K_2SO_4、Na_2SO_4、$CaSO_4$ 等盐分的一种或者几种的组合，一般呈现为白色粉末状、絮团状或絮片状。表面泛碱不仅会影响制品、结构的美观，还会降低混凝土制品的抗渗性和界面结合强度，从而严重影响着混凝土的力学性能和耐久性。

碱激发水泥混凝土毛细孔中的碱浓度较高，在形成水化产物之前，碱易随水分蒸发而在表面析出，并与空气中的 CO_2 反应，在水泥制品或混凝土结构表面形成一层像"霜"一样的结晶。测定了碱激发矿渣水泥中的结合碱量，发现在碱激发矿渣水泥中，结合碱量的质量百分比仅占反应产物的 0.02%，即硬化后碱矿渣水泥中的碱主要存在于孔洞溶液中，只有很少的碱可能被反应产物牢固吸附。图 7.21 为碱矿渣水泥砂浆表面泛碱情况，这些碱类物质主要是 $Na_2CO_3 \cdot H_2O$、$NaHCO_3$ 和 Na_2SO_4。

图 7.21　碱激发矿渣水泥砂浆表面泛碱现象

总之，碱激发水泥混凝土容易出现泛碱，引起其性能的降低。在研究和发展碱激发水泥混凝土时，应该对这种现象引起高度重视。可以通过调节化学组成，养护方式、掺入外加剂以及协同使用多种工业固废等方法来减少泛碱。

7.5　碱激发混凝土的工程应用与展望

自从 1958 年碱激发水泥混凝土问世以来，在苏联、中国和其他一些国家已应用于许多建筑项目中。过去的 40 年中，在设计、生产和应用方面都积累了很多经验，这对以后碱激发水泥混凝土的研究和开发是非常宝贵的。在 1999—2000 年之间，乌克兰的一组科学家对几个用碱激发矿渣水泥混凝土建造的结构和建筑物进行了调研，其中包括 1996 年在乌克兰的敖德萨修建的渠道防冲刷墙、饲料储存池，1982 年建的铁路路基的斜坡和现浇混凝土结构，1960 年建的一座两层和一座 15 层的居民住宅，1999—2000 年间建的浇筑混凝土和建筑，1984 年建造的用于重载的特种路面，1994 年造的一栋 24 层居民住宅及在 1988 年造的预应力铁路轨枕。所有的这些建筑实例中，碱激发水泥混凝土的性能仍然很好，甚至超过在这些相近区域内使用的硅酸盐水泥混凝土。从这些结构和建筑实例中取样做性能测试和显微分析，表明混凝土的性能取决于原材料的特性、服役环境和使用年限。本节将介绍碱激发矿渣水泥混凝土在我国的生产应用经验以及对国外几个用碱激发矿渣水泥混凝土建造的结构和建筑物调研结果。

7.5.1 碱激发混凝土在中国的应用

自 1988 年起，我国就已经开始了商业化生产硫酸钠激发的钢渣水泥的尝试并进行了广泛应用。河南省安阳市的安阳钢渣水泥厂是我国第 1 个生产厂。几个月的质量监测结果表明，掺加硫酸钠以后，碱激发钢渣水泥的性能更稳定。因为硫酸钠和其他组分是混磨的，这种水泥的运输和使用方法与传统的硅酸盐水泥是一样的。对混凝土的测试结果表明，硫酸钠激发的钢渣水泥的工作性能优良，凝结时间短，早期强度高，表面更光滑。这种水泥被用于各种建筑工程。下面将介绍几个现场工程的实际案例。

1. 办公和零售大楼

1988 年，安阳钢渣水泥厂生产的硫酸钠激发钢渣水泥混凝土用在河北省营山县一座 6 层 8.6m×31.5m 的办公和零售大楼（图 7.22），设计的抗压强度是 20MPa，混凝土的配合比是碱激发钢渣水泥：砂：破碎石灰石：水＝1∶1.8∶4.23∶0.44。混凝土混合料是用一个小型搅拌机搅拌的，其坍落度为 30～50mm，其建筑为现场浇筑的整体结构。边模在浇筑 1d 后拆除，底模在浇筑 7d 后拆除。建筑的表面非常光滑，没有任何可见的裂缝。实际测试的 28d 平均强度为 24.1MPa，比设计强度高出 20％。

图 7.22　硫酸钠激发钢渣水泥混凝土建造的零售大楼

2. 车间厂房的预浇混凝土梁和柱

1988 年，安阳钢渣水泥厂生产的 42.5 号硫酸钠激发的钢渣-矿渣水泥混凝土用在四川省营山县一个面积为 3500m² 的厂房（图 7.23）。柱子的横截面为 400mm×400mm，梁的横截面为 350mm×450mm，跨度为 12.6m。混凝土的设计强度为 30MPa，其配合比为碱激发矿渣水泥：砂：破碎石灰石：水＝1∶2.0∶3.9∶0.50。所有的混凝土柱在现场浇筑，然后装配起来。混凝土模板在浇筑 1d 后拆除，实际平均强度为 35.9MPa，几乎高出设计强度 19％。

图 7.23　用硫酸钠激发的钢渣-矿渣水泥混凝土预浇的车间厂房混凝土梁和柱

3. 混凝土灌溉渠

在河北省邢台市用安阳钢渣水泥厂生产的 P·O 32.5 号硫酸钠激发的硅酸盐-钢渣-矿渣水泥混凝土建了一个混凝土灌溉渠，如图 7.24 所示。它底部为 1.5m 宽、500m 长，混凝土实际强度为 20MPa，其配合比为，碱激发矿渣水泥：砂：破碎石灰石：水＝1：1.9：4.3：0.56。混凝土在现场拌和，其 28d 的平均强度为 26.5MPa，高出设计强度达 30％。

图 7.24　用硫酸钠激发的硅酸盐-钢渣-矿渣水泥混凝土建的灌溉渠

7.5.2　结构混凝土

在 1986—1994 年，苏联的冶金系统维修中心用碱激发矿渣结构混凝土建了几栋高层居民住宅。在 2000 年对俄罗斯利佩茨克城市的 3 栋高层居民住宅进行了调查：一栋在别列津娜街的 24 层高楼（图 7.25），一栋在叶申妮娜大道的 20 层高楼和一栋在莱伏别列茨娜娅街的 16 层高楼。

这 3 栋楼的外墙都是用碱激发矿渣水泥混凝土整体现浇的。楼板、楼梯和其他结构都是预制的。现浇混凝土是在搅拌站搅拌的，然后由混凝土车运送到施工现场进行浇筑，用电热法养护。这些预制构件是在预制构建厂浇筑的，并用蒸汽进行养护，这些混凝土的设计强度为 25MPa。

图 7.25　1994 年在俄罗斯利佩茨克城市用碱激发矿渣水泥混凝土建造的高楼

7.5.3　混凝土路面

在 1984—1990 年，黛诺珀建筑工业联合企业用碱激发矿渣水泥混凝土浇筑了一条长约 330m、宽 3～4m 的工业街的路面，并在 1999 年，对这些路面和路基进行了测试。同时，对用常规的硅酸盐水泥混凝土建的同样的路基也进行了调研，结果发现，用碱激发矿渣水泥混凝土建的路面状况仍然很好，但常规的硅酸盐水泥混凝土已严重破损。

7.5.4　耐火混凝土

在 1981—1983 年，研究人员对碱激发矿渣水泥和高岭土纤维配制的混凝土材料的耐火特性进行了中试和生产规模的试验。这些耐火材料用于位于基辅的乌克兰科学院铸造研究院和俄罗斯穆赞斯克铝合金工厂的熔融铝液的输送泵内。它还用在铝合金喂料的坩埚和输运泵内。该耐火混凝土含 3% 高炉矿渣、10% 蛇纹岩、50% 在振动磨中磨细的高岭土纤维和 10% 密度为 1250kg/m³ 的偏硅酸钠溶液。矿渣和蛇纹岩一起混磨至细度为 450m²/kg，熔融铝液的温度为 867～950℃。使用结果表明，碱激发矿渣水泥基的耐火材料使用寿命为 9 个月左右，而用高铝水泥和高岭土纤维作为耐火材料时，其寿命只有 1 个月左右。

7.5.5　油井水泥

碱激发矿渣水泥也曾在吉尔吉斯斯坦和塔吉克斯坦被用来作为油井水泥配制套管的圈和管（深度为 245m）的灌浆料。灌浆料被用在深度为 3505～2052m 的地方，其温度为 50~80℃，压力为 28~61.5MPa。碱激发矿渣水泥灌浆料由磨细矿渣粉、苏打粉和砂组成，苏打粉的含量为矿渣粉质量的 0.5%~3.5%。

用碱激发矿渣水泥作为油井水泥，在其他发表的文献中也有报道。实际上，钻井的液体和泥浆也可以用来与用碱激发矿渣水泥混合作为浇筑的胶凝材料。这种矿渣和泥水混合的技术最初是由壳牌石油公司在 1991 年研发成功的，并已成功地用在 163 个工程中，其中包括用在主要部位、临时使用和侧道截堵等。

7.5.6　应用展望

碱激发材料的商业化之路与其他许多混凝土的替代胶凝材料一样，不仅有依赖于技术的成熟，还依赖于经济和社会因素的成熟。标准是商业化的重要组成部分，但事实上只是商业化过程的一个小的组成部分（尽管许多研究者花费大量精力致力于标准研究）。

产品进入市场前进行中试，单独测试产品性能是必要环节。对于非结构混凝土，典型的评价指标包括体积密度、含气量、坍落度、凝结时间、强度（早期和服役期）和收缩等。对于高强和结构混凝土，还需要测试抗折强度或抗拉强度、耐酸或耐化学腐蚀、防火性能、抗渗性能、碳化速率、吸水性、徐变和钢筋防护等。中试的测试数据反馈用于工业生产和研发，也可用于进一步的基础和应用研究。

许多企业倾向于把碱激发混凝土首先应用于低风险的工程领域，特别是一些性能指标不是严格限制的工程项目中，进而把新材料应用到高风险的项目上，满足监管部门、工程师和规范要求。这些企业更喜欢渐进地推动标准和商业化应用。目前，碱激发材料产业化面临的主要挑战包括：

1. 原材料

数量（稳定的大批量供应）和质量（质量可控、均质）。在一个相对较长的时间周期内，铝硅酸盐原材料和碱激发剂都需要一个稳定、独立的供应链来实现建厂的投资回报。对于硅酸盐水泥来说，至少可以稳定供应原材料 50 年。问题是如何得到主要以固体废弃物或工业副产物为主的碱激发混凝土原材料，或者说，工厂必须接收不同来源的原材料，依据现有技术生产同类产品。其实，几十年前乌克兰已经出台了一系列标准规程来实现这一目标。尽管在欧洲燃煤灰渣和冶金渣主要作为硅酸盐水泥的混合材，但在中国、印度这样的大市场，燃煤灰渣和冶金渣完全可以应用于碱激发材料的生产。

2. 成本

假如 CO_2 税或其他污染收费在全球或一些地区强制执行的话，建材行业也会面临一系列同样的问题，碱激发材料就会非常有市场前景了。如果 CO_2 税成为传统 OPC 产品的主要成本，包括矿渣、粉煤灰、其他天然铝硅酸盐材料和碱激发剂等原材料的成本就会低于现有水泥熟料的成本。燃煤电厂向共燃和生物质燃料转变一定程度上会影响粉煤灰的质量，这也应该考虑在成本中。根据当地市场和工业生产情况，选择是单独建立碱激发水泥混凝土的绿色生产基地，还是直接放到现有水泥的生产企业。当前石灰石采矿场的限制开采也是 OPC 生产成本上涨的因素之一，这也是一些地区推动碱激发水泥

替代硅酸盐水泥形成优势的原因。

3. 质量控制（QC）与质量认证（QA）

这是水泥和混凝土产品最重要的把控环节。像在硅酸盐水泥生产中，水泥或混凝土生产企业的生产人员都必须遵守 QC 和 QA 管理。碱激发水泥的原材料入厂和产品出厂也都需要做质量管理。尽管不像硅酸盐水泥的 QC 和 QA 管理那么复杂，也没有熟料生产过程那道门槛把关，但是技术员必须深刻理解碱激发水泥原材料质量对产品质量的影响。

4. 长期性能

在做标准的性能指标时，需要使用快速试验方法和数据评价。大部分耐久性的快速试验方法都是基于硅酸盐水泥材料设计的，而其中的胶凝材料和孔溶液化学过程并不一定都适用于碱激发水泥材料。科学家和研究者应该对这些快速试验方法进行合理、正确的修订。另一个经常被问及的问题就是暴露在真实环境和规模化生产制品的现场数据，以及这些产品在生产和服役期间的性能指标。事实上，碱激发水泥混凝土具有很好的耐久性，即使在一些特殊环境下，碱激发水泥混凝土也能表现出很好的性能指标，证明其有很好的耐久性。就需要终端用户把碱激发水泥混凝土材料用到世界各个工程领域。往往，新材料的美好预期与规模化创新发展是有冲突的，这就需要通过大型工程来验证新材料。在一些地区（如日本、澳大利亚）、政府和职能部门就这些材料长期服役示范给了特别许可，但是在许多国家，这仍是一大挑战。

5. 标准化

许多地区市场，因为没有专用的标准和认证指标，新的水泥或混凝土产品面临市场准入问题。起草一项新标准并不容易，需要让大部分的利益相关单位参与到编委会，达成一致。这些利益相关单位包括生产企业、行业协会、研究院、政府部门、材料使用单位、学术界代表、教育机构、终端用户、认证机构等。这些单位或机构不仅关心产品的质量和服役性能，也关心产品的安全性、环保性，还要产品在各自领域具有竞争力，同时确保在各自领域满足法律要求。一旦供应商能把碱激发水泥混凝土的商业优势传递给终端客户，也就突破了各方最终达成共识的技术壁垒。因此，非常有必要让各方参与者能够认识到碱激发水泥混凝土技术的商业前景和环境潜质。

7.6 习题

1. 请简述什么是碱-骨料反应，并阐述其对碱激发混凝土及结构所产生的危害。
2. 请简述碱激发混凝土的水化反应进程阶段以及每个阶段所发生的主要反应。
3. 请简述目前常被用于制备碱激发混凝土的前驱体种类以及他们之间的共性。
4. 碱激发混凝土的耐久性能评价中都具体包含哪些性能？他们对混凝土耐久性能的影响分别是什么？
5. 请简述目前碱激发混凝土在实际工程中的应用以及在未来应用中所面临的挑战。

参考文献

［1］张兰芳.碱激发矿渣水泥和混凝土［M］.成都：西南交通大学出版社，2018.

［2］PROVIS J L. Alkali-activated materials ［J］. Cementand Concrete Research，2017，114：40-48.

［3］SHI C，ROY D. alkali-activated cementsand concretes ［M］. Boca Raton：Crc Press，2006.

［4］AMER I，KOHAIL M，ELFEKY M S，et al. A review on alkali-activated slag concrete ［J］. Ain Shams Engineering Journal，2021（12）：1475-1499.

［5］QIANG F，MENG B，ZHAO Z，et al. Hydration characteristics and microstructure of alkali-activated slag concrete：A review ［J］. Engineering，2021（20）：162-179.

［6］丁锐，何月，李星辰.碱激发胶凝材料的研究现状 ［J］. 混凝土与水泥制品，2021（7）：7-11.

［7］赵人达，杨世玉，贾文涛，等.粉煤灰基地聚物混凝土的耐久性研究新进展 ［J］. 西南交通大学学报，2021，56（5）：1065-1074.

［8］任君，王允波，徐伟伟，等.碱激发矿粉-粉煤灰混凝土耐久性能试验研究 ［J］. 混凝土与水泥制品，2022（9）：95-98.

8 »»»»»

其他新型混凝土材料

8.1 清水混凝土

8.1.1 定义

按照国家行业标准，清水混凝土是"直接利用混凝土成型后的自然质感作为饰面效果的混凝土。"也就是说，清水混凝土不附加装饰层或涂层，即取消了抹灰层和面层，以混凝土本色作为艺术元素。在国外，清水混凝土被称为建筑艺术混凝土（Architectural Concrete）、暴露表面混凝土（Exposed Conerete），或称作整形表面混凝土（Fair Faced Concrete），在日本称作表面处理艺术混凝土。与国内的定义相比，国外的清水混凝土更着重于强调混凝土的装饰性能，更倾向于艺术混凝土（Art Concrete）的概念，通过模板的刻纹以实现混凝土表面的各种图案和花纹，使混凝土更富有表现力，也可通过在混凝土中加入各种颜料，使混凝土五彩缤纷、色彩绚丽，以彰显其造型的艺术性、材料的特异性。

依据我国建筑工程行业标准《清水混凝土应用技术规程》（JGJ169—2009），清水混凝土分为普通清水混凝土、饰面清水混凝土和装饰清水混凝土。普通清水混凝土是指对饰面效果无特殊要求的清水混凝土，要求结构物外露的表面无蜂窝、麻面、露筋、空洞等外表缺陷并且无挂浆、气泡、翻砂等不良现象，结构物外露面脱模后线形顺畅，表面无明显拼缝，施工缝整齐，混凝土大面平整、表面光洁、色泽均匀一致。饰面清水混凝土是指表面颜色一致，由规律排列的对拉螺栓孔眼、明缝、禅缝、假眼等组合形成的、以自然质感为饰面效果的清水混凝土。装饰清水混凝土是经过成型、模制等塑性处理后，使混凝土外表面具有设计要求的线型、图案、凹凸层次，并保持混凝土原有外观质地的一种清水混凝土。饰面和装饰这两类清水混凝土主要用于公共、商业、办公、住宅等城市建筑。

8.1.2　原材料组成

1. 原材料对清水混凝土表面的影响

混凝土组成材料主要有水泥、粗细骨料、矿物掺和料、化学外加剂等，这些不同组分对清水混凝土表面的颜色会带来不同影响，其中水泥包裹着整个骨料，混凝土构件表面充满了水泥浆，因此水泥的本色就是混凝土构件表面的颜色，即基色。由于水泥的制作原料存在差异性，原料中所含的着色氧化物如铁、钛、镍、钴等含量不一，因此导致最终同等级的水泥内各种成分含量存在差异性，这也是最后形成的是混凝土表面基色存在根本差异性的原因。混凝土基色的深浅可以通过用水量、水泥熟料的成分、混合材料的品种以及施工方式和环境的变化来调整。水泥完全水化的理论水灰比仅为 0.24，大部分混凝土的拌和用水为满足其工作性，水泥水化完成后，混凝土内的水分蒸发，在混凝土内形成许多毛细孔，在形成毛细孔的同时，毛细孔内析出氢氧化钙等结晶，这样透过光的折射，在混凝土表面形成白或灰白颜色，析出的晶体越多则颜色越白。实际生产过程中，如果用水量波动较大，水灰比变化幅度大。导致混凝土构件出现颜色明显的差异。一般情况下，水灰比小的混凝土干硬化后多呈青灰色，颜色相对较深，水灰比大的混凝土干硬后多呈灰白色，颜色较浅。

混凝土除了基色外还存在着其他的颜色，因为混凝土内部存在着很多的毛细孔隙，通过光的折射和反射作用，从毛细孔内反射出骨料的基岩颜色。骨料是混凝土的骨架，粗骨料有石灰岩、花岗岩、辉绿岩、玄武岩、石英岩等；细骨料有河砂、不同岩性的机制砂等。同样，由于骨料的成分较为复杂，因此在混凝土内部通过光的折射、反射体现出来的颜色就不尽相同。由于骨料受水泥浆的包裹，裸露面积小，通过毛细孔折射光的面积较小，因此在混凝土表面形成的颜色就只是淡淡的骨料基岩颜色，这些由于受条件的限制不可能做到为了混凝土基色保持一致性，因此施工中只能认可这种现象。相比而言，细骨料的表面色对配制的混凝土表面色有较大的影响。砂石原材料产地必须固定，同时必须严格控制针片状含量和含泥量。针片状石子含量大将会影响混凝土的流动性及混凝土表面颜色的不均匀，含量大将会使混凝土的颜色加深。

环境温度对清水混凝土的颜色也会产生一定的影响，环境温度较低时混凝土最终入模的温度亦较低，水化反应较慢，强度增长较慢，混凝土达到较高强度则需花费的时间较长，析出的氢氧化钙较少，因此混凝土成型后的外观颜色就呈现青色，颜色较深。环境温度较高时，混凝土入模温度较高，水化反应较快，较高的水化热致使混凝土内部温度迅速升高，析出的氢氧化钙较多，因此颜色较多的表现为灰白色。

2. 清水混凝土原材料选择

1）水泥

清水混凝土使用的水泥，应具有以下特性。

（1）不使清水混凝土具有表面色差。水泥作为必不可少的胶凝材料，其颜色对清水混凝土的颜色将产生较大的影响。水泥色泽由水泥熟料、混合材料种类和掺量、石膏以及外加剂等诸多因素所决定，水泥颜色的不稳定使清水混凝土工程难以达到外观色泽一致的要求。因此，出于清水混凝土表面色差的考虑，应优先选用Ⅰ型或Ⅱ型硅酸盐水泥，因为这2种水泥不掺或仅掺5%的粒化高炉矿渣或石灰石，色泽的均匀性和一致性易控制。水泥一旦选定，就应要求施工过程中始终不能更换水泥生产厂家、品种、强度等级以及改变混合材料的品种和掺量，以控制水泥颜色尽量一致。

（2）水泥强度等级应与混凝土强度等级相适应，且质量稳定。在选择水泥强度等级时，应充分利用水泥的活性，通常水泥强度等级应与混凝土强度等级相适应，才能达到水泥用量少、技术性能好的要求。水泥实际强度应与其强度等级相匹配并有足够的富余强度，42.5级、52.5级28d抗压强度应分别稳定在46MPa、55MPa以上，标准差宜控制在3.0MPa以内。水泥胶砂强度波动小，说明水泥熟料及掺和料品质稳定，控制该项指标是保证混凝土质量均匀的前提，以减少因材料波动造成的色差和开裂问题。

（3）水化热低，不至于使混凝土由于水化热而开裂。水泥熟料中的硅酸三钙（$3CaO \cdot SiO_2$，简写式为C_3A）水化迅速，凝结硬化速度快，早期强度高、早期收缩大、水化放热量大，开裂敏感性增加，且硅酸三钙（$3CaO \cdot SiO_2$，简写式为C_3S）对化学外加剂吸附最大，易造成水泥与外加剂适应性不良。而硅酸二钙（$2CaO \cdot SiO_2$，简写式为C_2S）水化速度慢，早期强度低，水化放热量低。因此为提高清水混凝土的抗裂性能、体积稳定性和耐久性，应优先选用硅酸二钙含量较高的水泥，同时水泥比表面积不应超过$350m^2/kg$。除了主要的矿物熟料外，硅酸盐水泥中还有少量的游离氧化钙、游离氧化镁、含碱矿物以及玻璃体等，但其总量一般不超过10%。

2）骨料

骨料在混凝土中起骨架作用，在混凝土的整个体积中，骨料占2/3～3/4，所以骨料的质量对清水混凝土来说是相当重要的。骨料不仅能够限定清水混凝土的强度，而且骨料的性质也能在很大程度上影响混凝土拌和物的性能和外观质量。特别是细骨料对混凝土色泽有一定影响，要求颜色和色调一致的清水混凝土还应要求粗、细骨料颜色均匀，因此同一工程所用的粗细骨料，应在相近产地选用同一材质、同一品种、规格、颜色接近的材料并有足够的储备，保证原材料的颜色和技术参数一致。

（1）粗骨料

粗骨料的选择应遵循以下原则。

① 粗骨料的颗粒形状及表面特征会影响其与水泥的黏结以及混凝土拌和物的流动性，应选用质地均匀坚硬、表面洁净、色泽均匀、级配合理、粒形良好、线膨胀系数较小的洁净的石灰岩、花岗岩、辉绿岩等碎石，不宜采用碎卵石和抗渗性较差的砂岩碎石。卵石较碎石表面光滑、圆浑，拌制的混合料工作性好，但一般没有碎石洁净，与水泥浆的黏结力不及碎石。在同等条件下，碎石混凝土的强度较卵石混凝土高，但一般碎石成本较卵石高。

骨料质量首先不是强度，重要的是使用级配和粒形良好的骨料，碎石的级配不好，将导致混凝土拌和物流动性差、泌水、离析，硬化后易出现内部不密实和表面质量缺陷。因此对于碎石，除重视强度、压碎值指标外，其级配也相当重要。一般以堆积密度较大、空隙率较小的级配为宜。骨料粒形不好，会直接导致浆骨比增多，对混凝土和易性、强度和耐久性都会产生不利的影响。若碎石针状、片状颗粒含量多，将增加混凝土的空隙率，既需要增加胶砂数量，又易形成水泡，也会在清水混凝土表面形成粗骨料透明层，且降低了骨料—浆体界面黏结力，而且针、片状颗粒受力时易折断，影响混凝土的强度。碎石的颗粒形状以接近圆球或立方体的多面体为佳。

粗骨料的热学性能与混凝土的体积稳定性密切相关，采用线膨胀系数小的骨料可以降低混凝土的线膨胀系数，从而对减小温度变形有十分显著的作用，在进行混凝土设计时，应尽量选择热膨胀系数较低的骨料来配制混凝土，骨料的线膨胀系数因母岩种类而异。不同岩石的线膨胀系数差异很大。石灰岩不仅具有强度适中、易于加工、骨料粒性好等优点，而且热学性能较佳，宜优先采用。

② 进行粗骨料供应料源选择时，应进行岩石的碱活性检验和抗压强度检验。碱活性应首先采用岩相法检验，若粗骨料含有碱硅酸反应活性矿物，其砂浆棒膨胀率应小于0.10%，工程中不得采用可能发生碱-骨料反应的活性粗骨料。岩石的抗压强度与混凝土强度等级之比不应小于1.5，施工过程中碎石的强度可用压碎指标控制，碎石的压碎指标按混凝土强度等级进行控制。在同一工程（同一构件）中使用的碎石应为同一生产厂家、同一岩石来源的产品。

③ 合理选择粗骨料的最大粒径，并按最大公称粒径的不同采用2个粒级的粗骨料进行掺配。

粗骨料中公称粒径的上限应为该粒径的最大粒径，最大粒径增大时骨料的空隙率及总表面积都趋向减小，有利于节约水泥用量，减少收缩与水化热。因此，在条件许可的情况下，宜选用较大粒径的骨料。然而，混凝土中粗骨料的最大粒径选用，受结构断面大小、钢筋净距和施工条件的限制，最大骨料粒径太大会产生骨料与水泥砂浆的黏结面积减小，并且粒径大的骨料会使界面过渡区有更多的微裂缝，从而更加薄弱。

对于清水混凝土，碎石最大粒径不宜过大，因为较大的碎石虽然与水泥砂浆黏结面积较小，却易造成混凝土拌和物的不连续性，工作性变差，从而加大了混凝土拌和物离析的风险。若粒径过小，混凝土的黏聚性增强，使得混凝土中气泡周围的张力增大，气泡不易排出。

虽然我国的粗骨料比较丰富，但由于开采、加工和运输方面的问题，使得市场上销售的所谓连续级配的碎石大多级配不良、空隙率大，给清水混凝土的施工造成了一定的难度，为此应使用2个或3个单粒级配混合成连续级配的碎石。

④ 清水混凝土用粗骨料的有害物质含量应严格控制，不达标者必须用水冲洗后才能使用。

配制混凝土的骨料要求必须清洁，不含杂质，以保证混凝土的质量。首先碎石在机械破碎生产中不可避免地要产生一定量的石粉。与此同时，如果矿石开采时表层土没有清理干净或岩石中存在夹层土，在石粉中经常混有部分泥土，尤其是在雨期生产时，碎石含泥量易超标，这些极细的颗粒材料还会附着在骨料表面，在碎石表面形成包裹层，即使延长搅拌时间也无法使表面泥粉完全脱离，妨碍水泥与骨料的凝结，降低混凝土的强度；其次是它们的比表面积高，降低了混凝土的工作性，迫使需水量增加，从而加大混凝土的收缩，导致更大的开裂敏感性，降低抗冻性和抗渗性。如果泥粉中有高岭石、水云母、蒙脱土等黏土矿物存在，由于黏土颗粒更细的颗粒尺寸、高的表面活性、层状结构和多孔性，黏土在混凝土新拌状态一方面会吸附减水剂分子，降低混凝土的坍落度和增加坍损；另一方面，黏土吸附更多的水并肿胀，其后发生收缩，结果是黏土的存在导致硬化混凝土发生更大的体积变化，增加了开裂敏感性和有害物质的进入，混凝土的强度和耐久性进一步降低。另外，粗骨料中严禁混入煅烧过的白云石或者石灰石块。

（2）细骨料

细骨料的选择应遵循以下原则。

① 细骨料应选用质地均匀坚硬、颜色一致、级配合理、吸水率低、空隙率小的天然河砂。河砂因长期经受流水和波浪的冲刷，颗粒多呈圆形，坚硬洁净，且分布较广，一般工程大多采用河砂或者湖砂。海砂因长期收到海流冲刷，颗粒圆滑，且粒度一般比较整齐，但常含有贝壳或盐类等有害杂质。清水混凝土所用砂颗粒级配应满足 II 级配区要求，在配置混凝土时可以用较少的胶凝材料浆体来填充和包裹河砂表面。细度模数宜为 2.5～3.0 的中砂，对于泵送混凝土，为避免混凝土泵送的堵管，还要求砂中通过 0.3mm 筛孔的数量不应少于 15％，通过 0.15mm 筛孔的数量不应小于 5％。

② 选择料源时必须对细骨料的碱活性采用砂浆长度法进行检验，不得采用可能发生碱-骨料反应的活性细骨料，在配制混凝土时，若经检验判断为有潜在危害应使用碱含量小于 0.6％的水泥或采用能抑制碱-骨料反应的掺和料，例如粉煤灰等。

③ 清水混凝土中细骨料的有害物质含量应严格控制。当骨料中含泥量过大或带有杂质以及骨料的色泽不一致时，也会造成清水混凝土质量色泽的不均匀。另外，含有较多的云母时，会影响水泥与骨料的黏结，黑云母易于风化，影响砂浆和混凝土的耐久性。尘屑、淤泥和黏土（粒径小于 0.075mm）等物质常包裹着骨料，使水泥与骨料间形成薄弱层，含量过多会降低混凝土强度和耐久性，须用清水冲洗。硫化物和硫酸盐物质对水面有腐蚀作用，与水泥的水化产物反应生成硫铝酸钙（钙矾石）而导致体积膨胀，有机杂质易于分解腐烂，析出有机酸，对水泥石有腐蚀破坏作用。

3）矿物掺和料

矿物掺和料的掺量应根据混凝土各龄期强度、工作性能、体积稳定性能、耐久性能以及施工条件和工程特点（如环境气温、混凝土拌和温度、构件尺寸等）确定，使用前应通过试配检验确定。

（1）粉煤灰

在混凝土中掺加粉煤灰，一方面可以减少水泥用量，降低成本；另一方面，粉煤灰作为有效成分掺入混凝土中，具有许多技术优点：①活性效应：粉煤灰在混凝土中，具有火山灰活性效应，它的活性成分 SiO_2 和 Al_2O_3 和水泥水化产物 $Ca(OH)_2$ 反应，生成水化硅酸钙和水化铝酸钙，成为胶凝材料的一部分；②粉煤灰为微珠球状颗粒，具有增大混凝土流动性、减少泌水、改善和易性的作用，有利于混凝土的泵送；若保持混凝土流动性不变，则可减少用水量；③由于其水化反应慢，可以降低混凝土的水化热温升，同时减少混凝土的早期自收缩，降低其开裂敏感性；④粉煤灰可以改善砂子的级配，填充一部分砂粒之间的微小空隙，间接地降低了混凝土的水灰比，掺入粉煤灰还可优化混凝土的孔结构与孔级配，提高混凝土的抗渗性和密实度，并且缓解碱-骨料和硫酸盐造成的膨胀，增强混凝土的耐酸、抗氯盐腐蚀能力。

粉煤灰作为混凝土中使用最多的矿物掺和料之一，可以改善混凝土的工作性，提高耐久性。然而，粉煤灰因燃烧工艺的影响，含有较多黑色组分，且密度较小，容易上浮至混凝土表面，从而造成色差。另外，粉煤灰是工业副产品，不同产地的粉煤灰品质不均匀，不利于混凝土的外观质量控制。因此，应用于清水混凝土中要严格做好品质控制。此外，粉煤灰混凝土的养护最为重要。与纯混凝土相比，粉煤灰混凝土在浇筑早期进行充分潮湿养护并延长潮湿养护时间对强度发展是十分必要的。

（2）磨细矿渣粉

磨细矿渣粉是指将粒化高炉矿渣经干燥、磨细达到相当细度且符合相应活性指数的粉状材料，用作混凝土掺和料，具有比粉煤灰更高的活性，而且品质和均匀性更易保证。粒化高炉矿渣在水淬时会形成大量的玻璃体，具有微弱的自身水硬性，磨细矿渣粉掺入混凝土中不仅可以节约水泥，降低胶凝材料水化热，而且还可以改善混凝土的某些性能，如降低混凝土的绝热温升，提高其抗氯离子渗透性及对海水、硫酸盐等的抗化学侵蚀能力，具有抑制碱-骨料反应的效果等。粒化高炉矿渣磨得越细，其活性越高，早期产生的水化热也会越多，成本也会越高，因此，需要控制矿渣的比表面积不宜过高，其细度一般不能超过 $420m^2/kg$。

（3）其他混凝土掺和料

① 硅粉。硅粉是从生产硅铁合金或硅钢等所排放的烟气中收集的颗粒较细的灰尘，呈浅灰色。硅粉颗粒是微细的玻璃球体，具有很高的活性，掺入混凝土中可以改善混凝土拌和物的黏聚性和保水性，提高混凝土的强度、改善混凝土的孔结构等。但因其具有高比表面积，需水量很大，所以将其作为混凝土掺和料掺入时必须配以高效的减水剂。

② 沸石粉。沸石粉是由天然的沸石岩磨细而成，颜色为白色，含有一定活性的 SiO_2 和 Al_2O_3，能与水泥水化物氢氧化钙作用，生成胶凝物质，具有很大的内表面积和开放性结构，加入混凝土中可以改善混凝土的和易性和可泵性，配合高效减水剂使用，可以显著提高混凝土的强度。

4）外加剂

在清水混凝土的配制中，必须使用减水剂。减水剂可以：①在用水量和水胶比不变的情况下，增大混凝土拌和物的流动性；②在流动性和水泥用量不变的情况下，减少需水量，降低水胶比，从而提高混凝土的强度和耐久性；③减少混凝土拌和物泌水、离析现象，延缓混凝土凝结时间，改善混凝土抗碳化和钢筋锈蚀、抗氯离子、抗冻等耐久性能等。20世纪80年代初期出现的聚羧酸减水剂，被认为是继以木钙为代表的普通减水剂和以萘系为代表的高效减水剂之后发展起来的第3代新型高效减水剂，也被称为高性能减水剂，其合成方法简单，生产过程无污染，绿色环保。聚羧酸减水剂具有的高性能特点是：①掺量低、减水率高；②混凝土拌和物的流动性好，坍落度损失低；③增强效果显著，早期抗压强度比提高更为显著；④低收缩；⑤引气量有了较大的提高，有利于提高混凝土的耐久性；⑥总碱含量低，降低了混凝土发生碱-骨料反应的可能；⑦性能的可设计性强，可实现分子结构与性能的设计。

化学外加剂对混凝土表面色明度的影响与外加的品种有关。采用萘系高效减水剂的混凝土，与聚羧酸减水剂的混凝土相比，明度低（色暗）。但是，由于混凝土要求的坍落度和流动度不同、化学外加剂的量不同，明度差不能一概而论，也不可能以目视去识别混凝土的明度差。化学外加剂中，除了脂肪族高效减水剂对混凝土表面色带来不好的影响外，当前使用的高效减水剂对混凝土表面色影响不大。

5）水

（1）清水混凝土拌和用水与养护用水应采用饮用水或清洁的河水，并且在同一工程中所用的河水或江水，应保证为同一水源。

（2）清水混凝土拌和用水与养护用水的 pH 值应不小于 5.0，水中的氯离子含量不得超过 350mg/L，硫酸盐（以 SO_4^{2-} 计）不大于 600mg/L，且不应含有影响水泥正常凝结和硬化的有害杂质或油脂、糖类、游离酸类、碱、盐、有机物等污染物。饮用水可以不进行试验。

（3）除满足上述规定外，清水混凝土拌和用水与养护用水还应符合混凝土用水标准规定的有关要求，例如无损于混凝土强度发展及耐久性；保证混凝土表面不受污染等。

3. 清水混凝土的质量评价

根据混凝土外观质量的定义和混凝土外观的主要缺陷，可提出评价混凝土外观质量的标准：混凝土表面平整、颜色均匀一致，没有蜂窝、麻面、露筋、夹渣、粉化、锈斑和明显气泡。这一标准具体来讲，涵盖了清水混凝土外观的四个方面的内容：色泽的一致，气泡的大小和数量，表面平整，以及有无蜂窝、麻面、露筋、夹渣、粉化、锈斑等外观缺陷。评价清水混凝土外观质量是否满足标准，没有统一的衡量标准，因此，可从标准所涵盖的四个方面内容对清水混凝土外观质量的定量或半定量的评价提出设想并建立构架。对色泽的一致性、气泡的大小和数量、表面平整度和外观缺陷四个分项分别提出评价方法和评价指标，并进行逐项评价，最后建立综合的清水混凝土外观质量评价体系。

8.1.3　清水混凝土施工及制作工艺

1. 清水混凝土的配制及施工要求

清水混凝土的配制，必须要考虑满足施工要求的流动性以及抗离析性能，而且能振动成型密实或自密实，以得到均质的结构、致密的表面，因此其工作性十分重要。工作性包括流动性、填充性、易密性和稳定性等性能，优良的工作性是保证混凝土具有优良表观质量和良好耐久性的前提。在试配清水混凝土时，要进行施工样板试验，检验混凝土的工作性以及样板的性能，满足这些要求后，再确定清水混凝土的配合比。

现浇清水混凝土墙、柱、梁、楼板和非结构构件施工过程中都可能出现裂缝，其类型包括混凝土沉降裂缝、初凝后扰动裂缝、浇筑分层裂缝、模具沉降等，因此在施工时要进行对裂缝的预防：混凝土浆料在快初凝时不能浇筑、不得振捣；为避免混凝土沉降，应采用二次振捣方式，即在 2h 内振捣 2 次，第 2 次振捣必须在开始初凝前；混凝土分层浇筑时，要清理好结合面；模具支撑必须坚固，高墙高柱的侧向支撑应符合其变形；混凝土拆模时间应达到设计要求的强度；禁止在未达到设计强度的混凝土结构上集中堆放材料和设备等。

2. 清水装饰混凝土的制作工艺

清水装饰混凝土是依靠混凝土自身的质感和花纹获得装饰效果的。其制作工艺有反打和正打 2 种。反打是指采用凹凸的线型底模或模底铺加专用的衬模来浇筑混凝土，利用模具或衬模线型、花饰的不同，形成凹凸、纹理、浮雕花饰或粗糙面等立体装饰效果，多用于预制混凝土墙板或砌块，也有现场立模现浇成型的；正打是指浇筑混凝土后制作饰面，即在浇筑混凝土后铺筑一层砂浆，再用手工或专用机具做出线型、花饰、质感，如扫刷、抹刮、滚压、用麻袋布、塑料网或刻花橡胶、塑料等做出花饰的混凝土，主要用于装配式大型墙板，在确定其成型工艺时，除考虑一般节点连接、结构、热工等构造要求及强度、表观密度、配筋等质量要求外，还应充分考虑有关装饰质量方面的要求，如外形规格、表面质量、颜色匀实及形成设计规定的线型、质感等。

8.1.4 性能

清水混凝土结构耐久性的特殊性：清水混凝土结构是以混凝土作为饰面的，除了表面保护以外是没有任何表面装饰的，直接受到自然环境的劣化作用，即各种劣化因子的腐蚀或环境的劣化污染。清水混凝土结构的劣化现象可归结为：

（1）混凝土表层的劣化。如干燥收缩和温度收缩开裂，冻害开裂、剥蚀；碱-骨料反应开裂，内部钢筋锈蚀造成顺筋开裂、剥落；碳化、酸雨造成混凝土表面脆弱化（风化、变黑）；盐析造成混凝土表面返白霜（返碱）形成花斑和条纹影响美观性；含硫杂质进入混凝土毛细孔与 $Ca(OH)_2$ 反应形成 AFt 或大气中的粉尘污染物吸附于混凝土表面并随雨水流动造成不均匀污染；预应力混凝土结构徐变引起的开裂以及火灾造成的崩裂与质量降低。

（2）混凝土内部的劣化。冻害造成的内部微裂缝，碱-骨料反应造成内部膨胀开裂，火灾引起开裂与承载能力下降。

（3）混凝土中钢筋的劣化。碳化、酸雨中性化使钢筋锈蚀；盐害（冰冻季节桥面喷洒除冰盐）使钢筋锈蚀以及火灾使钢筋承载力下降。

值得注意的是，对于普通混凝土而言，盐析污染并不影响混凝土的耐久性。对于饰面混凝土，抗盐析、风化、污染性则属于饰面混凝土耐久性范畴，因为会严重影响饰面混凝土的表面美观性。因此，清水混凝土的耐久性主要是指其抵抗物理和化学如冻融、高温、碳化、酸雨、碱-骨料反应、硫酸盐、氯离子等侵蚀和抗盐析、污染的能力，提高清水混凝土耐久性的主要手段是提高硬化后混凝土的体积稳定性、抗渗性、抗碳化性、抗冻性、抗化学侵蚀性和预防碱-骨料反应等方面的性能。

8.2 再生混凝土

8.2.1 定义

将废弃混凝土作为可利用的再生资源，经过筛选、清洗、破碎、分级等工序后，按一定比例相互配合形成"再生骨"来作为砂石等天然骨料（主要是粗骨料）的替代品，最终配制成新的混凝土，称为再生骨料混凝土（Recycled Aggregate Concrete，简称 RAC），也称再生混凝土。再生混凝土作为可持续发展的一种绿色建筑材料，不仅能减少和缓解天然资源匮乏的问题，而且在一定程度上有助于解决日益恶化的环境问题。

建筑垃圾中体量最大的混凝土、砌块等固体废弃物经分拣、剔除或粉碎后，大多是可以作为再生资源重新利用的,其主要再生方式有:①利用废弃建筑混凝土和废弃砖石生产粗细骨料,可用于生产相应强度等级的混凝土、砂浆或制备例如砌块、墙板、地砖等建材制品。粗细骨料添加固化类材料后,也可用于公路路面基层;②利用废砖瓦生产骨料,可用于生产再生砖、砌块、墙板、地砖等建材制品;③渣土可用于筑路施工、桩基填料、地基基础等;④废弃道路混凝土可加工成再生骨料用于配制再生混凝土;⑤废旧砖瓦为烧黏土类材料,经破碎碾磨成粉体材料后,具有火山灰活性,可以作为混凝土掺和料使用,替代粉煤灰、矿渣粉、石粉等。上述处理方式的基本原理均为将建筑固体废弃物进行破碎、分选、重新级配后形成再生骨料。通过物理或化学手段进行处理后,重新作为混凝土或砌体材料的制备原材料。

8.2.2 再生骨料生产流程

再生骨料的生产流程如图 8.1 所示,再生骨料破碎工艺有一次破碎与二次破碎 2 个破碎过程。对于一次破碎,有 3 个粒径可以进行筛分,分别为 40mm 以上、5～40mm 及 5mm 以下。一般要求再生骨料的粒径尽量小于 40mm。因此,当破碎机器破碎后的再生骨料的粒径在 40mm 以上时,二次破碎后可有效地去除废旧混凝土内部的金属杂质、木材及玻璃陶瓷等。

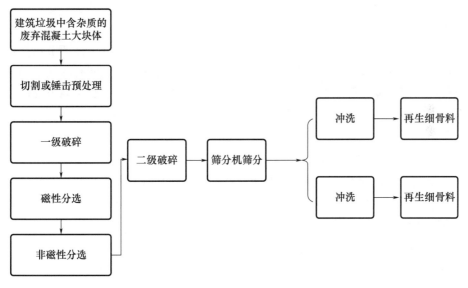

图 8.1　再生骨料生产流程

8.2.3 再生混凝土构件基本性能

1. 再生骨料与天然骨料差异性分析

再生骨料主要由硬化的水泥砂浆、骨料及骨料与水泥浆体之间的界面过渡区组成。再生骨料与天然骨料的区别在于其包含两个附加成分,即再生骨料表面的硬化水泥浆体和浆体与骨料间的旧界面过渡区，同时也是影响再生骨料性能的重要因素。破碎后的再生骨料具有非均质、孔隙大、微裂缝密集、压碎值低等缺点，相比天然骨料，其存在吸水率高、密实度低、机械强度差等缺陷。通过研究再生骨料的破坏形态及内部性质对混凝土性能的影响、骨料与硬化水泥浆体界面过渡区力学性能的变化发现，新旧界面过渡区的显微硬度相差较大；而骨料表面黏附砂浆的存在也会引起再生骨料性能的大幅降低。在再生骨料应用方面，骨料自身的缺陷会造成拌和用水的掺入误差，易引起新拌混凝土和易性差等问题，且相对于天然骨料混凝土，再生骨料的旧界面过渡区比新界面过渡区更为薄弱，再生骨料更易从新砂浆内脱落，从而导致再生混凝土密实度降低、吸水率增加，最终使混凝土的力学性能降低。因此，随着再生骨料掺量的增加，再生混凝土的物理性能、力学性能和耐久性等逐渐降低。

通过对再生骨料与天然骨料的性能差异的综述分析发现，附着砂浆及旧界面过渡区在对再生骨料性能影响上起主导作用，采用去除骨料表面黏附砂浆或强化黏附砂浆等方法对再生骨料进行处理，可以提高其力学性能、耐久性及其他相关工程性能。去除黏附砂浆的有效方法有：①酸处理；②机械研磨处理；③热处理；④热研磨处理；⑤物理自净工艺处理。也可以对以上方法进行混合使用，以达到更好的强化效果。相比于去除黏附砂浆，黏附砂浆的强化对再生骨料的力学及物理性能和新拌混凝土的综合性能的改善效果更佳。强化黏附砂浆的有效方法有：①微生物矿化强化；②碳化处理强化；③矿物掺和料改性强化；④聚合物浸渍强化。

2. 再生混凝土框架节点抗震性能

研究结果表明，再生混凝土的框架节点的破坏过程和普通混凝土框架节点类似，而节点延性降低。在耗能方面，随着再生骨料的加入，节点的抗震性能有降低的趋势，表现为抗剪能力降低、耗能能力降低。节点核心区剪切变形过大会引起梁端位移超过总位移的50%。再生混凝土框架节点应配置足够的抗剪箍筋，以加强节点抗剪承载力，增加对节点的约束能力，并减小节点的剪切变形，而所需箍筋的配置数量仍需进一步研究。

3. 再生混凝土梁抗弯承载力

再生混凝土梁正截面受弯破坏与普通混凝土梁一样都需要经历弹性、开裂、屈服和破坏4个阶段；再生混凝土梁同样符合平截面假定。根据普通混凝土梁的计算公式，验算再生混凝土梁的极限承载力与普通混凝土梁的极限承载力，发现差别不大，可以用现行的普通混凝土梁的公式计算。

4. 再生混凝土梁抗剪承载力

通过研究再生粗骨料混凝土的材料特性和梁的抗剪性能，主要包括再生混凝土的配合比、抗压强度、弹性模量和再生混凝土简支梁的抗剪性能等一系列试验，得出结果：相对于普通混凝土，随着再生粗骨料取代率的增加，再生粗骨料混凝土具有强度和弹性模量降低等特点，再生粗骨料混凝土梁斜截面在受力过程中，梁的变形和斜裂缝开展情况与普通混凝土梁基本相似，其斜裂缝平均宽度略小于普通混凝土梁，但随着再生粗骨料的增加，再生粗混凝土梁的抗剪能力也有下降的趋势。通过选择适宜的配合比，可以调整不同再生粗骨料取代率下的再生混凝土的抗压强度，从而使再生混凝土梁的抗剪性能与普通混凝土梁接近。

5. 再生混凝土柱受压性能

再生混凝土柱的受力性能（主要包括其破坏形态和承载能力等）与普通混凝土柱进行对比，可以得到以下结论：①与普通混凝土柱相似，再生混凝土柱在受力过程中仍具有明显的小偏压、大偏压和界限破坏 3 类破坏形态。再生混凝土柱与普通混凝土柱的受力过程和破坏机理基本相同；②再生混凝土 N-M（轴力-弯矩）相关曲线与普通混凝土类似。在大偏压时相同的轴力，随着再生粗骨料取代率的增大，承担的弯矩降低，而对小偏压规律不明显，有待进一步研究；③可以参考现行规范中针对普通混凝土柱的计算方法，估算再生混凝土的承载力；④再生混凝土柱在实际工程中应用是可行的。

6. 耐久性

抗碳化性能：再生骨料的孔隙率大于天然骨料，使得再生混凝土的孔隙率与同水灰比的普通混凝土相比将会有较大的增加，这无疑会降低其抗碳化性能。然而，再生骨料的表层含有水泥砂浆，使得再生混凝土中总的水泥含量增大，可碳化物质增加，这对抗碳化性能有利。因此，再生混凝土的抗碳化性能应是这两个效应的综合。综合各研究结果发现，再生混凝土抗碳化性能可能低于同水灰比的普通混凝土。然而，同强度等级的再生混凝土与普通混凝土相比，其抗碳化性能可能比较接近。再生混凝土抗碳化性能的基本规律是：随新水泥浆体密实度的增大（如减小水灰比、掺加适量矿物掺和料、采用二次搅拌工艺等），再生混凝土的碳化深度减小；对再生粗骨料进行表面改性并不能明显地改善抗碳化性能；随再生粗骨料的取代率增加，再生混凝土的碳化深度增大。

7. 抗冻性能

许多研究者的试验均得出再生混凝土具有良好的抗冻性能，甚至优于同水灰比的普通混凝土。尽管再生骨料改善混凝土抗冻性能的效果不如轻集料，但再生骨料较大的孔隙率应该也可起到微养护的作用，还可降低界面处水泥砂浆的水灰比，从而改善界面的质量。然而，更多研究者得出，再生混凝土的抗冻性能低于，甚至明显低于普通混凝土，再生粗骨料是再生混凝土抗冻性能的薄弱环节。其主要原因是再生粗骨料很容易吸水饱和，10min 可达饱和程度的 85% 以上，30min 可达饱和程度的 95% 左右。据研究表明，冻融破坏的临界饱和度约为 92%，因而，再生粗骨料容易先于新水泥基体发生冻融破坏，成为再生混凝土抗冻性能的薄弱环节。再生混凝土抗冻性能的基本规律是：降低水灰比以减小混凝土内部的孔径，掺加引气剂以减少空气泡间距，掺加掺和料以细化混凝土内部的孔结构，减小再生粗骨料最大粒径及再生骨料的强化，均能提高再生混凝土抗冻性能，其中以掺加引气剂的效果最好。

8.3 透水混凝土

8.3.1 定义

透水混凝土是多孔混凝土的一种，是由粗骨料表面包裹的浆体黏结而成的多孔轻质混凝土，其孔隙率是透水混凝土的重要指标参数。透水混凝土一般采用单一级配或者间断级配制备而成，不含细骨料或者含有较少细骨料。透水混凝土的这种特殊内部结构类似于蜂窝，蜂窝孔隙使其具有了透水、透气、吸声和吸热等性能，其内部大量的孔隙结构使其具有较高的透水特性，但也造成了其强度相比普通混凝土较低。近年来，透水混凝土被较多的用于城市环境中的透水路面系统。主要用于人行道、车道、停车场和其他轻型平台。目前，研究影响透水混凝土性能方面的因素主要有骨料种类和级配、水胶比、外掺材料、成型方式和养护方式等。

在英文文献中，透水混凝土有多种写法，如：Pervious Concrete，Porous Concrete，No-fines Concrete，Gap-graded Concrete 和 Enhanced-porosity Concrete。常用的透水混凝土按照组成材料分，有水泥透水混凝土、沥青透水混凝土、聚合物透水混凝土等；透水性铺装按照外观效果分为普通透水混凝土路面、彩色透水混凝土和露骨料透水混凝土路面等；按其使用功能可分为普通透水混凝土路面（指以使水通过为目的的路面）、景观透水混凝土路面、承载透水混凝土路面和透水混凝土砖路面等。

1. 水泥透水混凝土

以水泥为胶结材料的透水混凝土称为水泥透水混凝土，一般情况下简称透水混凝土。国内外应用的透水混凝土孔隙率一般为 $15\%\sim25\%$，抗压强度在 $10\sim30$MPa。粗骨料一般采用单粒级或间断级配，细骨料可采用河砂、人工砂或工业废渣，胶结材料以水泥为主。为降低成本和调整性能，可掺入一定比例的矿物掺和料，必要时也采用少量有机添加剂等。透水混凝土路面施工时，透水混凝土混合料的坍落度较低，一般不超过50mm，为同时保证孔隙率和强度，不能采用强力振捣的密实成型方法，主要采用刮平、微振、碾压整平和表面修整等施工方法。由于坍落度较低，工作性损失快，从混凝土搅拌出料到现场摊铺间隔的时间要尽可能短，夏期不宜超过30min，冬期不宜超过50min。施工后的透水混凝土路面由于多孔结构失水较快，在铺装施工后的一周内对其养护应比普通混凝土更及时和充分。

2. 沥青透水混凝土

沥青透水混凝土是以沥青为胶结材料，天然石子为粗骨料，并加入少量的细骨料与沥青形成黏结性和稳定性的基材，将间断级配的粗骨料黏结在一起做成的多孔混凝土，主要用于道路和广场等的透水路面铺装。在沥青透水混凝土的组成材料中主要靠粗骨料形成骨架，同时掺用少量细骨料调整混合物的黏性，沥青包裹于骨料表面，形成黏结层，将骨料颗粒黏结在一起。沥青透水混凝土路面最容易发生的问题是，在炎热的夏天路面会变得很热，这时表面的沥青会软化流淌一直到与下边较冷的层面相遇，随后凝固，长期积累会逐渐造成路面的孔隙堵塞，使透水效果下降。另一个问题是沥青路面受到阳光照射和空气的氧化作用，表面逐渐变脆，在受到轮胎的碾压、摩擦后脱落，这种路面材料强度高，成本也高，对温湿度变化敏感，耐久性差、易老化。

3. 聚合物透水混凝土

聚合物透水混凝土是以树脂为胶结材料，靠树脂聚合硬化将骨料胶结成多孔混凝土。由于树脂对骨料的包裹层较薄，可以利用堆积空隙率低的骨料，甚至采用连续级配的骨料。树脂透水混凝土一般多用于景观广场，由于树脂透明，石子多用彩色石子，以显露石子本色，增加景观效果，但树脂透水混凝土硬化后较脆，耐冲击性能差，且容易老化。

4. 透水混凝土砖

由水泥作为胶结材料，天然石子作为骨料，必要时加入添加剂，经过工厂化生产的预制混凝土透水砖，在施工现场直接铺于透水基层上，形成透水性铺装。为增加装饰效果，还可以制做成各种形状、表面具有纹理和各种颜色的透水砖，便于拼图案，也称透水混凝土铺装砌块。

8.3.2 原材料组成

透水性混凝土的组成材料包括水泥、骨料和水，还可以掺入外加剂和矿物掺和料等。

1. 水泥

由于透水性混凝土少用或不用细骨料，可将其看作是粗骨料颗粒与水泥石胶结而成的多孔堆聚结构，研究混凝土的结构破坏特征可以发现，水泥石与粗骨料界面的黏结强度往往是混凝土中最薄弱的环节。由于骨料的强度远高于混凝土的强度，因而结构的破坏常常是发生在骨料界面间的水泥石层中，从而可以看出，水泥的活性、品种、数量是决定混凝土强度的关键因素。所以，透水性凝土要采用强度较高、混合材料掺量较少的硅酸盐水泥或普通硅酸盐水泥，水泥强度等级最好在 P·O 32.5 以上。水泥浆的最佳用量以刚好能够完全包裹骨料的表面，形成一种均匀的水泥浆膜为适度，通常水泥用量在 $250 \sim 400 \text{kg/m}^3$ 的范围内。

2. 骨料

骨料可以采用普通砂、碎石，也可以采用浮石、陶粒等轻骨料，甚至可用废弃建筑物的碎砖、废弃混凝土等。骨料粒径的大小，应视透水性混凝土结构的厚度和强度而定。通常粗骨料的粒径也不宜过大，大于 20mm 的骨料应控制在 5% 以内，最大粒径不应超过 25mm。细骨料含量也不宜太多，试验资料表明，骨料粒径越小，骨料堆积的孔隙率越大且颗粒间的接触点越多，透水性混凝土的强度越高。

透水性混凝土的颗粒级配是决定其强度和透水性的主要因素之一。为了保证透水性混凝土的强度及透水功能，粗骨料一般采用单粒级或间断级配，细骨料可采用河砂、人工砂或工业废渣，对碎石型的粗骨料除应满足强度和压碎指标要求外，针片状颗粒含量要严格控制，且骨料的含泥量应不大于 1%。

3. 外加剂

添加一定量的增强剂，有助于提高水泥浆与骨料的界面强度；添加减水剂，有助于改善混凝土成型时的和易性并提高强度；为改善美观性，还可以添加一定量的着色剂；添加一定量的消石灰可增加水泥浆的黏性，提高施工时面层的平整度；冬期施工时可酌情采用硫酸钠、氯化钙、木素磺酸钙等早强剂，以加速混凝土的硬化。

4. 矿物掺和料

矿物掺和料主要有粉煤灰、硅灰和矿渣粉等。粉煤灰作为一种传统的矿物掺和料，添加在透水混凝土中是十分普遍的，但粉煤灰的特性导致其对透水混凝土的早期强度增长效果一般甚至具有不利的影响，而对后期强度的增长具有积极作用。这是因为粉煤灰具有的火山灰效应能够降低胶凝材料早期的放热速率和放热量。在透水混凝土的试验中，硅灰一般都是按内掺法添加，即用部分硅灰替代水泥掺量。同时对于掺硅灰的透水混凝土，其水胶比一般应控制在 $0.30\sim0.35$ 之间，且需要配合减水剂使用。随着硅灰掺量的增加，透水混凝土的抗压强度均是先提高后降低，透水系数随着硅灰掺量的增加会逐渐降低。许多学者研究了掺入硅灰的透水混凝土试验，发现硅灰的掺入对于提高透水混凝土的强度有着显著的效果，但随着硅灰掺量的增加孔隙率会降低，进而影响透水系数。硅灰的火山灰活性促进了 C-S-H 凝胶的产生，减少了透水混凝土的离析和泌水，提高了强度。矿渣粉是一种优质的矿物掺和料，矿渣粉通常以较大掺量替换水泥制备矿渣水泥胶凝材料，而经过磨细处理后的矿渣粉则具有更高的活性，矿粉的掺入能够提高透水混凝土的强度，显著提高其抗冻性能，虽然透水混凝土的强度会有所降低，但仍能满足一定场合的强度要求，大幅度地减少了水泥用量，产生了更高的经济效益和环境效益。

5. 有机胶结材

对黏聚性和强度要求较高的混合料，可采用少量树脂配合无机胶结材使用，常用树脂有水溶性环氧树脂、丙烯酸树脂和苯丙共聚物树脂等。由于树脂成本较高，一般掺量在 4% 以下，主要作为无机胶结材的改性剂使用。

8.3.3 透水混凝土的制备

透水混凝土的制备工艺如图 8.2 所示。

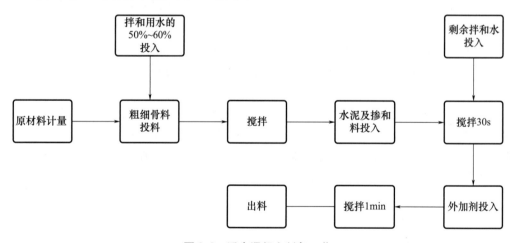

图 8.2 透水混凝土制备工艺

采用上述工艺制备混合料时，工作性容易得到保证，特别是当使用河卵石作为骨料时，宜按上述工艺进行方能制得性能优良的混合料，但采用碎石骨料时，因为碎石表面粗糙，容易挂浆，可以将骨料和胶结材料一起加入搅拌机，边搅拌边逐渐加水，30s 内加至 50%~70% 后，加入外加剂等，再搅拌 30s 后，随着搅拌逐渐加入剩余的水至工作性合适为止。

8.3.4 性能

1. 透水性与孔隙结构关系

透水混凝土与普通混凝土在配合比及功能上最大的区别即其透水性，需通过均匀的孔隙系统以获得排水功能，因此对其透水性及孔隙结构的测定是非常重要的。关于透水性最常用的表征方法为测定透水率，该方法能便捷获得孔隙率，但无法建立不同大小孔隙结构，且可能无法反映部分通道曲折或封闭的孔隙，引起误差。因此，一部分研究者采取 X-CT 扫描的方法构建透水混凝土的 3D 孔隙结构，还有个别研究者采用超声脉冲等非破坏性测试方法探索透水混凝土的渗透性。研究发现渗透率与透水率呈现正相关，因此，在配合比中需根据透水性需求对孔隙率进行设计。

2. 透水混凝土受力破坏特征

普通混凝土的受压破坏多数首先发生在骨料与砂浆层的界面，在透水混凝土的骨料之间主要是点接触，也有部分小面积的接触。尽管一般测得混凝土的强度不高，但是混凝土内部颗粒的接触点上受到的应力却很大。首先是水泥石包裹层的破坏，紧接着是骨料的更紧密接触随后破坏，与普通混凝土不同的是，骨料发生破坏的情况比较多，在振捣不充分的情况下成型的试件亦有发生界面破坏的。从断面破坏特征来看，和普通混凝土不同的是，透水混凝土的破坏基本上没有"环箍效应"，这表明压板对其横向变形基本上无限制作用，这在一定程度上降低了测试时表现出来的强度值。

混凝土的强度是路面设计时首要考虑的因素。对于普通混凝土，当骨料的强度确定以后，提高胶结材浆体的强度是提高混凝土强度最基本的措施，而对于透水混凝土，由于是点接触的多孔结构，骨料本身的强度高，骨料之间的胶结层相对较弱，限定了混凝土强度的极限，也就是说，和普通混凝土相比，浆体强度的提高对混凝土整体强度增加的贡献相对较小。透水混凝土的强度受多种因素的影响，主要有：①包裹骨料的浆体层厚度；②骨料强度；③浆体强度；④骨料级配；⑤制备工艺等。

8.4 特种混凝土

8.4.1 导电混凝土

普通混凝土既不属于绝缘体，也不属于良导体，其电阻率≥450Ω·m，而在混凝土中掺加一定量的导电介质，可以使混凝土的导电性大大改善，成为具有较好导电性的导电体。导电混凝土是一种功能性的复合材料，主要由水泥、导电材料、骨料和水等按照一定比例掺配而成。导电混凝土不需要在其内部埋设传感器件，自身就可以导电，既能够保持结构材料的力学性能，又具有导电材料的电力特性。作为一种新型的智能材料，导电混凝土已经普遍在结构损伤监测，建筑结构保温采暖，公路桥梁的除雪、除冰，电磁屏蔽，电工电子及防雷接地项目中发挥着重要的作用。

1. 导电混凝土的导电机理

导电混凝土的导电途径分为 2 种：导电材料导电和水泥基体导电。

（1）导电材料导电

有电子导电和空穴导电 2 种形式。分散在基体内的导电材料，通过相互连通的导电网络进行传导是电子导电。分散在水泥基体中的导电介质，因为被水泥基体阻隔，在材料内部会有势垒形成。当有充足的能量存在于电子和空穴，且电材料间隔距离充分小，其就会越过势垒，在导电体间跃迁传导电流，为空穴导电。

（2）水泥基体导电

有 2 种导电途径。一是在水泥基通电后形成的电场中定向移动的自由离子导电；二是水泥基体中电子以及凝胶类物质导电。

2. 导电混凝土的种类

导电混凝土试验研究中用的导电材料主要包括 2 大类，一类是非金属导电材料：包括碳纤维、炭黑、石墨、碳纳米管、石墨烯等；另一类是金属导电材料：包括铁粉、铜粉、钢纤维、镍粉等，这些材料均具有极其优异的导电性能。导电材料掺加的方法有单掺和复掺，导电混凝土主要是通过导电相材料的掺入，使导电颗粒在混凝土内部相互接触和连接形成互相连接的导电网络，来实现水泥基复合材料的电能传递，使得导电混凝土具备多功能机敏特性。掺入不同的导电填料有各自的优点与缺点，需要根据具体场景的需求与约束，合理选择导电填料，平衡好导电混凝土的导电性能，力学性能与经济性。下面简单介绍一下几种导电混凝土。

（1）碳纤维导电混凝土

碳纤维是指含碳量在 92% 以上的纤维，而含碳量大于 99% 的纤维通常称为石墨纤维。碳纤维增强导电混凝土理想的结构性能和电气性能的结合使其在结构和功能上都可以应用。除建筑行业外，随着汽车、能源和体育等新兴市场的不断增长，碳纤维的需求也随之增加，造成碳纤维价格大幅下降。

碳纤维导电混凝土电热性能和力学性能良好，碳纤维主要有聚丙烯腈基、沥青基、镀金属碳纤维等类型，目前使用最广泛的是聚丙烯腈基碳纤维。但碳纤维价格较贵，难以分散，容易结团，无法大量掺入。另外，如果将碳纳米管掺入碳纤维导电混凝土中，会增加其导电性能与力学性能，使其具有更稳定的电阻率。由于碳纤维的高抗拉强度和弹性模量，可以发挥加固和防止微裂缝的发展和扩展的作用，从而提高混凝土的抗折强度和抗压强度，减少干燥收缩，提高耐久性。B. Han 等指出，当碳纤维含量为 0.5%时，水泥基材料的抗压强度最高，且导电率较高。C. Wang 等指出，混凝土内碳纤维在质量分数为 0.6%～0.8%时开始重叠。当碳纤维的含量达到该极限时，碳纤维对水泥基材料电导率的增强作用减弱。另外，由于碳纤维本身的抗拉强度大，因此在碳纤维掺量＜3%时，随着碳纤维含量增大，混凝土试件的韧性会提高，试件的抗折强度会先增大后减小，试件的电阻率会降低。碳纤维导电混凝土的电阻率随温度上升而减小，但随着碳纤维掺入量增大，电阻率对温度的敏感性降低，总体来说温度对电阻率影响不大。碳纤维掺量越小，试件电阻对温度变化越敏感，但温敏稳定性不好；反之，掺量越大，试件电阻温敏性的稳定性越好，但温敏性不明显；一般认为含 0.5%～0.6%碳纤维的导电混凝土同时具有较高的敏感性和稳定性。从测试碳纤维混凝土的电热效应试验中得到碳纤维掺量越大，温度上升越快。与普通混凝土相比，性能更优良的碳纤维导电混凝土有更广泛的应用空间。目前国内大多数研究尝试用碳纤维导电混凝土解决冬期除冰和建筑物取暖等问题。

（2）石墨导电混凝土

石墨是碳的一种同素异形体，灰黑色、不透明固体，化学性质稳定。石墨的导电性比其他非金属矿高 100 倍，而且石墨的导热性能非常好，导热系数随温度升高而降低，在极高的温度下可成绝热体。石墨导电的原因很简单，碳原子有四个共价键，而石墨中每个碳原子与其他碳原子形成 3 个共价键，保留 1 个自由电子，这个电子可以传导电荷，完成导电。石墨的种类有天然石墨和人造石墨，天然石墨的电阻率为（8～13）×$10^{-4}\Omega\cdot cm$，导电性随产地环境而异，难粉碎；人造石墨的电阻率一般比天然石墨的电阻率小，电阻率和纯度相关，导电性与加工方法相关。以石墨作为导电相的导电混凝土电阻率随着石墨掺量的不同而变化，只有石墨的掺量很多时，石墨导电混凝土才具有良好的导电性，这个原因会导致石墨在导电混凝土中产生一些问题，比如，因为石墨掺量多，力学性能受影响。

导电混凝土中掺石墨后需水量大，且石墨本身强度不高，导致石墨导电混凝土的力学强度下降，力学性能受限。当石墨质量占比高于 15%时，即使石墨掺量继续增加，导电率增加幅度也不大；石墨掺量较高时，导电性能良好，但是力学性能随掺量增加变差，因此石墨导电混凝土只适用对力学性能要求较低且对导电要求高的情况。因为层与层间距大，原子间结合力（范德华力）小，层之间产生相对滑动，所以石墨的密度小，质软且光滑。石墨导电混凝土的抗压强度随石墨掺量增加而降低，普通无石墨混凝土标准养护 28d 的抗压强度为 33.28MPa；当石墨掺量为 5%时，石墨导电混凝土的抗压强度降为 16.12MPa，降幅约为 50%；当石墨掺量达到 10%时，石墨导电混凝土的抗压强度降为 7.56MPa，降幅约 50%。在试验研究范围内，石墨导电混凝土中石墨掺量每增加 5%，抗压强度下降 50%左右。

（3）钢纤维导电混凝土

钢纤维最早于 1963 年作为胶凝材料的增强材料被开发出来，它创新了采用纤维材料作为增强组件的方法。目前，钢纤维作为最常用的纤维增强材料已成功地替代传统的增强材料应用于各种领域。

添加体积分数为 5%的钢纤维后，导电水泥基材料的抗弯强度可提高 40%，电阻率可降低近 90%。除纤维含量外，水泥基材料的电阻率还受纤维取向、含水率等因素的影响。Y. Ilhwan 等认为含体积分数 3%钢纤维的水泥基材料电阻率影响不大，因为纤维含量已经超过了渗透阈值。但随着时间的延长，由于铁锈的存在，导电网络会被阻塞，从而导致电阻率急剧增加。因此，单独使用钢纤维作为导电填料效果较差，需要一种防锈剂来防止钢纤维的生锈。此外，钢纤维导电混凝土的电阻率随电极位置的不同而不同，这是由于钢纤维的高密度使其沉降所致。纤维长度较长的纤维，长径比大，容易结块，在高钢纤维含量条件下，电阻率增加。因此，建议少量的钢纤维与其他类型的功能填料组合使用。

随着钢纤维体积分数的增加，水泥基材料的抗弯强度增加，而电阻率降低。钢纤维具有较高的抗拉强度和弹性模量，可以提高水泥基材料的抗弯强度和延性。不仅具有良好的力学性能，钢纤维还具有高导电性。根据钢纤维的直径不同，被视为宏观或微观尺度的钢纤维可应用于不同类型的基体，如水泥基材料、沥青混凝土、工程水泥基复合材料和地聚合物混凝土。一般来说，随着时间的推移，混凝土内部的钢纤维在碱性环境下会产生钝化膜，增大电阻率，单独作为导电填料并不适用。

（4）复合相导电混凝土

单一导电相导电混凝土有制作成本高、稳定性差、强度不够等缺点，目前大多着眼于研究复合相导电混凝土。研究发现，掺加石墨和钢纤维2种导电材料，钢纤维会连接由石墨形成的导电链团，提高混凝土的导电性能。同时混凝土的塑性和抗压强度也得到了保证，混合掺加钢纤维和石墨，避免了石墨因自身片状结构和片状连接增大混凝土的脆性。同时也减少了钢纤维用量较大导致纤维聚团现象，可获得力学与电学性能均较好的导电混凝土。在给试件供电时，钢纤维石墨导电混凝土试件电阻率与电压成反比，同时，试件含水率越高，导电性能越好。在其他条件相同时，试件密度与石墨掺量、钢纤维长度成反比，与钢纤维掺量成正比；导热系数与石墨、钢纤维掺量成正比。其中，导热系数与石墨掺量的关系较为显著。钢纤维石墨导电混凝土因其兼具钢纤维和石墨的双重优点，越来越受到学者们的青睐。研究表明，采用半干拌法将碳纤维和石墨加入导电混凝土中，采用干拌法将钢纤维加入导电混凝土中，并使三相导电混凝土配合比为碳纤维掺量0.4%、石墨掺量2%、钢纤维掺量0.8%，能得到导电混凝土的最佳性能。

3. 应用方向

导电混凝土的电学性能主要包括两方面：一是导电性能，导电性能体现导电混凝土传递和输送电流的能力，不同的导电相材料和掺入比例会影响导电混凝土的导电性能，导电性是衡量导电混凝土电学性能的主要物理参数；二是电阻率的稳定性，电阻率是表示导电混凝土电阻特性的基本的物理量，它反映导电材料对电流阻碍作用的属性，相同导电材料在同等情况下，电阻率越大导电性能越差。导电混凝土应保持电阻率的稳定性，在正常的外部环境变化下工作应对基体电阻率没有明显影响，保持电阻率的稳定是实现导电混凝土机敏特性的基本要求。导电混凝土因其卓越的多功能性，拥有广泛的应用前景。

（1）防雷保护

因为导电性能和力学性能优良，耐腐蚀性强，导电混凝土成为当前输电线路接地工程的研究重点。用导电混凝土作基础可以对输电线路进行防雷保护，同时抑制受电流冲击时温度上升的幅度。

（2）除冰供暖

导电混凝土在掺入一定比例的导电材料下具有良好的通电发热性能。在接通电源后导电混凝土在电场的作用下发热，产生大量的热能，因此被广泛地运用于公路、高速公路、机场道路、桥梁结构、墙体采暖保温等场所，特别在冬季道路融雪除冰、墙体采暖保温方面发挥着良好的效果。目前道路除雪有化学除雪和机械除雪2种方式，前者通过喷洒工业用盐达到除雪的目的，但长期使用工业用盐，其中的氯化物会腐蚀混凝土，减少混凝土路面的使用寿命，降低道路的安全性。有时甚至还会污染地下水和破坏植被，危害环境和人民群众的身体健康。后者会消耗大量的人力，物力和财力，同时因除雪导致的封闭道路也会影响人们的日常出行效率。而导电混凝土可以凭借自身优良的电热性能，以覆层的形式将导电混凝土布置成电热层，通电之后，将电能转化为热能，利用热量融化冰雪，是一种节约环保的除雪方法。使用导电混凝土建造的建筑物，还可以在通电后，使混凝土加热，在寒冷的冬天自动为室内供暖，减少对天然气等不可再生资源的消耗。

（3）无损监测

压敏性能是导电混凝土一个非常重要的功能。将导电混凝土连接在外加电路中，对导电混凝土施加外加载荷（压力或拉力），导电混凝土自身的电阻值会随着载荷变化发生相应的变化，使用电子监控仪器来测量计算混凝土内部电阻率的变化，通过导电混凝土电阻率的变化间接反映出混凝土内部结构所发生的变化。利用导电混凝土的压敏特性，即外部的压力可以影响导电混凝土的电阻率，通过测量其电阻变化率可以判断其本身的应力与应变状态，可以用来当作反应建筑物受力状态的传感器，实时监测水坝、桥梁等重大工程的安全情况。这种能感知应变及损伤的性能可为实际工程中混凝土结构的无损监测提供一种有效的方法。

（4）电磁屏蔽

在混凝土中掺杂一些低电阻的导电材料制成的导电混凝土，把其必须防护的地方加以密封起来，并利用屏蔽体对电磁波的反射效应、吸收效应及其对内部的损耗效应，来实现减弱甚至中断电磁波传播的目的，有效地控制了电磁波由某一地区向另一地区的辐射。电磁屏蔽技术对电磁波具有极其强大的干扰和抑制能力，可很好地改善电子设备质量和系统电磁兼容性。导电材料对电磁波具有良好的反射和引导作用，将导电混凝土应用到电磁屏蔽领域，利用导电材料内部形成与磁场相反的磁极化效应，降低电磁场的辐射效应。

4. 研究瓶颈

但目前导电混凝土仍有几个亟待解决的问题：①成本高。导电混凝土的制作成本过高，不适于在生活中大规模应用。②技术不成熟。对导电混凝土的最佳施工工艺仍然不成熟，无论是骨料和掺和料的掺量，水灰比，龄期，含水量以及环境温湿度，还是搅拌时间，搅拌方式，掺入导电填料的顺序等都没有统一的结论。这些因素都会影响导电混凝土的导电性能和电阻率稳定性，而目前各国学者仍处于做试验摸索阶段，没有定论。③材料老化。随着时间的推移，导电混凝土还会有导电性能稳定性较差以及导电性能衰减较快等老化现象。

从长远角度看，导电混凝土有无限的发展潜力，相信随着研究的深入与制备工艺的成熟，导电混凝土终会走出实验室，在的日常生活中大放异彩。

8.4.2　防辐射混凝土

防辐射混凝土又称为重型混凝土、屏蔽混凝土，是一种特殊类型的混凝土。其通过改变化学成分和添加各种高密度外加剂，可以使混凝土的屏蔽特性适应广泛的用途。因此，重型混凝土由于其良好的强度和衰减能力，在核设施建设中得到了广泛的应用。

原子核反应产生的大量如 α、β、γ、X 射线和中子射线能够诱发多种人类疾病以及诱发动植物基因突变，危害其生长，而且潜伏期长，短时间内无法得知。因此，随着核技术的快速发展及广泛应用，辐射防护方面越来越受到人们的重视。混凝土因其强度高、密度高而被认为是抗辐射的最佳材料之一。而用防辐射混凝土代替普通混凝土，因其表观密度更高、辐射衰减能力更好，可使防护构件的厚度大幅减小，已逐渐成为最为普遍使用的辐射防护建筑材料。辐射线的种类很多，一般要防护的射线有 α、β、γ、X 射线和中子射线。其中，α、β 射线穿透能力低，易被吸收，甚至厚度很小的防护材料也能完全挡住它们，因此表面防护材料本身即可防护，从防抗的角度来看可以忽略。在设计中最重要的是要考虑 γ 射线和中子射线的屏蔽。

1. 防辐射混凝土 γ 射线屏蔽基本原理

γ 射线是一种高能量、高频率的电磁波，穿透能力很强，其波长远比 X 射线短得多。γ 射线的衰减主要是通过电子的弹性碰撞（康普顿效应）、光电效应与电子对的产生而发生。当这些射线在通过某种防护材料时其能量可被减弱，防护材料对 γ 射线的衰减作用被认为服从 Lambert-Beer 法则，见式（8-1）：

$$I = I_0 e^{-\mu \rho t} \tag{8-1}$$

式中　I——衰减后的 γ 射线强度；

　　　I_0——初始 γ 射线强度；

　　　t——防辐射混凝土试样的质量厚度（g/cm^2），也有的公式写为厚度与密度的乘积；

　　　μ_ρ——防辐射混凝土的质量衰减系数，通常用于表征材料的 γ 射线屏蔽性能。

一些研究中使用式（8-1）的另一种形式式（8-2），以线性衰减系数（LAC）表征材料的 γ 射线屏蔽性能：

$$\mu = \frac{1}{t} \ln \frac{I_0}{I} \tag{8-2}$$

材料的线性衰减系数通常随着材料所含元素的原子序数 Z 的增大而增大，这是因为高 Z 材料与高能光子产生更多的电子对，使得光电相互作用增大，特别是对于低能量光子。而高 Z 材料所对应的即是高密度材料。可见，从材料宏观性能来看，防护材料的密度越大，其对 γ 射线防护性能越好，或者说实现防护作用所需的厚度愈小。当防护材料具有一定密度和厚度时，γ 射线几乎能够完全被吸收。因此，人们在设计 γ 射线防护混凝土时，通常以混凝土密度作为主要技术指标。使用高密度骨料是当前提高混凝土密度以制备防辐射混凝土的主要手段，大量研究也集中在对不同类型的高密度骨料的应用技术以及对其混凝土屏蔽性能提升效果的对比上，主要涉及的包括重晶石、磁铁矿、赤铁矿、褐铁矿等。

2. 防辐射混凝土中子射线屏蔽基本原理

中子射线是由不带电荷的微粒组成，具有高度的穿透能力。当快中子穿过屏蔽材料时，它们最初会因弹性和非弹性散射而变慢，直到它们被降低为低能量，低速中子开始被屏蔽介质吸收或捕获。通常采用宏观去除截面值表征材料对中子的吸收或捕获能力，计算公式见式（8-3）如下：

$$\sum R = \frac{1}{x} \ln \frac{N_0}{N} \tag{8-3}$$

式中　N_0——初始剂量当量率；

　　　N——中子通过样品的剂量当量率；

　　　x——样品厚度。

宏观去除截面值代表中子与屏蔽材料相互作用的去除截面，为每一中子通过材料的单位路径长度发生反应的概率。这一概率与中子通量和所考虑物质的同位素密度成正比。可见，高密度材料能够提供更多的发生反应的概率，从而加大对中子的衰减作用，同时轻质元素的存在，特别是含氢材料，由于氢的高去除截面，材料对中子的衰减作用更强。而防辐射混凝土中含有大量的结合水，其中的 H 元素对于中子的衰减作用具有积极作用，使得防辐射混凝土成为良好的中子射线屏蔽材料。对于针对中子射线屏蔽能力的防辐射混凝土，除了考虑密度的提高之外，还需要兼顾其中具备足够的 H 元素等轻质元素的含量，因此，针对中子射线屏蔽的防辐射混凝土，含有更多结晶水的褐铁矿骨料、蛇纹石骨料以及含有大量 B 元素的硼镁矿石等的应用更为普遍。

3. 长期性能和耐久性能的研究

防辐射混凝土需要研究的问题主要有混凝土的性能、内部结构、组分变化。研究发现抗渗性和抗碳化性由好到差依次为铁矿石防辐射混凝土、重晶石防辐射混凝土、普通骨料防辐射混凝土；抗冻性和抗渗性由好到差依次为铁矿石防辐射混凝土、石灰石防辐射混凝土、重晶石防辐射混凝土；对其力学性能研究，随着龄期的增长，混凝土的抗压强度均增长，长期强度石灰石防辐射混凝土最大，重晶石防辐射混凝土最低。混凝土在 γ 射线的照射下产生一系列化学反应，从水的辐射分解开始，直到方解石的形成，方解石的结晶减小了孔隙空间的大小，同时也减小了混凝土的强度。随着辐照剂量的增加，强度会显著降低。不同骨料制备的所有防辐射混凝土的线性衰减系数随冻融循环周期而衰减，线性衰减系数取决于材料的密度，而密度较高的材料对屏蔽 γ 射线效果更好；冻融循环可以降低混凝土的辐射屏蔽性能，虽然使用重晶石作为混凝土的骨料在辐射屏蔽方面具有优势，但在冻融循环下也具有缺点。

4. 研究瓶颈及未来研究方向

随着核技术的应用防辐射混凝土产生，防辐射混凝土在很多防护工程中得到广泛应用。目前国内外对防辐射混凝土的原材料选择、配合比设计、耐久性等方面做了一定的研究工作。但是防辐射混凝土的研究还不够系统深入，还有许多问题亟待解决：

（1）现有防辐射混凝土配合比设计仍然依据普通混凝土的配合比设计理论，在深入掌握防辐射原材料自身性能以及原材料对防辐射混凝土性能的基础上建立防辐射混凝土的配合比设计理论；

（2）防辐射混凝土微观结构研究极少，为了更系统全面地掌握防辐射混凝土的性能，必须对其微观特性进行深入研究；

（3）长期射线辐射下混凝土内部温度升高，水化产物组成和结构的变化，揭示防辐射混凝土长期结构演变规律，提出防辐射混凝土耐久性的评价指标；

（4）制备防辐射混凝土时采用重骨料导致混凝土极易离析和泌水，研究新型骨料代替传统重骨料，获得更优质的防辐射混凝土；

（5）制备高强和高性能化的防辐射混凝土、功能化防辐射混凝土以及环境友好型防辐射混凝土。

从防辐射混凝土屏蔽性能相关的国内外研究现状可以看出，当前对于防辐射混凝土的屏蔽原理已形成理论基础并得到一定程度的试验验证，但由于屏蔽性能测试相关的设备条件较为苛刻，难以在工程普及并形成测试与检测体系。如何在实际工程中根据屏蔽对象或工程设施服役环境，针对性地进行防辐射混凝土屏蔽性能指标体系设计，是目前亟需解决的重要问题。因此，对防辐射混凝土屏蔽性能的模拟计算的研究工作显得尤为重要。此外，目前对于屏蔽技术与混凝土制备技术的交叉研究方面相对较为欠缺，例如 H 元素的检测与评价上，目前研究中直接以配合比与组分化学组成直接计算得到，没有考虑到工程服役过程中失水的影响，导致对防辐射混凝土中 H 元素含量的评价不够合理。另一方面，在配制技术研究中，基于重骨料特性的应用技术研究较少，例如褐铁矿的高吸水率，若不采用针对性的配制技术必然会造成混凝土拌和物状态与力学性能的下降，故对于屏蔽技术与混凝土制备技术的研究在衔接与交叉上需要作为后续研究的重要方向。

8.5　智能混凝土

智能混凝土是指在混凝土中添加智能材料，使其具有能感知自身变化、进行自我调节及自我修复的特性。智能混凝土的概念是在 20 世纪 60 年代由苏联科学家第 1 次提出，并将碳黑加入混凝土中来研究碳黑智能混凝土。20 世纪 90 年代，美国科学基金会资助了关于水泥基智能材料的课题，拉开了关于智能混凝土研究的序幕，此后，各国开始了对智能混凝土的研究。

在现今的科学研究中，智能混凝土大体分为几类：自感应混凝土、自适应自调节混凝土、自修复混凝土、电磁屏蔽混凝土。

8.5.1　自感应混凝土

自感应混凝土是指将特殊材料掺入混凝土中来使混凝土具有感知自身变化特性，如通过掺加导电材料（有机聚合物导电介质、碳质导电介质、金属类导电介质等）来提高混凝土的导电性，通过电阻率的变化来了解混凝土内部结构的变化。美国的 D. D. L. Chung 教授将一定数量的短切碳纤维添加到混凝土中，发现混凝土具有良好的导电性，电阻率会随着内部结构的损伤情况发生变化。自适应自调节混凝土是指在一些特殊环境条件下，混凝土材料自身能对周围环境进行自我检测并根据需要来进行调节，达到自适应周围环境的要求。自修复混凝土是指能自我感知内部损伤并进行修复的混凝土，是模仿生物体受伤后能自愈的特性，在混凝土中添加修复黏结剂复合成的新型复合材料，如 Dry. Carolyn 教授将用空心胶囊包裹的黏结剂添加到混凝土中，在混凝土开裂时空心胶囊中的黏结剂将会流出来修复混凝土的裂缝。电磁屏蔽混凝土是指将一定量的电磁屏蔽材料添加到混凝土中，能使其隔绝电磁波的传播。现今，电视、广播、电脑、雷达等电子设备极速发展，电磁辐射已经遍布到人们生活的各个角落，在丰富我们生活的同时，电磁辐射也对人体的健康产生了严重危害以及影响一些精密电子元件的量测准确度。人们将电磁屏蔽材料（金属粉、金属纤维、石墨、碳黑、废轮胎钢丝）添加到混凝土中，取得了较好的屏蔽效果。

8.5.2 自调节混凝土

机敏材料，例如形状记忆合金、压电材料、电/磁流变体，电/磁致伸缩材料等，具有由于一定的激励或输入，物理性能（如形状、刚度、阻尼、流变性能、几何尺寸等）可发生变化的特性。这种机敏特性建立在各种物理耦合现象的基础之上，主要表现为力、热、电（磁）这三类物理量之间的相互关系。

将机敏材料与普通混凝土复合，根据机敏材料的基本功能不同可以制得具有感知、调节和修复等自适应特性的机敏混凝土。其中，自调节机敏混凝土是通过复合具有执行（驱动）功能的机敏材料，使混凝土在环境变化以及遭受自然灾害时可以通过改变自身某些物理特性来调节变形、提高结构承载力或控制、减缓结构振动。

目前，自调节机敏混凝土的研究和应用中主要复合的机敏驱动材料有形状记忆合金、电流变体和碳纤维等。

1. 形状记忆合金机敏混凝土

形状记忆合金（Shape Memory Alloys，SMA）的记忆效应是在温度或应力作用下，合金内部热弹性马氏体形成、变化、消失的相变过程的宏观表现。1932年，美国学者Chang和Read在Au-Cd合金中首次发现了形状记忆效应，随后人们发现在一些陶瓷和高分子材料也存在形状记忆效应。利用应力和温度诱发马氏体相变的机理可以实现材料的形状记忆效应、超弹性效应、弹性模量温度变化特性、阻尼特性、电阻特性和滞后特性等诸多功能特性。在混凝土中埋入形状记忆合金，利用记忆合金的特性，可以监控结构中裂纹和损伤的产生及扩展，被动或主动控制结构的变形，提高结构的承载力，改变或调整结构的振动动力特性。另外，SMA阻尼器在结构抗震领域的研究也取得了一定的成就。

SMA虽然是一种金属材料，但金属的热胀冷缩、弹性变形呈线性等普遍性质却不适用。目前，对SMA材料性能的研究还不够深入，缺少满足实际工程需求的结构模型；SMA具有形状记忆、超弹性、弹性模量温度变化和滞后等特性，使其与混凝土复合不能照搬钢混结构的理论和设计规范；另外，SMA造价昂贵，可加工性差。这些问题都限制了SMA在建筑工程中的推广使用。

2. 电流变体机敏混凝土

电流变体（Electrorheological Fluid，ER流体）在外界电场作用下可产生黏性、塑性和弹性等流变性能的双向变化，并产生较大的屈服应力。其作用机理是利用悬浮在黏性绝缘液中的介电颗粒（$1\sim10\mu m$）在电场作用下联接成链的现象，来改变ER流体的材料力学性能和流动行为，进而影响和改变整个系统的弹性和力学性能。在混凝土中复合ER流体，当遭受地震或台风袭击时，通过调节外界电场，改变ER流体的流变性，进而调节结构的自振频率和阻尼特性，以实现减震、减灾的目的。

目前，对于 ER 流体作用机理的研究还没有明确的结论。同时，现有的 ER 流体存在屈服应力低、粒子易沉降、电流变效应不稳定、产生电流变效应的电场强度过高等问题。开发具有高屈服应力、高稳定性、低电导率、高电流变活性的 ER 流体是今后研究的重点。

3. 碳纤维机敏混凝土

碳纤维混凝土是在混凝土中均匀加入适量的短切碳纤维，其机敏性表现为电热效应、热电效应、压阻效应、电力效应等。这种机敏性来源于碳纤维混凝土的导电性：碳纤维掺入到混凝土基质中形成相互关联的带电粒子的通道，施加外电场时，电子沿通道运动而使材料具有导电性，大大降低了整个体系的电阻率，改善了水泥混凝土的导电性。利用这种良好的导电性产生的电磁效应、电热效应和电力效应，碳纤维混凝土可以应用于电磁干扰屏蔽、防静电积累、钢筋阴极保护、建筑地面采暖、路面除冰融雪、公路导航以及动（植）物养殖（种植）场制造温室等，还可以应用于结构的自调节。关于碳纤维混凝土的机敏特性，国内外的研究多集中于碳纤维增强水泥基材料（CFRC）的导电性。CFRC 的压阻、热敏、电力等效应都基于其导电性，而影响导电性的因素较多，例如纤维掺量、外加电流、湿度、水泥基体本身性质等，且各因素之间存在复杂的交互关系。因此，目前关于 CFRC 导电性完整而简易的模型及理论尚未建立，制约了材料本身的应用。

自调节机敏混凝土可以有效地改变结构内部的应力分布和振动特性，提高结构的承载力和抗震性。然而，作为一种新型功能材料，自调节机敏混凝土目前还处于试验研究阶段，实现自调节机敏混凝土的实际应用还需解决机敏材料与混凝土及其他增强材料间的适应性和协调性问题，实现机敏材料和混凝土的耐久性能同步，完善配套的施工技术。另外，机敏材料本身的多功能化、不同材料间的复合工艺、复合机敏材料激励强度和方式的选择等，也是未来自调节混凝土的重要研究方向。

8.5.3 自修复混凝土

自修复混凝土是一种具有自感知、自愈合能力的新型材料，从能动性上分为主动修复和被动修复 2 种，主动修复是以形状记忆合金和空心光纤自修复技术为代表，通过主动监测裂缝情况，自动激发修复物质或产生力，修复裂缝。被动修复是以微胶囊自修复技术为代表，通过利用开裂应力或裂缝通道，被动释放修复材料或形成保护膜等，使裂缝愈合。

1. 结晶沉淀自修复

最早，Abrams 发现水泥混凝土材料本身具有基于碳酸钙结晶沉淀的自修复特性，将测完 28d 抗压强度的混凝土损伤基体置于户外环境 8 年后，意外发现这些损伤基体的抗压强度增长为 28d 时的 2 倍多。后来证实这是一个以碳酸钙结晶沉淀为主要原理的混凝土材料进行自我修复的自然现象，在有水的条件下，空气中的 CO_2 与混凝土中微溶于水的水化产物 $Ca(OH)_2$ 反应生成碳酸钙晶体并沉积在裂纹表面上，发生的反应为 $Ca(OH)_2 + CO_2 \longrightarrow CaCO_3 + H_2O$，生成的 $CaCO_3$ 颗粒沉淀沉积在裂纹处，随着 $CaCO_3$ 颗粒沉淀的生长聚集，裂纹被逐渐修复。混凝土结晶沉淀的自我修复过程是一个自然存

在的过程，对混凝土裂缝的修复能力较弱。

2. 渗透结晶自修复

渗透结晶自修复是通过在混凝土内部掺入或表面涂刷渗透结晶型活性添加剂，并依赖于水环境激发的修复过程。当混凝土干燥时，活性添加剂中的活性物质处于休眠状态，一旦混凝土开裂并有水渗入，活性物质会在浓度和压力差的作用下随着水向混凝土内部渗透，在裂缝处发生化学反应形成碳酸钙晶体，并逐渐填充、修复毛细孔和微裂纹。此外，研究表明，渗透结晶型活性物质对钙离子具有很强的络合作用，生成的络合物与裂缝周围的碳酸氢根和碳酸根离子反应生成碳酸钙晶体，填充和修复混凝土中的毛细孔和微裂缝。而该反应过程中活性物质为中间络合物，不会被消耗，可以不断地促进碳酸钙晶体在裂缝处生成，因此，渗透结晶型自修复技术可以实现长久的自修复效果。涂刷型渗透结晶自修复的效果主要取决于涂刷活性物质的类型及含量、涂刷工艺、混凝土表面的粗糙程度、裂缝宽度、混凝土孔隙率及水的渗透压力等。目前，渗透结晶水泥基材料的开发和应用相对成熟，但其对宽度大于 0.4mm 的裂缝修复效果不明显。

3. 电沉积法自修复

电沉积法自修复是利用电化学技术，通过施加电流使混凝土表面及裂缝处沉积一层不溶于水的化合物（如碳酸钙、氧化镁等），为混凝土提供物理保护并填充和修补混凝土裂缝。电沉积法对混凝土裂缝的修复效果取决于电解产生的沉淀物，而电解质溶液中的阳离子是决定沉淀物种类和沉积效果的主要因素，有研究表明硫酸锌、硫酸镁溶液具有较好的沉积效果。其次，环境溶液中电解质浓度、电流强度、混凝土表面裂缝形态及微观结构等也是影响电沉积法自修复效果的主要因素。电沉积法自修复技术能有效地防止因氯离子侵蚀或碳化导致的混凝土构件劣化，在港口及水工混凝土结构裂缝修复中具备较好的适用性及可靠性，但其自修复效果的评价方法研究相对较少，主要采用沉淀物在裂缝表面的覆盖率及其对裂缝的封闭率两个指标进行评价。

4. 基于胶囊的自修复

基于胶囊的自修复技术是将内部封装有修复剂的胶囊、空心纤维或多孔骨料预置于混凝土内，当外界作用致使胶囊等载体破裂后，释放修复材料与混凝土中的水或水化物反应，填充和修复裂缝。胶囊混凝土自修复效果的影响因素有：①微胶囊的芯材（修复剂）与壁材的种类、用量以及合成工艺是影响微胶囊合成与作用效果的关键因素；②针对不同配合比、不同特性的混凝土，有针对性地选择与之匹配的微胶囊是保证修复体系有效修复裂缝的重要因素；③微胶囊的大小、掺量、分布均匀性及养护温度等是影响微胶囊混凝土自修复效果的主要因素。基于微胶囊自修复技术的研究和发展虽然取得了很多突破性的成果，但针对微胶囊修复体系的过程机理、修复剂对混凝土的长期影响、修复过程基体全寿命周期的跟踪研究等较少，在推广应用前还有许多难题需要研究和攻克。

5. 基于氧化镁膨胀剂的自修复

氧化镁因具有延迟膨胀的特性，且其水化产物及膨胀性能相对稳定，膨胀过程可控，被应用于混凝土裂缝自修复技术中。基于氧化镁膨胀剂的自修复主要通过以下 2 点实现：①氧化镁水化反应生成氢氧化镁，其体积膨胀可以防止混凝土表面裂缝的产生，修复混凝土早期收缩产生的微裂缝，促进裂缝愈合；②混凝土开裂后，二氧化碳和水进入混凝土内部与氧化镁及其水化产物产生反应，生成钙、镁、铝等复合型产物填充裂缝。值得注意的是，氧化镁的种类、活性、掺量、掺入方式及养护方法对混凝土自修复效果影响较大，处理不好还可能造成混凝土拌和物工作性能不良，在使用前需要经过严格的设计与控制。

6. 形状记忆合金自修复

形状记忆合金（SMA）通过加热可以恢复至高温状态下所固有的形状，且该过程长期有效。SMA 自修复作用原理是：当混凝土产生裂缝时，预先埋置于混凝土中的 SMA 应变增大，通过 SMA 的应变、电阻值与裂缝宽度的关系可实时监测裂缝的变化，同时通过提高温度可以激励 SMA 的形状记忆效应，使其产生形状恢复受限时的回复应力，该回复应力可高达 $600\sim800MPa$，压缩裂缝使其闭合。SMA 虽然具有众多优点，但因利用其形状记忆效应时需要消耗能量，如果直接利用 SMA 本身电阻通电加热的方式进行激励，则由于 SMA 本身电阻不大，激励时就需要很大的电流和较粗的导线，且长期使用后会产生蠕变导致 SMA 工作稳定性变差。此外，SMA 材料价格昂贵，也限制了 SMA 在水泥基材料自修复中的应用。

7. 纤维增强混凝土修复

纤维不仅可以提高混凝土的抗裂性、耐磨性及韧性，还可以提高混凝土的自愈性能：首先，纤维掺入后可通过桥联作用在裂缝末端的微裂纹区域内为混凝土提供自愈合应力；其次，纤维可以在混凝土裂缝处为自愈合产物提供成核点，促进裂缝修复。纤维增强水泥基材料裂缝自修复的主要原因是水泥基材料的继续水化、C-S-H 凝胶及碳酸钙晶体的生成。其中，$15\mu m$ 和 $30\mu m$ 裂缝自愈合产物主要是 C-S-H 凝胶和碳酸钙，自愈合产物从裂缝两侧开始生长，最终搭接到一起愈合裂缝，而 $50\mu m$ 裂缝中的纤维状自愈合产物较少，无法搭接愈合整个裂缝。纤维增强混凝土自修复对应力或腐蚀引起的微小裂缝具有良好的抑制和愈合作用。

8. 微生物自修复

微生物自修复是利用微生物自身的新陈代谢，诱导生成碳酸盐晶体等不溶物填充混凝土裂缝以达到自修复效果，其与胶囊自修复的主要区别是使用的修复剂种类和作用机理不同，微生物也可采用胶囊作为载体。微生物在自修复过程中的主要作用是为矿化反应提供反应物，并为碳酸钙等矿物沉淀提供成核点，其中，巴氏芽孢八叠球菌和巴氏芽孢杆菌是国内外研究最多的 2 种微生物。微生物自修复技术研究及应用时有以下因素需考虑：①微生物修复剂选择时要考虑微生物的种类、反应机理、反应活性、在基材中的存活时间、环境适应性及友好性；②载体选择中要考虑其在高碱环境下的稳定性、与基材的黏结强度、与微生物修复剂的相容性等。

8.5.4 电磁屏蔽混凝土

电磁屏蔽混凝土是通过对混凝土进行改性而得到的一种防护或遮挡电磁波的混凝土，其主要作用是防止建筑内部电磁信号的泄露和外部的电磁干扰。目前，电磁屏蔽材料主要有铁磁类、良导体类、复合类 3 类。

电磁屏蔽主要用来防止高频电磁场的影响，从而有效地控制电磁波从某一区域向另一区域进行辐射传播。其基本原理是：采用低电阻的导体材料，并利用电磁波在屏蔽导体表面的反射和在导体内部的吸收以及传输过程的损耗而产生屏蔽作用。通常用屏蔽效果（SE）表示。屏蔽效果（SE）为没有屏蔽时入射或发射电磁波与在同一地点经屏蔽后反射或透射电磁波的比值，即为屏蔽材料对电磁信号的衰减值，其单位用分贝（dB）表示。衰减值越大表明屏蔽效果越好。

电磁屏蔽多功能混凝土在军事上可用于防护工事，防止核爆炸电磁杀伤、干扰和常规武器杀伤、干扰的电磁屏蔽防护，也可用于军用、民用电磁信号泄露失密的电磁屏蔽防护和民用电磁污染限定在一定范围的电磁防护，还可用于发射台（电视台、电台）、基站、微波站、EMC实验室、高压线下建筑物等。更重要的是，我国国民经济发展迅速综合国力空前提高，需要我们用相应的措施来对关系到国家经济和安全利益的各种机密加以保护，开发出电磁屏蔽多功能混凝土不仅对人们的身体健康有益，而且对军事经济等涉及到国家利益的机密的保护都有着重大意义，将会带来重大的经济和社会效益。

8.6 习题

1. 如何合理选择清水混凝土的原材料？
2. 清水混凝土的耐久性相比于普通混凝土有何差异？体现在什么方面？
3. 再生骨料对再生混凝土构件的基本性能有什么影响？
4. 可添加在透水混凝土中的矿物掺和料有哪几种？分别对混凝土的性能有什么影响？
5. 导电混凝土的种类有哪些？分别对混凝土的性能有何影响？
6. 自修复混凝土的修复技术与途径包括哪些？

参考文献

[1] 江祥林，李北星，李娟燕．桥梁工程清水混凝土设计与施工［M］．北京：人民交通出版社，2018.

[2] 郭学明．清水、预制、装饰混凝土及GRC裂缝的成因/预防与处理［M］．北京：机械工程出版社，2021.

[3] 周志福．清水混凝土的配制和应用［J］．中国建筑科技，2017，26（2）：114-116.

[4] 张建雄，缪昌文，刘加平，等．清水混凝土外观质量评价方法的研究［J］．混凝土，2008（1）：95-97，100，5.

[5] 古松．再生混凝土基本性能与工程应用［M］．武汉：武汉大学出版社，2019.

[6] 冯春花，黄益宏，崔卜文，等．建筑再生骨料强化方法研究进展［J］．材料导报，2022，36（21）：88-95.

[7] 宋中南，石云兴．透水混凝土及其应用技术［M］．北京：中国建筑工业出版社，2011.

[8] 郭振东，李峰，高庆力，等．矿物掺和料对透水混凝土性能的影响研究进展 [J]. 建材世界，2022，43 (4)：26-29.

[9] 董尧鞞，陈昭．透水混凝土配合比及力学性能综述 [C] //中国建筑研究总院有限公司．2022 年工业建筑学术交流会论文集（中册）．北京：工业建筑杂志社，2022：6.

[10] 袁满，郝勇，王前华．导电混凝土的功能及应用发展 [J]. 福建建材，2022 (4)：110-112.

[11] 贺阳，刘骁凡，胡浪，等．防辐射混凝土屏蔽性能研究进展 [J]. 建材世界，2022，43 (2)：70-74.

[12] 艾红梅，卢普光，白军营．自调节机敏混凝土的研究进展 [J]. 混凝土，2011 (10)：16-19.

[13] 胡宝云，管婧超．自修复混凝土的国内研究现状与发展趋势 [J]. 广东化工，2018，45 (8)：170-171.